本书编写人员

主　　编　张艳君　王　林

副 主 编　孙微微　韩　兵

编写人员　（以姓氏笔画为序）

王　林　王广斌　王贤纲　仪明武　孙微微

李秀清　张艳君　杨瑞锋　韩　兵

高职高专"十二五"规划教材

中央财政重点支持建设专业校企合作系列教材

聚氯乙烯生产与操作

张艳君　王林　主　编

孙微微　韩兵　副主编

化学工业出版社

·北京·

本书以职业能力为本位，以典型工作任务为载体，以实用为度，突出工学结合特色，采用情境-项目-任务的形式完成知识和技能的学习。全书共分为乙炔气的生产、氯化氢的生产、电石乙炔法生产氯乙烯、乙烯平衡氧氯化法生产氯乙烯、聚氯乙烯的生产五个情境，内容通俗易懂、重点突出、理论联系实际。每个项目开头提出知识目标、能力目标，每个任务完成后编排了一定数量的任务训练。

本书可作为高职高专院校化工类专业教材，也可供从事聚氯乙烯生产、管理的工程技术人员和企业工人培训参考。

图书在版编目（CIP）数据

聚氯乙烯生产与操作/张艳君，王林主编. —北京：
化学工业出版社，2013.9（2022.4 重印）
高职高专"十二五"规划教材
中央财政重点支持建设专业校企合作系列教材
ISBN 978-7-122-18350-7

Ⅰ.①聚… Ⅱ.①张…②王… Ⅲ.①聚氯乙烯-
生产工艺-高等职业教育-教材 Ⅳ.①TQ325.3

中国版本图书馆 CIP 数据核字（2013）第 209416 号

责任编辑：唐旭华 袁俊红 叶晶磊 文字编辑：颜克俭
责任校对：宋 玮 装帧设计：尹琳琳

出版发行：化学工业出版社（北京市东城区青年湖南街 13 号 邮政编码 100011）
印 装：北京虎彩文化传播有限公司
787mm×1092mm 1/16 印张 14 字数 250 千字 2022 年 4 月北京第 1 版第 5 次印刷

购书咨询：010-64518888 售后服务：010-64518899
网 址：http://www.cip.com.cn
凡购买本书，如有缺损质量问题，本社销售中心负责调换。

定 价：44.00 元

系列教材编审委员会名单

　　本书针对高等职业教育的特点和培养目标，以实用为度，以职业能力为本位，以典型工作任务为载体，突出工学结合特色，采用情境-项目-任务的形式完成知识和技能的学习。为了更好地适应高等职业教育发展的需要，结合高等职业教育专业教学改革，本书是在专业教师和企业技术人员共同参与下完成的。

　　本书内容丰富，按照聚氯乙烯生产的先后工序进行编写，着重介绍了聚氯乙烯生产的工艺原理、工艺流程、主要设备的结构及功能、常见故障及处理方法、岗位操作，并对每个工序的典型案例进行分析，总结经验教训。全书共分为乙炔气的生产、氯化氢的生产、电石乙炔法生产氯乙烯、乙烯平衡氧氯化法生产氯乙烯、聚氯乙烯的生产五个情境，内容重点突出、理论联系实际、通俗易懂。每个情境开头提出知识目标、能力目标，每个任务完成后编排了一定数量的训练任务，并将与该任务相关的内容以知识拓展的形式出现，便于读者开阔视野。

　　本书由乌海职业技术学院张艳君、王林主编，孙微微、韩兵副主编。概述和情境一由王林编写；情境二由张艳君、孙微微、仪明武编写；情境三由张艳君、王贤纲、韩兵、李秀清（内蒙古化工职业学院）编写；情境四由李秀清、杨瑞锋编写；情境五由孙微微、王林、韩兵、王广斌编写。全书由张艳君统稿。在编写本书时，编者广泛借鉴了相关聚氯乙烯方面的书籍、科技论文和生产操作规程，在此谨对上述参考文献的作者表示诚挚的感谢。本书在编写过程中得到了内蒙古君正能源化工有限公司杨成刚、崔增平、仪明武，中盐吉兰泰内蒙古氯碱化工有限公司王广斌，北京和利时系统工程有限公司化工行业部杨瑞锋等的大力支持、指导和参与，在此一并表示感谢。

　　本书内容已制作成用于多媒体教学的电子课件，并可免费提供给采用本书作为教材的院校使用。如有需要可联系：cipedu@163.com。

　　由于编者水平、时间和条件所限，书中不妥之处在所难免，敬请专家和广大读者批评指正。

编　者
2013 年 7 月

目录

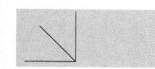

绪 论

一、聚氯乙烯产品的性质

聚氯乙烯（英文为 Poly Vinyl Chloride，简称 PVC），是由氯乙烯单体（Vinyl Chloride monomer，简称 VC 或 VCM）聚合而成的一种重要的热塑性树脂，其分子结构式为：

$$\left[CH_2-CH \right]_n \atop \qquad\quad Cl$$

式中，n 表示平均聚合度，可用反应温度和聚合分子量调节剂进行控制。

1. 聚氯乙烯的物理性质

外观：白色无定形粉末。

相对分子质量：40600～111600。

密度：1.35～1.45g/mL。

表观密度：0.40～0.65g/mL。

比热容（0～100℃）：1.045～1.463J/（g·℃）。

热导率：0.1626W/（m·K）。

折射率：$n_D^{20}=1.544$。

颗粒直径：紧密（XJ）型 30～100μm；疏松（SG）型 60～150μm；糊树脂 1.2～2μm。

毒性：无毒、无臭。

2. 聚氯乙烯的化学性质

从结构上看，由于在碳链上引入了氯原子，使其具有一系列独特的性能。

（1）热稳定性　此性质被广泛用于防火。但是聚氯乙烯在高温下的燃烧过程中会释放出氯化氢、氯气和苯等有毒气体。聚氯乙烯的燃烧分为两部分：先在 240～340℃ 燃烧分解出氯化氢气体和含有双键的二烯烃，然后在 400～470℃ 发生碳的燃烧。聚氯乙烯没有确定的熔点，在 80～83℃ 开始软化，加热高于 180℃ 时，开始流动，约在 200℃ 以上时完全分解。长期加热后分解脱出氯化氢而变色。

（2）光稳定性　纯聚氯乙烯在日光或紫外线单色光照射下发生老化，使色泽变暗。聚氯乙烯的光老化与热老化极为相似，但是光老化也有其特殊性，它主要是在材料表面上进行的自由基氧化过程。一般认为，光老化首先也是从氯化氢降解开始，接着是断链和交联。

（3）化学稳定性　聚氯乙烯塑化加工制品的化学稳定性较高，常温下，能耐任何浓度的盐酸，能耐 90% 的硫酸，能耐 50%～60% 的硝酸。能耐 25% 以下的烧碱，对盐类也相当稳定。在盐酸中可发生氯化反应生成氯化聚氯乙烯。聚氯乙烯在强氧化剂中，特别是在较高温度及较大浓度下欠稳定。腐蚀介质对聚氯乙烯塑料的作用系通过渗透、膨润及溶解作用，致使制品发生膨胀、增重、机械强度下降、起泡、变脆等现象。一般软制品中含有机低分子增

1

塑剂，稳定性较差，作为工程防腐蚀材料，广泛采用的是硬质制品。

二、聚氯乙烯的类型与用途

1. 聚氯乙烯的类型

聚氯乙烯是氯乙烯单体采用悬浮聚合、本体聚合、乳液聚合、微悬浮聚合等方法合成的。目前工业上仍以悬浮聚合方法为主，约占聚氯乙烯含量的 80%～90%。悬浮聚合的工艺成熟，后处理简单，产品纯度高，综合性能好，产品的用途也很广泛。悬浮法生产的聚氯乙烯颗粒粒径一般为 50～250μm，乳液法的聚氯乙烯颗粒粒径一般为 30～70μm。而聚氯乙烯的颗粒又由若干个初级粒子组成，悬浮法聚氯乙烯的初级粒子大小为 1～2μm，乳液法聚氯乙烯的初级粒子的大小为 0.1～1μm。聚氯乙烯在 160℃ 以下是以颗粒状态存在的，在160℃ 以上颗粒破碎成初级粒子。

聚氯乙烯颗粒的形态、内部孔隙率、表面皮-膜、颗粒大小及其分布等对聚氯乙烯树脂的诸多性能均有影响，当颗粒较大、粒径分布均匀、内部孔隙率高、外层皮膜较薄时，树脂具有吸收增塑剂快、塑化温度低、熔体均匀性好、热稳定性高等优点。这种树脂呈棉花团状，称为疏松型（SG 型）聚氯乙烯树脂。另外还有一种紧密型（XJ 型）聚氯乙烯树脂。紧密型聚氯乙烯树脂性能与疏松型相反，吸收增塑剂能力低，呈玻璃球状。可用于聚氯乙烯硬制品。目前工业上以生产疏松型聚氯乙烯树脂为主。

图 0-1 为聚氯乙烯 PVC 树脂的分类。图 0-2 为疏松型（SG 型）和紧密型（XJ 型）树脂的显微镜照片。

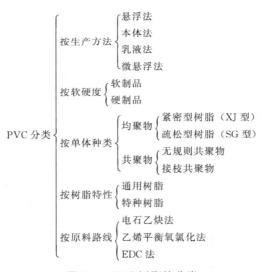

图 0-1　PVC 树脂的分类

两者在产品性能方面有较大差别，由于这些差别，直接影响到产品的加工性能。两种类型树脂的性能比较如表 0-1 所示；加工性能比较如表 0-2 所示。

"鱼眼"（又称晶点），是在通常热塑化条件下没有塑化的、透明的树脂颗粒。"鱼眼"的存在使加工制品的质量受到影响，如薄膜上的"鱼眼"不但影响外观，脱落后使薄膜穿孔，电缆制品的"鱼眼"还会导致电压击穿；唱片上的"鱼眼"不但影响音质，还会产生纹路不畅的次品等。总之，"鱼眼"已成为树脂生产和塑化加工最重要的质量指标之一。

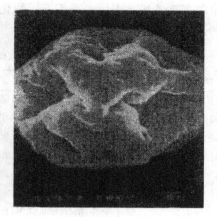

(a) 疏松型(SG型)　　　　　　　　　　　　(b) 紧密型(XJ型)

图 0-2　疏松型（SG 型）和紧密型（XJ 型）树脂的显微镜照片

表 0-1　疏松型（SG 型）和紧密型（XJ 型）树脂性能比较

比较项目	疏松型(SG 型)	紧密型(XJ 型)
表观密度/(g/cm³)	0.4～0.55	0.55～0.7
粒子直径/μm	50～150	30～100
水萃取液电导率/(S/cm)	1×10^{-5}～4×10^{-5}	5×10^{-5}～10×10^{-5}
"鱼眼"和小晶点	少	多
白度/%	70～86	一般在 70 左右
粒子显微镜形态	呈棉花状,表面毛糙不规则	呈玻璃球或冰糖屑,表面光滑
"细胞"结构	一般呈多细胞	一般呈单细胞
次级粒子孔隙率	有较大孔隙	几乎无孔隙

表 0-2　疏松型（SG 型）和紧密型（XJ 型）树脂加工性能比较

比较项目	疏松型(SG 型)	紧密型(XJ 型)
吸收增塑剂	13%～15%,吸收快	6%～13%,吸收慢
捏合溶胀	起点与终点温度都可低 20℃左右,捏合溶胀速率快	在增塑剂中溶胀温度较高,捏合溶胀速率慢
捏合料输送	干而松,不易粘壁,输送量大	料细易结团粘壁
挤出机加料	流动性能好,进料快	流动性能差,易搭桥
塑化性能	塑化速度快,温度可低 5～10℃,不易结焦	塑化速度慢,易存在未塑化的生料
断面结构	疏松,多孔呈网状	无孔实心结构
制品综合质量	电绝缘性、热老化性能较好,制品表面光滑,色泽鲜艳,易保证白度及透明度等要求	电绝缘性、热老化性能较差,制品表面易毛,色泽不鲜艳

　　因此，塑料加工行业在生产高质量制品时，往往选择疏松型树脂为原料，如高绝缘级电缆料［体积电阻率可达到（1.5～3）×10^{14} Ω·cm 以上］，高透明性输液袋、瓶料、包装透明片材、"鱼眼"杂质少的透明唱片以及白色制品等。由于疏松型树脂具有较好的塑化性能，也广泛地用于粉料直接挤塑等过程，以满足加工工艺的特殊需要。

　　2. 聚氯乙烯的用途

　　聚氯乙烯树脂系属于力学性能、电气性能及耐化学腐蚀性能较好的热塑性塑料之一。根据不同规格的聚氯乙烯高聚物，采用不同塑化配方和加工方法，可制成硬质和软质制品。一般各型号的用途如表 0-3 所示。

表 0-3　聚氯乙烯产品的主要用途

型　号	用　　　途
XJ-1、SG-1	高级电缆绝缘层、保护层
SG-2、SG-3	电缆、电线绝缘层、保护层及氯纶纤维等软制品、蓄电池隔板
XJ-3、SG-4	薄膜(农膜、雨衣、战备物资及工业包装)、软管、鞋料、人造革底层
XJ-4、SG-5	硬管、硬片、透明瓶、包装硬软片及塑料印花纸
XJ-5、SG-6	硬板、唱片、管件、焊条、纱管、玩具、透明硬片
XJ-6、SG-7	过氯乙烯树脂及注塑加工制品
SG-8	唱片、型材、家电壳体、食品包装及替代有机玻璃制品

3. 聚氯乙烯的产品质量标准

悬浮法通用型聚氯乙烯树脂质量标准 GB 5761—2006 是由原中国石油和化学工业协会(现为中国石油和化学工业联合会)提出，委托全国塑料标准化技术委员会聚氯乙烯树脂产品分会解释，由锦西化工研究院、上海氯碱化工股份有限公司、天津乐金大沽化学有限公司等多家单位起草的。该标准规定了悬浮法通用型聚氯乙烯树脂的产品分类、要求、试验方法、检验规则及标志、包装、运输和贮存等。适用于以悬浮法生产的通用型聚氯乙烯树脂。本体法生产的通用型聚氯乙烯树脂亦可参照采用。悬浮法通用型聚氯乙烯树脂质量标准见表 0-4。

表 0-4　悬浮法通用型聚氯乙烯树脂质量标准 GB 5761—2006（部分）

序号	项目		SG-0	SG-1 优等品	SG-1 一等品	SG-1 合格品	SG-2 优等品	SG-2 一等品	SG-2 合格品	SG-3 优等品	SG-3 一等品	SG-3 合格品	SG-4 优等品	SG-4 一等品	SG-4 合格品
1	黏数/(mL/g) (或 K 值) (或平均聚合度)		＞156 ＞(77) ＞[1785]	156～144 (77～75) [1785～1536]			143～136 (74～73) [1535～1371]			135～127 (72～71) [1350～1250]			126～119 (70～69) [1250～1150]		
2	杂质粒子数/个　≤			16	30	80	16	30	80	16	30	80	16	30	80
3	挥发(包括水)含量/%　≤			0.30	0.40	0.50	0.30	0.40	0.50	0.30	0.40	0.50	0.30	0.40	0.50
4	表观密度/(g/mL)　≥			0.45	0.42	0.40	0.45	0.42	0.40	0.45	0.42	0.40	0.47	0.45	0.42
5	筛余物质量分数/%	0.25mm 筛孔　≤		2.0	2.0	8.0	2.0	2.0	8.0	2.0	2.0	8.0	2.0	2.0	8.0
		0.063mm 筛孔　≥		95	90	85	95	90	85	95	90	85	95	90	85
6	"鱼眼"数/(个/400cm²)　≤			20	40	90	20	40	90	20	40	90	20	40	90
7	100g 树脂的增塑剂吸收量/g　≥			27	25	23	27	25	23	26	25	23	23	22	20
8	白度(160℃，10min)/%　≥			78	75	70	78	75	70	78	75	70	78	75	70
9	水萃取液电导率/(S/m)　≤			5×10⁻³			5×10⁻³		—	5×10⁻³		—	—		
10	残留氯乙烯含量/×10⁻⁶　≤		30	5	10	30	5	10	30	5	10	30	5	10	30

续表

序号	项目		SG-5 优等品	SG-5 一等品	SG-5 合格品	SG-6 优等品	SG-6 一等品	SG-6 合格品	SG-7 优等品	SG-7 一等品	SG-7 合格品	SG-8 优等品	SG-8 一等品	SG-8 合格品	SG-9
1	黏数/(mL/g) (或 K 值) (或平均聚合度)		118~107 (68~66) [1135~981]			106~96 (65~63) [980~846]			95~87 (62~60) [845~741]			86~73 (59~55) [740~650]			<73 <(55) <[650]
2	杂质粒子数/个 ≤		16	30	80	16	30	80	20	40	80	20	40	80	
3	挥发(包括水)含量/% ≤		0.40	0.40	0.50	0.40	0.40	0.50	0.40	0.40	0.50	0.40	0.40	0.50	
4	表观密度/(g/mL) ≥		0.48	0.45	0.42	0.48	0.45	0.42	0.50	0.45	0.42	0.50	0.45	0.42	
5	筛余物质量分数/%	0.25mm 筛孔 ≤	2.0	2.0	8.0	2.0	2.0	8.0	2.0	2.0	8.0	2.0	2.0	8.0	
		0.063mm 筛孔 ≥	95	90	85	95	90	85	95	90	85	95	90	85	
6	"鱼眼"数/(个/400cm²) ≤		20	40	90	20	40	90	30	50	90	30	50	90	
7	100g 树脂的增塑剂吸收量/g ≥		19	17		15	15		12			12			
8	白度(160℃,10min)/% ≥		78	75	70	78	75	70	75	70	70	75	70	70	
9	水萃取液电导率/(S/m) ≤		—			—			—			—			
10	残留氯乙烯含量/(×10⁻⁶) ≤		5	10	30	5	10	30	5	10	30	5	10	30	30

三、聚氯乙烯行业的发展

1. 聚氯乙烯生产工艺

早在 1835 年，法国人 Regnauk 就已发现了氯乙烯，直到 1912~1913 年，德国化学家 F. Klate 和 E. Zacharis 才发展了氯乙烯和聚氯乙烯的工业生产方法，较大规模的乳液聚合则在 1935 年才由 Bitterfeld 实现。1940 年，美国的古得里奇公司创建了悬浮聚合，从此以后，聚氯乙烯工业开始发展。

聚氯乙烯是合成树脂中重要的品种，从世界范围内 PVC 消费看，PVC 仅次于聚乙烯排在五大通用树脂中消费量的第二位，在中国，PVC 的消费量是五大通用树脂之首，高于聚乙烯的消费量。一般将 PVC 生产工艺依据氯乙烯单体的获得方法来区分，可分为电石法、乙烯法和进口（EDC，VCM）单体法（习惯上把乙烯法和进口单体法统称为乙烯法）。三种生产工艺在成本构成上有较大差异，从而对采用不同工艺的企业盈利能力产生影响：电石法由电石生产乙炔，然后与氯化氢（由电解食盐产生的氯与氢气合成）反应生成氯乙烯，再聚合成 PVC。成本主要受电、煤炭成本和外购电石成本影响。乙烯法由乙烯和电解食盐产生的氯反应生成二氯乙烷，再裂解为氯乙烯，成本主要是电价和油价影响，与油价联动性强。EDC 法是由 EDC（二氯乙烷）或 VCM（氯乙烯）直接聚合，同时还生成副产品氯化氢。EDC 法作为电石法和乙烯法的调节生产工艺，成本主要受外购 EDC 或 VCM 价格影响，而 EDC 和 VCM 价格又与石油价格联动。除中国内地和印度的少量装置之外，世界其他地区聚氯乙烯装置均采用以石油化工所生产的乙烯基类单体产品为原料的乙烯法生产工艺。截至 2008 年底，我国国内聚氯乙烯总产能的 75% 采用以煤化工为基础的电石法装置。中国电石法聚氯乙烯装置的总能力已经占到全球聚氯乙烯装置总能力的 25% 甚至更高。

2. 中国聚氯乙烯产业发展状况

我国聚氯乙烯的研究始于 1954 年沈阳化工研究院，1958 年锦西化工厂建成了第一套年产 3000t 规模的生产装置。紧接着北京、天津、上海等地相继又建成 4 套年产 6000t 的装置。20 世纪 60 年代各省市又陆续新建了一批，使聚氯乙烯工业得到了较快的发展，至 1987 年聚氯乙烯生产能力已达到 64.54 万吨。

自 1997 年以来聚乙烯的产量以 3%/年速度递增，中国 PVC 产能扩张速度是前所未有的，1997～2006 年，中国 PVC 产能、产量年均增长率分别高达 22.2% 和 20.0%。但从 2006 年起，产能增速呈现放缓趋势。2007 年，我国聚氯乙烯产能达 1208 万吨/年，同比增长 24.5%，其中电石法产能达 1000 万吨，其余是乙烯法 PVC；2008 年 PVC 产能为 1581 万吨/年，同比增长 9%。2006 年全国聚氯乙烯树脂产量为 8238583.86t；2007 年全国聚氯乙烯树脂产量达到 9716783.63t；2008 年 1～5 月全国聚氯乙烯树脂产量为 4028666.03t。2008～2013 年，全球聚氯乙烯的市场需求有望以年均 4% 的速度快速增长，尤其是一些发展中国家，市场需求将呈现迅猛增长的态势。虽然全球其他地区煤/乙炔基 PVC 工艺已经被乙烯基 PVC 工艺大量替代，但在中国煤/乙炔基 PVC 生产仍然受到鼓励，因为这种工艺不需要进口乙烯原料，也不需争抢国内有限的乙烯供应。这种工艺所需的原料如煤和石灰石主要集中在中国的西部地区，这些地区的经济还较为落后。在当地投资一方面成本较低，可以利用当地丰富的原料资源，同时还可以刺激当地经济的发展。

虽然我国 PVC 产量自 20 世纪 90 年代以来有了快速发展，但仍然赶不上发展更快的 PVC 制品加工需求，自给率只能保持在 70% 左右。在国内，聚氯乙烯树脂需求也保持着快速增长，特别是在建材方面，近年来正处于高速增长期。随着中国市场国际化的步伐加大，聚氯乙烯树脂包装材料和管材在水泥、化肥、粮食、食品、饮料、药品、洗涤剂、化妆品等领域都将有广阔的发展空间，其需求量相应大幅度增长；另外，汽车、通信、交通领域对聚氯乙烯树脂的需求也呈高速增长状态，中国聚氯乙烯树脂工业仍有较大的发展空间。需求的旺盛，国内乙烯资源的不足、反倾销终裁后进口量的下降、国际原油和石化产品的价格不断上升使乙烯法生产成本相应升高，也使得电石法成为许多企业的首选工艺。

3. 聚氯乙烯行业发展的方向

近年来，我国 PVC 产能和产量发生了巨大变化，已成为世界主要的 PVC 树脂生产国之一。但与此同时，我国 PVC 树脂行业的装置建设还存在一定盲目性，有专家预计在不久的将来，产能与需求相比将出现过剩，再加之目前已存在的资源浪费及企业间不正当竞争等问题，将会影响整个行业的健康发展。

目前，我国 PVC 行业存在着几大问题。

(1) 企业集中度低，规模小　国外 PVC 生产企业普遍具有集中度高，规模大的特点，这和中国的 PVC 行业形成鲜明对比。美国生产能力达到 100 万吨以上的生产企业有 6 家；欧洲只有 11 家 PVC 生产企业；日本目前有 8 家生产企业，通过兼并重组，可能进一步缩减到 6 家。从企业数量来看，中国目前有 PVC 生产企业 70 多家，企业数量约占全球企业总数的 50%。由于生产企业数量众多，缺乏对行业和市场的统一认识，行业投资过热已初步显现。我国 PVC 已经遭到来自印度反倾销、土耳其保障措施等贸易壁垒，贸易摩擦加剧。随着出口集中度的逐渐加大，今后类似的风险有可能进一步增加。

(2) 产品结构不合理　目前中国生产的 PVC 产品结构不合理，表现在以下两个方面：一是通用产品多，专用产品少；二是原料型产品多，高附加值产品少。中国 PVC 企业生产的产品普遍技术含量低，属于原料型产品，无法应用于生产高技术附加值的下游产品。使得低端产品比例过高、高端产品供应不足而依靠进口。

（3）高能耗、环保问题刻不容缓　由于目前中国PVC市场前景广阔、需求持续大幅度增长、中国乙烯资源短缺在短期内无法解决、电石路线生产成本低等原因，电石法生产工艺在我国仍占据主导地位，电石路线在生产PVC的方法中对环境污染是最为严重的，随着国际环保要求的提高以及中国环境污染问题的日益严重，解决电石法造成的环境污染问题已经刻不容缓。

业内专家认为，针对以上有可能影响我国PVC行业发展的因素，并结合我国PVC产业的生产消费现状及发展前景，今后我国PVC树脂行业的发展应该注重以下几个方面。

一是加快企业整合和重组，扩大生产规模，淘汰一批规模小、能耗高、污染严重的小装置。新（扩）建装置应该通过环境、健康和安全评价，并且要符合发改委、原国家环保总局共同发布的《烧碱、聚氯乙烯清洁生产评价指标体系》规定的污染物排放指标和资源综合利用要求。

二是提升产品质量，强化出口。我国PVC行业正处在高速发展阶段，电石法PVC的扩能更是空前高涨，下游需求也一直保持高速增长。未来几年，原料仍是制约PVC产量的一个重要因素，进口量将呈现逐年下降的趋势。因此，各企业应该不断提高产品质量，降低生产成本，规范出口市场，增强在国际市场的竞争力。

三是积极应对出口退税政策。出口退税的调低和加工贸易政策调整，将在一定程度上影响我国PVC出口企业的利润。建议出口企业通过加大国内销售力度、提高一般贸易出口价格、开展或扩大加工贸易生产规模等方式减少损失。此外，生产企业应该及时跟踪出口情况，加强产业预警，通过调整产品结构等措施积极应对；严把产品质量关，压缩成本，最大限度降低不利影响。

四是把原料路线作为今后发展的重点。我国乙烯法PVC企业应该调整原料路线，在新建大型PVC树脂项目中尽可能考虑提供原料单体的商品量，甚至仅建设单体生产装置。这样一方面可以满足当前和今后一段时间，国内进口VCM/EDC企业的需求，避免国内企业受国外厂家的制约；另一方面供给国内具有一定规模的电石法PVC树脂装置，以加速我国PVC树脂原料转换的进程，使我国PVC行业结构逐步得到优化，增强在国际市场的竞争力。

五是选择适合的生产工艺。虽然目前我国电石法PVC正在进行大规模的新建或扩建，但既没有考虑未来产业调整和结构升级的发展变化，也没有从保护环境、可持续发展出发，在当前成本相对较低、价格竞争处于强势的情况下，隐藏着对环境生态有限资源不可逆转的破坏。另外，从节能降耗、合理利用资源、发展循环经济、保护环境、实施可持续发展的角度来讲，乙烯法PVC仍是先进和具有竞争力的PVC生产工艺。

六是调整产品结构，大力开发专用以及高附加值新产品。目前，国内电石法和乙烯法PVC树脂厂家所生产的PVC树脂型号均属于通用型，聚合度基本上集中在650～1300，而更高聚合度的PVC树脂产品则主要依靠进口解决。为此，国内厂家尤其是乙烯法工艺路线生产厂家，应该在提高通用树脂产品质量的基础上，大力开发满足不同要求的高聚合度PVC、高透明PVC和增韧型PVC树脂新产品，以提高产品的附加值，使产品多样化、效益最大化。

七是促进氯碱工业与石油化工相结合。氯碱工业与石油化工联合可以更好地利用资源优势，发挥产业链优势，降低成本，增强抗风险能力。目前，我国乙烯法 PVC 树脂生产厂家只有中石化齐鲁石油化工公司具有产业链优势，其他厂家在原料上都还没有形成和石油化工行业的联合，原料来源和价格受国际市场影响较大，原料供应对企业发展形成较大的制约。因此，走氯碱和石油化工相结合的模式，将促进我国 PVC 树脂生产大型化、经营国际化，以最少的资金投入取得最大的效益。

知识目标

★ 掌握电石水解的主副反应，能描述乙炔清净工艺原理及流程。
★ 能比较分析乙炔气不同的生产路线优缺点。
★ 能够熟知主要设备的结构和功能并能进行设备选型。

能力目标

★ 能够绘制乙炔发生及清净工段的流程图。
★ 能正确操作清净主要设备。
★ 能根据系统工艺指标进行正常开、停车等操作。
★ 能对乙炔气生产过程中的常见故障进行分析并处理。

 项目一　乙炔气的发生

任务一　乙炔气的生产方法

【任务描述】

能概括乙炔的基本性质和用途；能分析比较乙炔气的不同生产路线特点。

【任务指导】

一、乙炔的性质及用途

1. 乙炔的性质

乙炔俗称风煤、电石气，分子式为 C_2H_2，结构式 $H—C≡C—H$ ，相对分子质量26.038。纯乙炔为无色无味的易燃、窒息剂、微毒性气体，工业上因使用电石法制得的乙炔中混有 H_2S、PH_3 等杂质而带有特殊的刺激性臭味。乙炔的熔点 $-80.8℃$，沸点 $-83.6℃$，凝固点－85℃。常温常压下比空气略轻，与空气比较的相对密度为0.9，闪点26℃，发火温度305℃。微溶于水，易溶于酒精、丙酮、苯、乙醚等有机溶剂。乙炔本身无毒，但是在高浓度时会引起窒息，乙炔与氧的混合物有麻醉效应。吸入乙炔气后出现的症状有头晕、头痛、恶心、面色青紫、昏迷、虚脱等，严重者可导致窒息死亡。

乙炔属于易燃易爆气体，在高温、加压或有某些物质存在时，具有强烈的爆炸能力。与空气混合形成爆炸性混合气体，爆炸极限为2.3%～81%（体积），在7%～13%范围内易发生强烈爆炸；乙炔能与氟、氯发生爆炸性反应，生成HF、HCl和C；乙炔与汞、银、铜等生成的乙炔汞、乙炔银、乙炔铜等金属化合物，受到微小震动时发生猛烈爆炸。另外，高压下的乙炔很不稳定，火花、热力、摩擦均能引起乙炔的爆炸性分解，产生H_2和C，乙炔气纯度越高，操作压力和温度越高，越容易爆炸。因此，常将乙炔气中混入一定比例的水蒸气、氮气或二氧化碳，使其爆炸危险性降低。例如接近发生器出口的湿乙炔气，当乙炔与水蒸气的体积比为1.15∶1时，通常无爆炸危险。表1-1列出了乙炔与一些物质混合接触时的危险性。

表1-1　乙炔与物质混合接触时的危险性

混合接触危险物质名称	化学式	危险等级	危险性
铜	Cu	A	有生成爆炸性物质的可能性
银	Ag	A	有生成爆炸性物质的可能性
钴	Co	A	有分解、聚合的危险性
钾	K	A	有着火、爆炸的危险
氢化铷	RbH	A	根据条件，有激烈反应的可能性
氢化钠	NaH	A	根据条件，有激烈反应的可能性
汞	Hg	A	有生成爆炸物质的可能性
碳化亚铜	Cu_2C_2	A	加热、冲击，有爆炸危险性
碘	I_2	A	有爆炸危险性
氯	Cl_2	A	根据条件有爆炸可能性
硝酸银	$AgNO_3$	A	有生成爆炸性物质的可能性
硝酸汞	$Hg(NO_3)_2$	A	有生成爆炸性物质的可能性
三氟甲基次氟酸	CF_4O	A	有爆炸性反应的危险性
氢化铯	CsH	A	根据条件，有激烈反应的可能性

2. 乙炔的用途

乙炔可以用于照明，在有适量空气的条件下，乙炔可以完全燃烧发出亮白光，在电灯尚未普及或没有电力的地方可以用做照明光源。乙炔燃烧时能产生高温，氧炔焰的温度可以达到3200℃左右，可用于切割和焊接金属。乙炔可以用于有机合成，它是制造氯乙烯、乙醛、醋酸、苯、合成橡胶、合成纤维等有机物质的重要原料之一。在不同条件下，乙炔能发生不同的聚合作用，分别生成乙烯基乙炔或二乙烯基乙炔，乙烯基乙炔与HCl加成可以得到制氯丁橡胶的原料2-氯-1,3-丁二烯；乙炔在400～500℃高温下，发生环状三聚合生成苯；以氰化镍为催化剂，在50℃和1.2～2MPa下，可以生成环辛四烯。乙炔还可作为原子吸收光谱的火焰燃料气。另外，由于其可以发生强烈的爆炸，于是出现了一种"乙炔炸弹"，它是利用乙炔气体作为毁伤性元素，摧毁坦克或装甲车辆的发动机，据美国军方的一项试验，一枚500g的乙炔弹就可以使坦克彻底"罢工"。

二、乙炔的生产方法

乙炔的生产方法比较多，主要有：电石乙炔法、烃类裂解法、高温过热水蒸气裂解法和等离子体裂解煤法等。

1. 电石乙炔法

电石是生产乙炔气的重要化工原料，化学名称为碳化钙，分子式为 CaC_2。它是由氧化钙和碳素材料凭借电弧热和电阻热在 800～2200℃ 的高温下反应而生成的，碳化钙的生成反应如下：

$$CaO + 3C \longrightarrow CaC_2 + CO - 465.7kJ$$

这是一个吸热反应，为完成此反应必须供给大量的热能。

纯净的碳化钙几乎为无色透明结晶，通常所说的工业电石除碳化钙之外，还含有游离氧化钙、碳以及硅、镁、铁、铝的化合物及少量的磷化物、硫化物。工业电石纯度约为70%～80%，氧化钙约占14%，碳、硅、铁、磷化钙和硫化钙等约占6%，其刨断面有光泽，外观随碳化钙的含量不同而呈灰色、棕色、紫色或黑色。纯碳化钙的熔点为2300℃，工业碳化钙的熔点常在2000℃左右。碳化钙能导电，纯度越高，越易导电。

电石的发气量是指在一个大气压（101.3kPa）、温度为20℃时，1kg电石与水反应释放出的干乙炔气体体积（L）。

生产乙炔气的原料电石，其技术指标、检验规则、检验方法、和包装等，都必须符合 GB 10665—2004《碳化钙 电石》的标准要求，表 1-2 列出了电石国家标准的部分技术指标。

电石乙炔法是利用电石与水反应产生乙炔气，其反应方程式为：

$$CaC_2 + 2H_2O \longrightarrow Ca(OH)_2 \downarrow + C_2H_2 \uparrow$$

根据电石和水加入方式的不同，电石乙炔法又可以分为湿法和干法。

表 1-2　电石的国家标准技术指标（GB 10665—2004）

项　目		指　标		
		优级品	一级品	合格品
发气量(20℃、101.3kPa)/(L/kg)	≥	300	285	260
乙炔中磷化氢/%(体积)	≤	0.06	0.08	
乙炔中硫化氢/%（体积）	≤	0.10		0.15
粒度(5～80mm)的质量分数/%	≥	85		
筛下物(2.5mm 以下)的质量分数/%	≤	5		

湿法是将电石加入水中，电石水解放出的热量被过量的水吸收。一般分解 1kg 电石需用 10～15L 水，生产排出的废物为石灰乳（电石渣浆）。该方法的优点为操作平稳安全，设备构造简单，乙炔纯度较高，便于精制。缺点是需要消耗大量的水，乙炔有一定的损失，生产设备庞大，占地面积大，鉴于电石渣的排放量较大，还需要有处理废渣的后续工序。目前工业上多数仍采用湿法生产乙炔，本书也将在后面着重介绍此方法。

干法是把水喷洒在一定粒度的电石上，用电石水解时放出的热量来蒸发水，产生的水蒸气随乙炔气一同逸出。电石与水的比为 1:（1～1.2），生成的熟石灰 $Ca(OH)_2$ 废渣以干态（含水量 4%～10%）从反应器中排出。该方法的优点为可连续生产，生产能力大，乙炔浓度高，消耗水量少，设备容积小，投资费用低，占地面积少（为湿法发生器的 1/4），乙炔收率高，所得废渣处理方便，并可进一步利用。其缺点是乙炔含杂质较多，反应温度较高，操作控制较难。

2. 烃类裂解法

烃类裂解制乙炔，工业上首先是天然气裂解制乙炔，该方法利用甲烷为原料，加热至 1500～1600℃，然后快速冷却裂解制取乙炔气。20 世纪 60 年代以后，又发展了石油烃类裂解联产乙炔、乙烯。该方法以乙烷、液化石油气、煤油等为原料，经 1000℃ 以上高温裂解制取乙炔气。

烃类裂解制取乙炔是强吸热反应，制成的乙炔在高温下极易发生分解和聚合，因此需要在短时间内供给反应大量的热。常采用的供热方式为原料烃部分燃烧、在气体中放电和高温固体表面辐射供热，根据供热方式不同又将裂解方法分为氧化裂解法、电弧法和热裂解法。由于烃类制乙炔比电石法制乙炔更加经济、环保，目前已成为工业发达国家生产乙炔的主导方法。但国内生产技术还存在一些问题，主要表现在脱硫工艺落后、余热未能充分利用、综合利用程度不高等；烃类裂解法制取的乙炔气纯度较低，为得到高纯度的乙炔气须对裂解后的气体进行分离提纯，还存在工艺流程长、设备复杂，建厂投入资金大等缺点，目前该方法在我国很难大范围推广。

3. 高温过热水蒸气裂解法

高温过热水蒸气裂解工艺以空气作为氧化剂，所用原料为各种石油馏分和原油，由燃烧后产生 2000℃ 以上的过热水蒸气，作为裂解原油的热载体生产乙炔和乙烯。根据目标产品的不同，裂解温度可以在 900～1200℃ 之间变化，停留时间控制在 0.005～0.01s。当裂解温度低于 1000℃ 时，乙炔收率比较低，产品以烯烃为主；当裂解温度超过 1000℃ 之后，乙炔收率急剧上升，而烯烃收率下降，通过这种方法能使原油的 60%～70% 转化为乙烯、乙炔及其他联产物。其优点是裂解选择性高，操作条件可根据丙烯/乙烯和乙炔/乙烯比例灵活控制；由于大量水蒸气的存在，降低了炉管中烃的分压，在一定程度上抑制了结焦。缺点是在重油塔下部，因气、液接触不良，明显存在局部过热，以及裂解轻油在污水池中的存在乳化问题。

4. 等离子体裂解煤法

等离子体裂解煤制乙炔是一条新的、有前景的煤化工转化路线。相关研究始于 20 世纪 60 年代的英国 Sheffield 大学。在高温、高焓、高反应活性的电弧热等离子体射流中，煤的挥发分甚至固定碳可直接转化为乙炔。等离子体裂解煤制乙炔过程是一个高温、毫秒级、超短接触的反应过程，具有流程短、清洁等特点。德国矿业公司用 30kW 的等离子体反应器，将氢氩混合气引入电弧高温区，加入粒度小于 5～100μm 的煤粉或煤，在 2500℃ 的反应区，0.004s 的时间内生成乙炔，用氢淬冷。该工艺制取 1kg 乙炔需消耗煤 3kg，耗电折算为煤约 3.9kg，共耗煤 6.9kg。与电石法制乙炔相比成本降低了 30%，是一种富有市场竞争力的乙炔生产路线。但该过程反应条件极其苛刻，目前的基础研究水平还未能准确揭示其复杂的反应机理，在大功率等离子体发生器的设计、反应器煤粉稳定和高效给入、结焦控制等很多方面都受到一定的制约。

【任务训练】

（1）简述乙炔的性质，特别是爆炸特性。

（2）比较乙炔不同生产方法各自的优缺点。

（3）讨论今后我国乙炔生产的转型方向。

任务二　湿法乙炔的工艺原理

【任务描述】

能通过分析电石水解的主副反应来制定生产工艺路线。

【任务指导】

一、湿法制乙炔的主副反应

湿法制乙炔是将电石加入过量的水中产生乙炔，其优点是电石分解完全、乙炔纯度高、操作简单。缺点是设备庞大、耗水量大、乙炔损失大。目前采用湿法生产乙炔仍占据我国PVC生产的主流地位，生产原理如下。

在发生器中，电石和水接触生成乙炔气体，其反应式为。

$$CaC_2 + 2H_2O \longrightarrow Ca(OH)_2 + C_2H_2 + 130kJ/mol$$

其反应放出大量的热由过量的水移去，并稀释渣浆以利于溢流和排渣，但是由于工业电石含有杂质，进行主反应同时也发生一些副反应。

$$CaS + 2H_2O \longrightarrow Ca(OH)_2 + H_2S \uparrow$$
$$Ca_3N_2 + 6H_2O \longrightarrow 3Ca(OH)_2 + 2NH_3 \uparrow$$
$$Ca_3P_2 + 6H_2O \longrightarrow 3Ca(OH)_2 + 2PH_3 \uparrow$$
$$Ca_2Si + 4H_2O \longrightarrow 2Ca(OH)_2 + SiH_4 \uparrow$$
$$Ca_3As_2 + 6H_2O \longrightarrow 3Ca(OH)_2 + 2AsH_3 \uparrow$$

反应生成的乙炔气中含有硫化氢、磷化氢和氨等杂质，由于水解反应生成大量的氢氧化钙副产物，使系统呈碱性，令上述水解反应不完全。另外，硫化氢在水中溶解度大于磷化氢，使粗乙炔气中含有较多的磷化氢（如数百毫克每升）及较少的硫化氢（数十至数百毫克每升），磷化物尚能以 P_2H_4 形式存在，它在空气中易发生自燃。

由于湿式发生器温度控制在80℃以上，有双分子乙炔加成反应生成乙烯基乙炔及乙硫醚的可能，且两种杂质一般可达到数十毫克每升以上。

在85℃反应温度下，由于水的大量蒸发汽化，使粗乙炔气夹带出大量的水蒸气。通常水蒸气：乙炔≈1∶1。

有人对反应温度较低，大约60～70℃范围的湿式发生器产生的粗乙炔杂质进行了分析，发现有下列杂质（含量为mg/L）：磷化氢400，氨200，乙硫醚70，乙烯基乙炔70，砷化氢3。此外尚存在二乙烯基乙炔、丁间二烯基乙炔、丁二炔和己二炔等乙炔的热聚产物。

二、影响乙炔发生的因素

1. 电石粒度对反应的影响

电石的水解反应存在于液固相之间，研究表明，电石的粒度越小，电石与水接触面积越大，水解速度越快。电石粒度与完全水解时间关系见表1-3（温度较低情况下实验得出）。

表 1-3　电石粒度与完全水解时间

电石粒度/mm	2～4	6～8	8～15	15～26	25～50	50～80	200～300
完全水解时间/min	1.17	1.65	1.82	4.23	13.6	16.57	约35

但是电石粒度也不宜太小，否则水解速度太快，使反应放出的热量未及时移走，易发生局部过热而引起乙炔的分解和热聚，进而使温度急剧升高而发生爆炸。若电石粒度过大，则水解速度缓慢，发生器底部间歇排出渣浆中容易夹带尚未水解的电石，造成电石消耗定额的上升。

2. 发生器结构对反应的影响

发生器结构（如挡板层数、搅拌转速、耙臂与耙齿安装角度等。）对电石在设备中停留时间与电石表面更新速度，即与生成的氢氧化钙的移去速度有较大的影响。对于一定粒度的电石来说，应既保证其完全水解所需停留时间，又需及时将电石表面的反应的氢氧化钙覆盖层移去，以使电石与水不断反应更新。

因此，一般电石粒度控制在 50～80mm 时，可选取四到五层挡板，粒度控制在 50mm 以下时，可选二到三层挡板。对于三至五层挡板连续搅拌的发生器，电石的停留时间较长，水解反应比较完全。但一些小型的摇篮式发生器，水解过程相对缓慢，排渣中未水解电石量较大。

3. 发生器内温度对反应的影响

发生器内温度对于电石水解反应速度的影响也非常明显。研究发现，在 50℃ 以下每升高 1℃ 使水解速度加快 1%；而在寒冷地区温度在 −35℃ 以下的，电石在盐水中的反应非常缓慢。

理论计算可得每吨电石水解需要 0.56t 的水，在绝热条件下，由于水解反应放出大量的热使得系统温度剧升至几百度以上。因此，在湿式发生器中，都加入过量水来移出反应热，同时稀释副产的 $Ca(OH)_2$ 以利于管道排放。总加水量与电石投料量之比值即称作水比。实验证明：系统中渣浆固含量在 0～20% 范围内，电石水解速度受固含量影响不大；含固量超过此范围时，电石表面与水的接触受到显著阻碍，水解速度减缓，发气量也相应减少。

因此，发生器内温度和水比的大小有关。生产上采用减少加水量即降低水比来提高反应温度，但应严格控制水比以防过低的水比导致渣浆固含量过高，造成排渣系统堵塞。通过热量衡算，可得不同反应温度下对应的水比及乙炔在发生器中的总损失。

发生器内温度对水解反应的影响见表 1-4。随着反应温度的升高乙炔总损失降低，而渣浆含固量却增加了。所以过高的反应温度将使排渣困难；另外，反应温度的升高使粗乙炔气中的水蒸气含量增加、冷却负荷加大；同时为保证安全生产，不宜使反应温度过高。一般根据已有生产经验反应温度控制在 80～90℃ 范围内。

表 1-4　发生器内温度对水解反应的影响

反应温度/℃	电石发气量/(L/kg)	水比/(t 水/t 电石)	渣浆含固量/%	乙炔总损失/%
40	244	17.28	6.45	5.5
	275	18.59	5.97	5.2
	300	19.44	5.72	5.0
60	244	8.15	12.75	2.0
	275	8.61	12.03	1.9
	300	9.10	11.46	1.8
80	244	4.38	21.37	0.91
	275	4.55	20.57	0.84
	300	4.77	19.80	0.80

4. 发生器内压力对反应的影响

乙炔在高温加压时具有强烈的爆炸能力。考虑到不正常情况下存在冷却水不足使得水解反应热无法传递而造成发生器局部过热的可能，因此，工业生产中不允许发生器内压力超过 0.15MPa（表压），而尽量控制在较低的压力下操作，这样也可降低乙炔在电石渣浆中的溶解损失以及设备的泄漏。实际操作压力，将由发生系统、冷却塔结构、气柜压力（钟罩重量）和乙炔流量来决定，即由发生器到水环泵之间的沿程阻力降决定。只要保证水环式压缩机进口有一定的正压，发生器可以在较低压力下操作。

5. 发生器内液位对反应的影响

发生器液位控制在液位计中上部为好，即保证电石加料管至少插入液面下 200～300mm。若液位过高，气相缓冲容积减少，使乙炔易夹带渣浆和泡沫排出，并且液体容易向上进入电磁振动加料器及贮斗，发生危险。若液位过低，低于加料管下管口，易使乙炔气大量逸入加料器及贮斗，发生安全事故。因此，无论是电石渣溢流管安装的标高，还是底部排渣的时间、数量，都必须注意液位的控制。

【任务训练】

（1）能写出湿法制乙炔的化学反应。

（2）能说出影响乙炔发生的主要因素。

（3）简要说明发生器内温度对反应的影响。

任务三　湿法乙炔的工艺流程

【任务描述】

能够描述湿法乙炔发生工段的流程；能够对生产中的副产物电石渣浆进行处理。

【任务指导】

一、湿法乙炔发生工段的流程

湿法乙炔工艺流程如图 1-1 所示。将整块电石经过人工敲碎、破碎机破碎、除铁、筛分后，即可得到加工合格的电石。根据乙炔发生需要经称重料斗计量后，通过小加料储斗进入上储料斗，再进入下储料斗，在振动给料机的控制下，以一定的速度加入发生器内。在加料过程中，需以 N_2 置换其中的乙炔气，并持续通入至加料结束。在发生器内部搅拌的过程中，运动的耙齿除去电石表面反应生成的 $Ca(OH)_2$ 使接触面不断更新，令水解反应充分进行，并带动电石向发生器的下一层移动。

反应生成的热量和大部分反应后的电石渣浆由过量水通过溢流管排出至渣浆池，同时维持发生器液位。固体物质通过多层耙齿的运动逐步积累在发生器锥底，由排渣阀间歇排出。从发生器顶部排出的粗乙炔气带有渣浆颗粒和水蒸气，经过喷淋预冷和正水封后通过喷淋冷却塔，再经填料冷却塔进入气柜或经水环压缩机加压进入清净工段。

二、湿法乙炔发生工段的工艺控制指标

1. 电石破碎

（1）进粗破前电石粒度　　　　　　　≤300mm

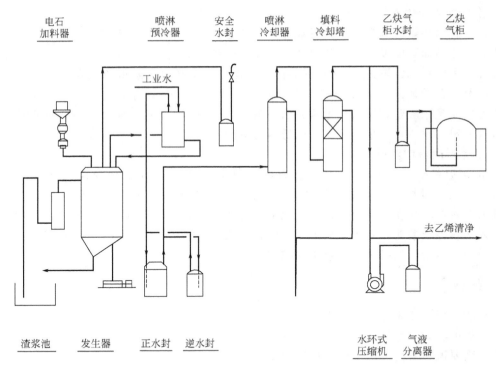

电石加料器　　喷淋预冷器　　安全水封　　喷淋冷却器　　填料冷却塔　　乙炔气柜水封　　乙炔气柜

工业水

去乙烯清净

渣浆池　　发生器　　正水封　逆水封　　　　　水环式压缩机　气液分离器

图 1-1　湿法乙炔发生工段工艺流程

（2）粗破后电石粒度　　　　　　80～150mm

（3）细破后电石粒度　　　　　　25～50mm

（4）电石料仓有机物含量　　　　＜0.5％

（5）电石温度超过 45℃ 不得进行破碎

（6）氮气压力　　　　　　　　　≥0.2MPa

2. 加料岗位

（1）电石粒度　　　　　　　　　25～50mm

（2）氮气含氧　　　　　　　　　＜1.5％

（3）充氮压力　　　　　　　　　≥0.2MPa

3. 发生岗位

（1）发生温度　　　　　　　　　(85±5)℃

（2）发生器液面　　　　　　　　现场液面计中部

（3）发生器压力　　　　　　　　≤0.01MPa

（4）安全水封液面　　　　　　　1500～2000mm

（5）正水封液面　　　　　　　　350mm

（6）逆水封液面　　　　　　　　＞650mm

三、电石渣浆的处理

1. 电石渣浆

电石渣浆是电石水解反应的副产物，含有大量的 $Ca(OH)_2$ 而具有强烈的碱性，并含有较高的硫化物及其他微量杂质。虽然电石渣浆作为副产物存在，但在数量上却大大超过主产品聚氯乙烯树脂，根据生产经验，每生产1t树脂，可以同时产生含固量5%～16%的电石渣浆9～15t，或含固量50%的干渣3～5t。因此，若忽视电石渣浆的处理甚至直接排放，必将导致严重的环境污染，成为聚氯乙烯生产中最大的"三废"。

通常发生器排出的电石渣浆含水量在85%～95%，处于液体状态，经过沉降池分离后可以变成含水量在60%～70%的稠状物，堆放一定时间后可让水分自然蒸发至50%～55%的糊状，此时，即使在运输中震动的情况下，也不易渗出水分来。表1-5给出了电石渣浆的物理状态与含固量含水量的关系。

表1-5　电石渣浆的物理状态与含固量或含水量的关系　　　　　单位：%

电石渣浆的物理状态	含固量	含水量	电石渣浆的物理状态	含固量	含水量
液状	0～20	80～100	糊状	40～60	40～60
稠状	20～40	60～80	固体块状	60～100	0～40

2. 电石渣浆的成分

电石渣经焙烧（完全脱水）后具有以下的成分：$Ca(OH)_2$ 96.30%；SiO_2 1.41%；Al_2O_3 1.33%；$CaSO_4$ 0.34%；C 0.14%；Fe_2O_3 0.12%；CaS 0.08%以及微量的$CaCO_3$、氯和磷等。

乙炔、硫磷杂质等在渣浆中存在一定的分配关系，主要取决于电石成分和反应器内温度。

乙炔气在渣浆中固相与液相内的分配比例是不同的。对含固量20%渣浆的研究表明，约占总量80%的乙炔与固体$Ca(OH)_2$颗粒结合在一起，而约20%溶解于液相中。在相同温度下，乙炔在渣浆中的含量大大超过其在水中的饱和溶解度，在澄清水中则较接近其饱和溶解度。

由于乙炔发生中大量的氢氧化钙存在，以及发生气体借鼓泡通过电石渣浆液层，使绝大部分硫化物留于渣浆内，例如粗乙炔气中的硫化氢通常小于数十至数百毫克每升（即10^{-6}），渣浆中一般在400～800mg/L范围内。

磷化氢是石灰和焦炭中的磷酸钙转化为碳化钙的杂质所水解的副产物，含量主要根据电石来源而变化。由于磷化氢溶解度比硫化氢小很多，在气相乙炔中含量较大，而在液相中含量小于硫化氢。

渣浆中还含有电石中的杂质铝、镁的氮化物和氰氨化钙水解产生的氨。此外，还有可能含有微量的砷化物和氰化物。

3. 电石渣浆的处理

发生器排出的电石渣浆用泵输送至浓缩池经过沉降、分离、压滤处理后，可以得到含水量小于40%左右的干渣及电石渣浆上清液，通常这两部分都可以综合利用。

目前，多数工厂将发生器排出的电石渣浆用泵输送至浓缩池经过沉降、分离、压滤处理后，浓缩所得含水小于40%左右的干渣，含有大量的氢氧化钙，利用其特点，可供水泥厂生产水泥；可加煤渣制作砖块或大型砌块；可作敷设地坪、道路的材料；可作工业或农业的中和剂；代替石灰水用于生产漂白液、漂白粉、氯仿和三氯乙烯；可用作锅炉的炉内脱硫剂；制备纯碱等。

将分离后的所谓上清液直接排放是不妥当的。因为其pH值高达14，水中硫化物等杂质含量均超过国家的"三废"排放标准，因此有必要对电石渣浆的上清液进行中和及脱硫处理。多数企业将过滤后的上清液经一、二级上清液凉水塔冷却降温至35℃左右，用二级清液输送泵送至乙炔发生器用于发生系统循环利用；上清液还可作为锅炉尾气、硫酸尾气的炉外脱硫剂；用作氯化反应过程中含氯尾气的吸收剂溶液，并可获得有效氯5%的副产物漂白液；也可对其他酸性废水进行中和处理。

【任务训练】

（1）详细叙述湿法乙炔发生工段的流程并画出不带控制点的流程简图。

（2）能说出重要的工艺控制指标。

（3）分析电石渣浆的成分，并讨论电石渣浆处理的方法。

任务四　湿法乙炔的主要设备

【任务描述】

能描述乙炔发生工段中主要设备的结构、功能及运行情况。

【任务指导】

一、乙炔发生器

乙炔发生器是电石水解反应生成乙炔气的设备，相应的附带加料斗，储料斗，电石进料阀和电动给料机。早期的摇篮式发生器，因生产能力低，排渣中尚残留较多的"生电石"而使电石定额上升，该设备已经基本淘汰，目前国内多采用湿式立式多层搅拌发生器。多层搅拌式的可根据结构分类：按挡板层数来分有二、三、四、五层四种类型；按设备直径来分为：1.6m、2m和2.8m等几种；从设备容积上分为：小的为4m^3，大的达到284m^3；从搅拌系统上，转速范围在1～3r/min变化，可分为间歇搅拌和连续搅拌方式。

以直径ϕ3200mm，五层耙臂，五层挡板带搅拌的立式发生器为例，生产能力2000m^{3}乙炔/h以上，如图1-2所示，搅拌轴由发生器底部伸入，借助蜗轮蜗杆减速机至1.6～2r/min。发生器筒体内置有五层挡板，每层挡板上方均安装与搅拌轴相连的有耙齿的耙臂，耙齿就是在耙臂上用螺栓固定夹角为55°的6～7块平面刮板，耙齿在两个耙臂上位置是不对称的，呈相互补位，电石自加料管落入第一层后，立即由耙齿耙向中央圆孔而落入第二层，第二层的耙齿安装角度则使电石沿轴向筒壁移动，并由沿壁处的环形孔落入第三层。依此类推，一、三、五层为中间下料，二、四层为周边下料。挡板的作用是增加电石在发生器内的停留时间。耙臂、耙齿的作用是输送电石和清除电石表面反

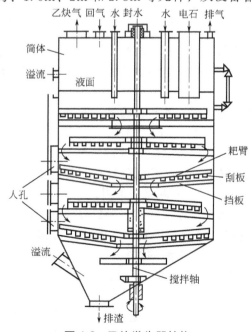

图1-2　乙炔发生器结构

应物，使电石与水充分接触反应，且加快水解反应的速度。也即加速水解反应过程。发生器采用多层结构，为便于检修与维护，相邻两层挡板的间距不得小于 600mm，并在各层挡板间设置有人孔，作为操作和检修人员在清理设备、更换刮板和检修把臂时的进出口。在发生器锥底侧壁设有溢流口，电石渣浆连续排出，电石中的硅铁不断沉入锥底，由锥底排渣阀间歇地排入排渣池中。

二、正水封、逆水封与安全水封

正水封：发生器顶部排出的粗乙炔气经过喷淋预冷进入正水封，进气管插入液面以下，连接喷淋冷却塔的排气管于液面之上，起着单向止逆阀的作用。当发生器或清净系统出现事故时，起到安全隔离的作用。当单台发生器检修时，向正水封加水使之与系统安全隔离。

逆水封：与气柜管线连接的逆水封进气管插入液面以下，排气管直通发生器。正常生产时，逆水封不起作用，当发生器压力因加料故障而低于控制范围出现液位下降、电石架桥或负压时，气柜内贮存的乙炔气将借压差经由逆水封进入发生器内，以保持发生器始终处于正压，防止吸入空气，产生混合气体造成爆炸危险，确保安全生产。

安全水封：当发生器气相出口管道或冷却塔因电石渣堵塞而压力剧增时，发生器内的乙炔气，通过安全水封排入大气，安全水封放置于地面，当发生器液位过高时，渣浆溢流至安全水封，由安全水封流出，因此，安全水封起到安全阀和溢流管的作用。

三、水环式压缩机

乙炔是易燃易爆的气体，不能在高压（超过 0.15MPa）的条件下输送。而乙炔要经过一系列的净化设备，必然产生压力损失，而同时工艺又要求保证一定的气量，以确保生产平衡。为此，一般选用水环式压缩机输送乙炔气体，以提高乙炔气压力，加压送入清净系统。

水环式压缩机输送的特点是叶轮与泵壳间隙较大，不易因碰撞而产生火花，对易燃易爆气体输送安全可靠。而且泵内的工作介质为水、乙炔气成湿气状态，也抑制了乙炔的爆炸性质。

其结构如图 1-3 所示。叶轮偏心地装在圆形的泵壳里，当叶轮顺时针旋转时，水被叶轮抛向四周，由于离心力的作用，水形成了一个决定于泵腔形状的近似于等厚度的封闭圆环。水环的上部分内表面恰好与叶轮轮毂相切，水环的下部内表面刚好与叶片顶端接触（实际上叶片在水环内有一定的插入深度）。此时叶轮轮毂与水环之间形成一个月牙形空间，而这一空间又被叶轮分成叶片数目相等的若干个小腔。如果以叶轮的上部 0°为起点，那么叶轮在

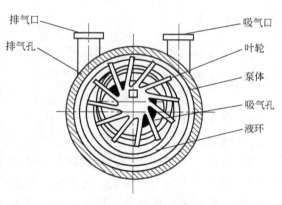

图 1-3　水环压缩机结构

旋转前 180°时小腔的容积由小变大，且与端面上的吸气口相通，此时气体被吸入，当吸气终了时小腔则与吸气口隔绝；当叶轮继续旋转时，小腔由大变小，使气体被压缩；当小腔与排气口相通时，气体便被排出泵外。因此，水环式压缩机是靠泵腔容积的变化来实现吸气、压缩和排气的。

水环式压缩机的转速较高，一般可与电动机直联，无须减速装置。故用小的结构尺寸，可以获得大的排气量。压缩气体基本上是等温的，即压缩气体过程温度变化很小。由于泵腔内没有金属摩擦表面，无须对泵内进行润滑，而且磨损很小。转动件和固定件之间的密封可直接由水封来完成。但是由于乙炔气中夹带有少量电石渣浆，长时间使用会使水环泵的叶轮上结垢，减小水环的体积，影响送气能力。而且效率低，一般在能量转化率 30％左右，随着聚氯乙烯装置的大型化，已显现出不适应性。

四、喷淋预冷器、冷却塔和乙炔气柜

喷淋预冷器：又称渣浆分离器、洗泥器，设置在发生器顶部，通过水喷淋降低乙炔气中夹带的电石渣浆含量，降低乙炔气温度，防止堵塞正水封、冷却塔及减小管道结垢，减轻冷却塔负荷。经冷却后的水通过底部溢流管流入发生器，作为发生器反应用水。

冷却塔：可采用喷淋塔或填料塔，以填料塔居多。填料常采用聚丙烯阶梯环，通过直接喷入冷却水来吸收与降低粗乙炔温度使气体中的大部分水蒸气冷凝下来。工艺流程中，乙炔气体先经冷却塔，再进气柜或乙炔水环压缩机，可防止气柜管路积水而影响缓冲作用。此外，乙炔气冷却降温后，有利于清净塔中次氯酸钠对硫、磷等杂质的去除。

乙炔气柜：不但起着储存乙炔的作用，还起到发生系统与清净系统间的缓冲、稳压作用，特别是在发生加料系统出现故障时，能在短时间内保证清净系统的稳定操作。

【任务训练】

（1）能说出乙炔发生器的结构和功能。
（2）简述正水封、逆水封的主要作用。
（3）简述压缩机的工作原理。

任务五　湿法乙炔的岗位操作

【任务描述】

能够掌握湿法乙炔生产的岗位开、停车操作。

【任务指导】

一、开车前准备工作

1. 加料系统

（1）对电石破碎装置进行单机试车，确认完好备用。
（2）料仓、大倾角皮带机、皮带输送机完好备用。
（3）分别向第一贮料斗、第二贮料斗充氮气确认上下翻板阀严密不漏。
（4）认真检查仓壁振动器、电视监视系统完好备用。
（5）确认氮气压力及纯度。

2. 发生系统

（1）发生系统发生器搅拌装置、电机振动给料机装置，确认完好备用。
（2）发生器及管网进行气密性试压后，充氮气进行置换，使系统内含氧＜3％。

发生器的开车置换操作：向发生器内加水至液位计中部，以 0.01MPa 的氮气试压试漏。由加料贮斗通入氮气，分别从发生器顶部和逆水封的上部放空，氮气压力保持在 8～10kPa，取样分析，当氮气含氧＜3％时，停止排气，关闭充氮阀、发生器排空和逆水封上部排空，启动搅拌，通知加料，用乙炔将设备内氮气置换出来，（间断开电磁加料器和排空阀），待乙炔纯度达到 80％时，将正、逆水封放至规定位置准备开车。

（3）待置换合格后，向发生器内加水使其液位保持在 1/2～2/3。

（4）认真检查各一次水阀门及水源是否正常。

（5）认真检查大、小排渣装置处于完好备用状态，发生器溢流畅通。

（6）正逆水封、安全水封、液位加到要求范围内。

（7）认真检查腰鼓圈、防爆膜完好备用，排空阀、取样阀是否关闭。

二、开车操作

1. 加料系统

（1）通知电石破碎将料仓装满后放至称重料斗。

（2）启动皮带机将电石输送至发生器小加料斗内。

（3）打开料斗充氮气阀，排氮气阀进行料斗置换，要保证充氮气压力≥0.2MPa，充氮气时间在 12min。

（4）打开料斗翻板阀（第一贮斗翻板阀）开始加料。

（5）打开监听器，确认加料完成后，关闭料斗充氮气阀、排氮气阀、关闭第一道翻板阀，并确认是否关严。

（6）打开第二道翻板阀，开启仓壁振动器振料，将料斗内电石放至贮斗内，通过监听器确认料斗内电石完全放至贮斗后，关闭贮斗翻板阀（第二道翻板阀），打开料斗排氮气阀进行排空，待料斗试压回零后，关闭料斗排氮气阀。

2. 发生系统

（1）打开洗泥器加水阀，发生器锥底部冲渣阀、溢流冲水阀、发生器加水阀，同时向发生器加水，并控制液位在 1/2～2/3 处，启动搅拌。

（2）打开正水封排水阀、将液位放至 250～360mm 处。

（3）开启给料机向发生器内加料，根据发生器温度、压力、液位及气柜高度调节给料机电流，当气柜高度达到了 60％时，要求向转化送气。

发生系统正常操作如下。

① 按正常需要，调节好给料机电流。应时刻注意加料阀是否严密，如漏气应告知加料工停止加料操作。电石用完后停止发生操作，由主操组织人员进行处理。

② 保持电石渣溢流管畅通、维持在发生器液面计的中部。发生器无液位或液位低时严禁发生加料操作。

③ 借加水量、溢流量和排渣量来控制发生温度在 (85±5)℃。系统严禁抽负压，排渣时禁止进行加料、振料操作。

④ 定期检查第二贮斗内电石量，并为加料准备好合格氮气。上贮斗向下贮斗拉料要在下贮斗内电石用完后进行。防止拉重料和卡活门现象发生，确认加料阀是否关严。

⑤ 保持乙炔气柜在 60％～80％ 的有效容积范围内。

⑥ 定期巡检检查发生器搅拌运行情况。

三、停车操作

1. 加料岗位

（1）将贮斗内电石振完，打开贮斗排空，打开充氮阀进行置换；观察发生温度、压力、气柜高度有无下降的趋势，发生停车后应保持适当的压力、液位，不要急于停止发生器搅拌。若发生器有问题需处理，先加水冲洗并将渣浆排净方可停搅拌，将发生器正逆水封、安全水封加水至工艺要求范围，进行充氮置换。

（2）停车后对翻板阀的检修置换标准为氮气含乙炔≤2.3%；动火标准为氮气含乙炔≤0.23%。

2. 发生岗位

（1）短期停车 关闭振动给料机。

（2）紧急停车

① 关闭振动给料机。

② 将正水封和逆水封液位立即封起，若需置换发生器同时开逆水封排空。

（3）检修停车或长期停车

① 将贮斗内的电石全部用完后，关闭振动给料机。

② 正水封和逆水封液位封至液位计的2/3处。

③ 间断排渣（注意保持发生器正压）直到排出清水后。

④ 继续加水将发生器温度降到60℃以下，液位控制在60%~80%时，打开逆水封排空阀，发生器充氮气阀，充氮气置换、直至分析合格。如果处理溢流或排渣装置及更换腰鼓圈，则分析氮气含乙炔<2.3%为合格；如发生器需要动火或进入设备内作业则必须达到氮气含乙炔<0.23%，置换合格后通风2h以上，并分析发生器内含氧气≥19%方可办证进入。

四、水环泵的开、停车操作

1. 开车程序

（1）打开水环泵进口阀少许，打开水环泵底部放水阀放净水环泵及管道积水、盘动转轴确保灵活。

（2）打开气相进口阀、打开水环泵加水阀，然后启动水环泵。

（3）水环泵出口压力升至0.075MPa后，就应立即开气相出口阀，并根据送出压力调节手动循环阀。

（4）按需要调节乙炔出口压力，DCS自控调节。

2. 停车程序

（1）按照正常停车已经开大乙炔循环阀、关闭送气大阀。

（2）关闭水环泵加水阀、关闭气相出口阀，然后停泵，最后关气相进口阀。

3. 倒泵程序

当运转的水环泵需检修而系统不停车时，应进行倒泵操作，倒泵操作时应避免减少乙炔压力的波动。

（1）按开车步骤将水环泵启动。

（2）根据乙炔压力逐渐开启水环泵总管循环阀，保持送出乙炔压力稳定正常。

（3）当新开泵压力正常15min后，缓慢关闭需停泵气相出口阀，同时根据乙炔压力逐步关小总管循环阀，直至气相出口阀全部关闭。

（4）停止水环泵运转，并关闭气相进口阀。

（5）关闭水环泵循环水阀，打开水环泵排水阀，排去水环泵内循环水。

4. 水环泵操作注意事项

水环泵循环水温度：为减少水环泵用水中的溶解乙炔排放损失，水环泵用水应采用闭路循环，并借循环水冷却器冷却，为保证乙炔气压力稳定，需将其冷却到一定温度，一般不超过 35℃。

乙炔压力稳定：泵出口的乙炔气压力是由乙炔流量和后系统压力降所决定的，送出压力要求越稳定越好，这是因为瞬间的压力波动，实质上意味着流量的波动，对转化合成反应催化剂的活性，以及氯化氢与乙炔的分子配比都有不利的影响。因此在进行水环泵切换操作时，必须保证压力稳定，根据乙炔压力升降幅度及时调节循环阀。

五、发生工段的操作安全与防护

1. 发生工段的有毒有害物质

（1）乙炔　乙炔属微毒类化合物，具有轻微的麻醉作用。车间空气中最高允许浓度是 $500mg/m^3$。人体大量吸入乙炔气，初期表现为兴奋、多语、哭笑不安；后为眩晕、头痛、恶心和呕吐，共济失调、嗜睡；严重者昏迷、瞳孔对光反应消失、脉弱而不齐。急救方法是迅速离现场至空气新鲜处，采取人工呼吸或输氧治疗。

（2）氮气　氮气是窒息性气体，短时间内可使人窒息死亡，因为它属于无毒气体而常被人们所忽视。进入排过氮气的发生器和气柜之前，应将人孔等打开，必要时用排风扇鼓风，使空气流通或水冲洗后经检测含氧量在 18%～21% 时方能进行操作。

2. 发生工段的安全操作要点

（1）确保电石加料安全　向第一贮斗中加电石时，氮气压力必须保持在 0.2MPa 以上，第一贮斗用氮气进行彻底排气，即贮斗内压力在 60mmHg（约 8kPa）左右（1～2min），方可将称量好的电石吊斗加入第一贮斗内。

（2）保持乙炔气柜的一定高度　气柜对"发生"和"清净"两系统可起到缓冲作用。特别当加料系统出现故障（电石颗粒大）时能在短时间内保证清净系统，乃至氯乙烯合成系统的连续操作。乙炔气柜高度与发生器电磁振动加料器电流控制有关。气柜高度不能控制太低，因万一加料系统出现故障，来不及起缓冲作用，造成气柜抽瘪；但气柜也不能控制过高，过高会发生跑气，既不安全，又影响电石单耗。

（3）接触设备严禁用铜材　与乙炔气接触的设备、管道和管件阀门应采用钢材、铸铁或铸钢等常用材料；但由于乙炔容易与铜、银和汞起化学反应，生成不稳定的、容易自行爆炸的乙炔铜、乙炔银和乙炔汞，所以凡与乙炔或电石渣（溶解有乙炔）接触的转动轴瓦（如加料阀、搅拌轴瓦、水环泵等）均严禁用铜材质，不得已时可采用含铜量小于 70% 的铜合金。压力计尽量不用水银表，加料的氮气差压计应在水银面上用油或水封隔离。

（4）乙炔极易燃易爆　乙炔系统的开停车必须严格进行置换，开车请用氮气置换，取样，分析达到安全规定。停车检修前置换系统含 $C_2H_2 \leqslant 2.3\%$，如需进入容器检修则含 $C_2H_2 \leqslant 0.15\%$，含氧 >19%。乙炔系统的任何位置动火，都必须用 N_2 置换至含 $C_2H_2 \leqslant 0.23\%$，同时动火部位与系统要进行有效隔绝，为了防止气体的流动而产生静电火花，在隔绝部位应有可行的绝缘，动火区与非动火区不得以导体连接。凡检修含有乙炔的设备、管道，严禁用铁器敲击。乙炔生产系统属微正压系统，在生产过程中严禁产生跑、冒、滴、漏，且严禁产生负压，以避免吸入空气而导致着火爆炸事故；凡是接触乙炔的设备、管线必须具有良好的静电导除设施，以防止静电积聚造成事故。

（5）易烫伤　乙炔工段排渣经常发生烫伤事故。造成烫伤原因是电石中混入电石桶盖、角铁、大块硅铁等导致排渣不畅通，此时操作者用铁管通排渣口，使大量80℃左右的电石渣液向外排，接触皮肤造成烫伤事故。因此在处理大排渣时，操作者必须待发生器温度降至30℃以下，方可进行，并且远离拆卸口，以防烫伤。

（6）系统开停车注意的安全操作要点　凡设备检修或年度大修动火必须办理动火手续，动火及开车前都要进行排气，检修和动火用氮气进行排气，排气取样气体中乙炔含量小于0.23%；开车用氮气进行排气，排至取样气体中氧气含量小于3%，局部设备、管道需动火检修时，除将该部分设备、管道作排气处理外，尚需加盲板，以防阀门漏气和防静电隔离，或借助水封作单元隔离。

【任务训练】

（1）能说出乙炔气生产的岗位开、停车操作。

（2）指出发生工段的安全操作要点。

（3）在老师的指导下与同学分工作小组进行发生工段的岗位操作训练。

任务六　常见故障分析及处理

【任务描述】

能对乙炔发生工段的常见故障进行分析并给出处理方法。

【任务指导】

在乙炔气生产过程中，由于各种因素的影响，会出现多种不正常现象，这时就必须清楚这种不正常现象的原因，并采取准确措施进行处理，防止问题扩大，给系统造成更大的波动和财产损失；第一时间告知当班班长和生产调度，处理完成后将原因及处理过程进行记录备案。常见的异常现象及处理情况见表1-6。

表1-6　乙炔气生产中的异常现象及处理方法

异常现象	产生的原因	处理方法
加料时燃烧或爆炸	(1)加料前一贮料斗内乙炔未排净 (2)电石摩擦打火 (3)氮气纯度低 (4)翻板阀泄漏	(1)加强氮气置换 (2)封水封、开充氮、排氮阀,用氮气或干粉灭火器灭火并发出警报 (3)停车,检修加料阀
发生器液位超出规定值	(1)溢流管内有杂物 (2)溢流管内结垢堵塞	(1)破碎机严禁有杂物混入 (2)停车清理
发生器排渣不畅	(1)有杂物加入发生器 (2)电石质量差,含硅铁或碳渣多	(1)停车处理 (2)保证电石质量

续表

异常现象	产生的原因	处理方法
发生反应温度过高	(1)电石粒度小,振料速度快,反应速度快 (2)一次加水压过低或加水管路不畅 (3)溢流管不畅通	(1)控制电石粒度规格,根据气柜高度合理控制振料速度 (2 提高水压,检查和清理水管 (3)加强排渣,开大溢流管冲水阀
发生器压力偏高	(1)气柜滑轮被卡住,或管道积水 (2)正水封液面过高 (3)冷却塔液面高于气相进口 (4)加料时氮气压力过大或排空管堵塞 (5)电石粒度过小,反应速率太快	(1)检修气柜滑轮,排除管道积水 (2)调整正水封液面 (3)调整冷却塔液面 (4)调整加料氮气压力,清除、放空管
发生器压力偏低或负压	(1)气柜滑轮不灵活 (2)气柜管道积水 (3)用气量过大或电动振动加料器能力小 (4)电石质量不好 (5)排渣速度过快,排渣阀关不住 (6) 安全水封液面过低	(1)检修气柜滑轮,排除管道积水 (2)减小流量或检修振动加料器 (3)减小流量 (4)调整排渣量,检修排渣阀 (5)调整安全水封液面

【任务训练】

（1）加料时燃烧或爆炸的产生原因有哪些，如何进行解决？

（2）试分析乙炔发生器发生反应温度过高的原因，并给出解决方法。

（3）分别分析发生器压力偏高或者偏低的原因，并讨论解决方法。

项目二 乙炔气的清净

任务一 乙炔清净的生产流程

【任务描述】

能够组织乙炔清净工段的流程；能够检测清净工段的重要控制指标。

【任务指导】

一、乙炔清净工段的工艺流程

湿法乙炔清净工段流程如图 1-4 所示，乙炔气经冷却塔降温至 20～40℃后，经水环压缩机加压进入清净系统，在两个串联的清净塔中与由配制系统生产的有效氯在 0.085%～0.12% 的 NaClO 溶液逆流接触，反应除去 P、S 杂质，生成相应的酸。为了使反应能充分进行，塔内填充了 $\phi 80\text{mm} \times 80\text{mm}$ 及 $\phi 50\text{mm} \times 50\text{mm}$ 填料环，并在每节塔间设集液盘，以保证气液充分接触，乙炔气在中和塔中除去酸性物质后，通过盐水冷凝器、乙炔除雾器除去气相中夹带的水分，使合格、干燥的乙炔气送至转化工序。乙炔至 VCM 转化工序。

清净所用的清净剂次氯酸钠溶液是用氯气、氢氧化钠、水配制而成，其反应式如下：

$$2NaOH + Cl_2 \longrightarrow NaClO + NaCl + H_2O$$

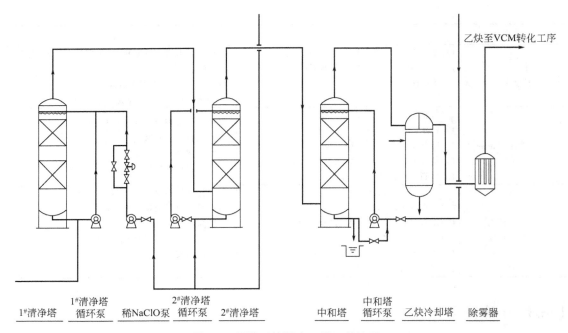

乙炔至VCM转化工序

| 1#清净塔 | 1#清净塔循环泵 | 稀NaClO泵 | 2#清净塔循环泵 | 2#清净塔 | 中和塔 | 中和塔循环泵 | 乙炔冷却塔 | 除雾器 |

图 1-4　湿法乙炔清净工段工艺流程

配制过程为 1%～3% 的烧碱溶液与氯气经过转子流量计计量后进入文丘里反应器进行反应，一次水（聚合母液回收水或污水处理后的中水）经过计量后由顶部进入反应器。一方面在反应器内形成负压，以利 Cl_2、NaOH 的充分接触；另一方面，水量的控制也就是控制 NaClO 溶液浓度，这样既保证了清净所需的 NaClO 含量，又控制了游离氯的存在。

清净所需的 NaClO 溶液由配制系统提供，经配制合格的 NaClO 溶液由 NaClO 泵打至 NaClO 高位槽，依靠位差自流而下，然后通过 1# 清净泵送到 2# 清净塔，一部分进入 1# 清净泵进行内部循环，另一部分通过 2# 清净泵送至 1# 清净塔，同样一部分进行内部循环，另一部分则由废 NaClO 泵送至冷却塔经过喷头与一次水共同冷却乙炔气，冷却塔产生的废 NaClO 溶液通过塔底的溢流管进入废 NaClO 贮槽，由发生器补水泵送往污水处理，冷却塔加水则由一次水系统直接提供。

中和塔由稀碱中间槽提供 10%～15% 的碱液。当氢氧化钠中的碳酸钠的含量达到 10%（冬天 8%）时，氢氧化钠含量小于 3% 时，需更换新的碱液。

二、乙炔清净工段的中间控制指标

乙炔清净工段的中间控制指标见表 1-7。

表 1-7　乙炔清净工段的中间控制指标

项目名称	控制指标	控制点	控制次数	方法
NaClO 有效氯	0.085%～0.12%	NaClO 贮槽	1 次/h	化学分析
pH 值	7～9	NaClO 贮槽	1 次/h	试纸检测
C_2H_2 纯度	≥98.5%	送气总管	1 次/4h	化学分析
C_2H_2 含 S、P	硝酸银试纸不变色	送气总管	1 次/h	试纸检测
中和塔碱样	NaOH　10%～15% Na_2CO_3<6%	中和塔	1 次/2h	化学分析
	Na_2CO_3<10%	中和塔	1 次/2h	化学分析

三、乙炔清净工段的指标分析与检测

1. 清净剂 NaClO 溶液中有效氯的含量及其 pH 值

考虑到清净效率及生产安全，需要对 NaClO 溶液中有效氯的含量及其 pH 值进行控制。试验表明，当次氯酸钠溶液有效氯在 0.05％以下，pH 值大于 8 时，清净效果较差。而当有效氯在 0.15％以上，pH 值较小的情况下，容易生成氯乙炔而发生爆炸。当有效氯在 0.25％以上时，氯与乙炔在气相与液相中易发生激烈反应而爆炸，且阳光能促进这一爆炸过程。氯乙炔极不稳定，遇空气易着火和爆炸，如中和塔换碱时、废次氯酸钠排放时以及开车前设备管道内空气未排净时均容易出现事故。因此，考虑到生产安全以及分析有效氯的可能误差，为保证清净效果，清净塔内有效氯一般不低于 0.06％，补充的配制溶液有效氯应控制在 0.085％～0.12％范围内，pH 值在 7 左右。

（1）有效氯含量的测定

$$NaClO + 2KI + 2HCl \longrightarrow NaCl + 2KCl + I_2 + H_2O$$
$$I_2 + 2Na_2S_2O_3 \longrightarrow 2NaI + Na_2S_4O_6$$

取用 10％碘化钾溶液 5mL，1∶10 盐酸：5mL，倒入 250mL 锥形瓶中摇匀。用移液管吸 10mL 次氯酸钠样品液放入锥形瓶中后摇匀，以 0.01mol/L 硫代硫酸钠标准溶液滴定至淡黄色，加 1～2 滴 0.5％的淀粉指示剂，再滴定至蓝色刚消失即为终点。

$$有效氯(Cl) = \frac{0.0355MV}{10} \times 100\%$$

式中　M——硫代硫酸钠物质的量浓度，mol/L；

　　　V——滴定所消耗的硫代硫酸钠的体积，mL；

　0.0355——有效氯换算系数。

（2）NaClO 溶液 pH 值的测定　用宽范围的 pH 试纸浸蘸次氯酸钠样品液，显色稳定后与标准色板比对颜色，即可读出 pH 值。

2. C_2H_2 含量的测定

（1）C_2H_2 纯度的测定　根据乙炔易溶于丙酮或二甲基甲酰胺溶液，而其他杂质不溶于上述两种介质的性质，由吸收体积可求出乙炔的纯度。

（2）C_2H_2 中含氧量的测定　利用焦性没食子酸的碱溶液吸收氧的反应原理。

3. 定性检测 C_2H_2 是否含有 S、P 杂质

根据下式反应原理进行检测

$$PH_3 + 3AgNO_3 \longrightarrow 3HNO_3 + Ag_3P \downarrow（杏黄色）$$
$$H_2S + 2AgNO_3 \longrightarrow 2HNO_3 + Ag_2S \downarrow（黑色）$$

将滤纸浸蘸 5％硝酸银溶液，放在乙炔取样口下吹气约 0.5min，若无色迹产生，说明清净效果较好；若显示杏黄色，证明含磷；若显示黑色，证明含硫。滤纸条显色越深，说明杂质含量越高。此方法因为操作简单而被广泛应用，但是检测准确度较低，有时杂质含量较高时，显色不明显。

【任务训练】

（1）详细叙述乙炔清净工段的流程并画出基本流程简图。

（2）列举清净工段的重要控制指标，以满足后续工段要求。

（3）叙述清净工段几个重要指标的检测方法。

任务二　乙炔清净的生产原理

【任务描述】

能比较干湿法清净乙炔的原理，依据原理制定生产工艺。

【任务指导】

一、乙炔气净化的目的

由于电石中含有硫、磷、砷、氮等杂质，对应的因电石水解产生的粗乙炔气中常含有硫化氢、磷化氢、砷化氢、氨等杂质气体，它们会使氯乙烯合成所用的氯化汞催化剂进行不可逆吸附，破坏其"活性中心"，加速催化剂中毒和失活。这些杂质中尤其以磷化氢特别是四氢化二磷为最危险，若在乙炔气中含 200mg/L 或更高的磷化氢时，可使其自燃点显著降低，在 100℃时与空气接触就能发生自燃，会降低乙炔气的自燃点，故均应彻底予以脱除。

粗乙炔中的硫化氢、磷化氢、砷化氢具有较强的还原反应能力，所以工业上常采用氧化还原剂和这些杂质进行氧化还原反应，达到净化的目的。根据净化剂的状态分为干法净化和湿法净化两种。

二、干法净化乙炔气的原理

在干法净化中通常使用的净化剂有三氯化铁、漂白粉、重铬酸盐等。以硅藻土为载体的 $FeCl_3$ 净化剂为例，这种净化剂为红棕色，对金属有腐蚀作用，易溶于水，是强氧化剂，可与乙炔中的杂质进行如下的反应：

$$8FeCl_3 + PH_3 + 4H_2O \longrightarrow 8FeCl_2 + H_3PO_4 + 8HCl$$
$$3FeCl_3 + PH_3 \longrightarrow 3FeCl_2 + 3HCl + P$$
$$8FeCl_3 + H_2S + 4H_2O \longrightarrow 8FeCl_2 + H_2SO_4 + 8HCl$$
$$2FeCl_3 + H_2S \longrightarrow 2FeCl_2 + 2HCl + S$$

其中的催化剂失效以后，置于空气中，二氯化铁在阳光和助催化剂的作用下，与空气中的水分和氧接触而获得再生，其反应如下：

$$12FeCl_2 + 3O_2 \longrightarrow 8FeCl_3 + 2Fe_2O_3$$
$$6FeCl_2 + 3H_2O \longrightarrow 4FeCl_3 + Fe_2O_3 + 3H_2$$

为了加快反应和再生的速度，我国多用 $HgCl_2$、$CuCl_2$ 作为助催化剂。由上述反应可看出，约有 1/3 的二氯化铁不能再变为三氯化铁，因此，这类净化剂在使用 5～7 次以后只能废弃。如何处理报废的净化剂是许多企业面临的重要环保问题，十分棘手。

三、湿法净化乙炔气的原理

除上述干法净化乙炔之外，还有几类湿法净化工艺可供选择：次氯酸钠法、次氯酸钙法、氯水法、重铬酸盐溶液法、浓硫酸法、三氯化铁酸性溶液法。以工厂中广泛使用的次氯酸钠法为例，分子式为 NaClO，在反应中受热容易分解，是一种强氧化剂，它与乙炔中杂质发生的化学反应如下：

$$PH_3 + 4NaClO \longrightarrow H_3PO_4 + 4NaCl$$

$$H_2S + 4NaClO \longrightarrow H_2SO_4 + 4NaCl$$

$$SiH_4 + 4NaClO \longrightarrow SiO_2 + 2H_2O + 4NaCl$$

$$AsH_3 + 4NaClO \longrightarrow H_3AsO_4 + 4NaCl$$

反应中生成的大部分酸溶入液相，少量酸形成酸雾飘浮在气相中，与 NaOH 溶液用中和反应生成盐将其除去，反应如下：

$$H_3PO_4 + 3NaOH \longrightarrow Na_3PO_4 + 3H_2O$$

$$H_2SO_4 + 2NaOH \longrightarrow Na_2SO_4 + 2H_2O$$

$$H_3AsO_4 + 3NaOH \longrightarrow Na_3AsO_4 + 3H_2O$$

四、干、湿法净化乙炔气的效果比较

干法净化工艺因其建设投资少、设备简单、净化能力较大等特点，被不少企业普遍选用。但当前大部分工业发达国家都已选用湿法净化来替代干法净化，其原因就是由于干法净化工艺存在如下缺点。

（1）在净化时产生盐酸和氢气严重腐蚀设备。

（2）再生和更换净化剂时需频繁打开净化罐，而每次都必须用氮气置换；作业完后又要将空气置换干净，否则将会产生爆炸性混合气体，直接威胁生产安全。而且每次置换操作要损失大量乙炔气和氯气。

（3）由于净化剂中积存有磷，所以在更换净化剂时与工具发生摩擦，很可能引起火灾。

（4）更换净化剂时因为要手工操作，净化剂中有毒物质粉尘会损害操作者的身体健康。

（5）净化费用高，每瓶乙炔气的净化费用在 0.5～1 元，大约是湿法净化的 5 倍，增加了乙炔气的生产成本。

（6）因含助催化剂氯化汞（$HgCl_2$）、氯化亚铜（$CuCl_2$），所以在处理报废净化剂时必须考虑二次污染问题；即大量的废弃净化剂需要作掩埋处理。

与干法净化相比，湿法净化具有非常明显的优点有：操作费用低，净化效果好，生产能力大，减少公害，安全可靠，因此现已被广泛使用。

【任务训练】

（1）请叙述干法和湿法净化乙炔气的原理。

（2）根据现有条件合理制定生产工艺。

（3）能分析乙炔清净的两种方法优点。

任务三　乙炔清净的主要设备

【任务描述】

能描述清净工段各设备的运行情况。

【任务指导】

一、清净塔

清净系统的主要设备是清净塔，图 1-5 给出了典型的填料式清净塔的结构。填料塔内部

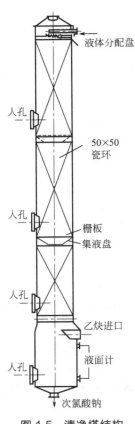

图 1-5 清净塔结构

填充填料，借助填料的表面积，使气液逆流接触传质反应达到去除杂质的目的，塔内次氯酸钠循环量要保证填料的湿润度。用作填料的材料和结构型式是非常之多的，以满足各种物料和处理过程的工艺需要，选用时主要应考虑到填料的耐腐蚀性、比表面积、空隙率（影响塔的阻力降）、重量及强度等因素。清净塔常用的填料有拉西瓷环或鲍尔环，如采用的瓷环尺寸越小则接触表面积越大，空隙率越小，根据生产经验一般使用 $\phi25\sim50$mm 瓷环，每个塔充填高度约 $6\sim9$m，1$^\#$和 2$^\#$清净塔、中和塔结构相同。表 1-8 给出了拉西环的主要参数，表中总接触表面积系按塔径 $\phi1200$mm，填料高度 8m 的两台塔计算的。

填料塔的效率主要取决于在实际操作时的液体对填料表面的润湿程度，假若液体循环量不足，部分填料表面未被润湿，则使气体通过这部分时起不到传质交换的效果。因此，清净塔的效率很重要的一点就是要保证塔内循环的液体流量，使塔处于较高的润湿率状态下操作。一般每平方米塔截面积上的液体喷淋量应在 $15\sim20$m^3/h，此外，当液体从塔顶分配盘喷入时，开始时塔中心填料部位的液体量多些，向下流动后因填料沿塔壁的空隙率较大，气体阻力较小而使液体逐渐偏流至塔壁。所以，为保证气液相在填料塔内流量分布均匀，一般在填料高度与塔径之比为 $2\sim6$ 范围内，应加设集液盘，使偏流到塔壁的液体再聚集到塔中心部位。作为清净用的填料塔，推荐空塔气速在 $0.2\sim0.4$m/s 范围，气体在塔内总停留时间在 $40\sim60$s 范围以保证化学吸收完全。由于乙炔清净属于化学吸收过程，清净效率除了与吸收剂浓度、pH 值以及吸收温度有关以外，尚与气液的接触时间也即上述的停留时间息息相关。有的工厂曾试图采用高空速的湍流塔来取代填料塔，虽然可使塔径缩小，但终因气液接触时间太短而使效果大大降低。

表 1-8　拉西环填料的主要参数与接触表面的关系

拉西环规格/mm	比表面积/(m²/m³)	总接触面积/m²	空隙率/(m³/m³)
$\phi25\times25\times3$	200	3620	0.74
$\phi35\times35\times4$	140	2534	0.78
$\phi50\times50\times5$	90	1630	0.785

二、文丘里反应器

文丘里反应器是次氯酸钠溶液配制时，氯气、氢氧化钠溶液和水三者进行混合反应生成次氯酸钠的设备（结构如图 1-6）配制时三种原料均经过转子流量计，借阀门控制配比后通入进行反应，反应生成的次氯酸钠溶液，由扩散管底部排入紧接下方的次氯酸钠配制槽内，供清净系统补充抽取。

文丘里反应器是由喷嘴、喉管、扩散管和扩散室几部分构成，水从喷嘴中喷出，产生真空夹带，碱液和氯气由两侧带入，在混合段进行化学反应生成次氯酸钠，对水、碱、氯三者都调整到一定的比例，以控制生成的次氯酸钠的浓度。各部分的尺寸和锥角，均有一定的要求。由试验表明，当喷嘴与喉管的间距在 30mm 时，扩散室的真空度较高，如通水量在 $10m^3/h$ 以上时，真空度可达到 580mmHg 以上。次氯酸钠氧化性能受 pH 值约束，碱性越高，氧化能力越低；酸性越大，氧化能力越强，但酸性过高，会产生不稳定的氯乙炔，导致爆炸发生。从安全角度考虑，pH 值控制在 7 左右，有效氯控制在 $0.085\%\sim0.12\%$ 范围内。pH 值的调整和有效氯的控制是在文丘里反应器中混合完成的。浓次氯酸钠溶液由高位槽经转子流量计进入扩散室（由碱液进口处通入），为降低 pH 值也可通入少量氯气。

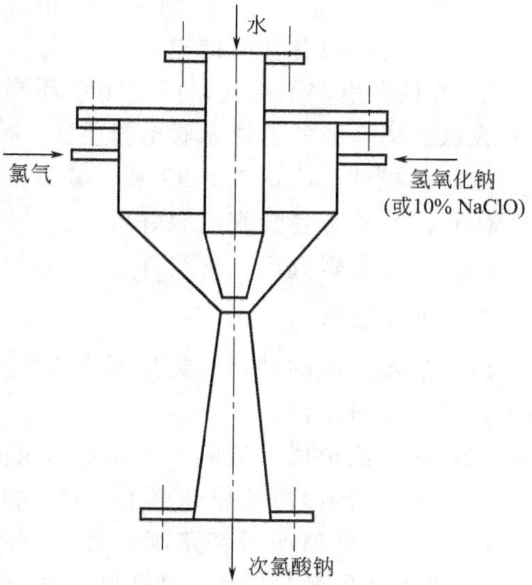

图 1-6　文丘里反应器结构

三、高位槽

采用"加压清净"流程后，$2^{\#}$ 清净塔的次氯酸钠补充液，不能再像"常压清净"那样，从配制槽直接抽取，必须由配制槽用泵送到高位槽，再由高位槽抽取。这是因为乙炔装置若遇跳电故障而引起循环泵停转时，清净塔内乙炔气具有一定压力，将会经过循环泵倒窜入配制槽，容易在文丘里反应器中发生乙炔气与氯气直接混合而发生爆炸。高位槽的安装高度一般应超过清净系统的乙炔压力，例如水环泵出口操作压力最高可能达到 0.8MPa，则高位槽安装高度不应低于 8m。

【任务训练】

（1）对清净工段各设备的结构熟悉并可详述其作用。
（2）分析文丘里反应器的结构和作用。
（3）讨论高位槽的安装高度是如何确定的。

任务四　乙炔清净的岗位操作

【任务描述】

能熟悉乙炔清净的岗位操作；在操作过程中注意自身的安全。

【任务指导】

一、开车前准备工作

（1）系统内充氮气试压并置换，使氮气含氧<3%。
清净系统的置换操作说明如下。
① 清净系统无论是停车后用氮气置换乙炔气体，还是开车前用氮气置换空气，以及用发生乙炔气置换氮气操作，一般都是和发生系统及氯乙烯合成系统共同配合进行的。

② 若气柜不排气，可分别由发生器及气柜总管前充氮，经水环泵至乙炔总管或氯乙烯合成系统处的乙炔总管前排空。

③ 若是发生器不排气，可关闭水环泵进出口阀，自水环泵出口管道通入氮气，至乙炔总管或氯乙烯合成的乙炔总阀前排空。

(2) 单机试车确认 NaClO 泵、碱泵、清净泵、发生器补水泵、水环泵完好备用。

(3) 认真检查各泵阀门完好备用。

(4) 各冷却器阀门、管线开通循环。

二、开车操作

(1) 启动次氯酸钠泵，将配制合格的次氯酸钠溶液由配制槽打到高位槽，并保持到最高液位，使溢流量正常。

(2) 打开高位槽下液阀，启动清净泵向 2# 清净塔加入 NaClO 溶液。

(3) 当 2# 清净塔液位升至 1/2 时，打开塔底阀使之进行塔内循环。

(4) 打开 2# 清净塔旁路阀，另一台清净泵入口阀，启动清净泵向 1# 清净塔加液，当 1# 清净塔液位升至 1/2 时，打开塔底阀及旁路阀和循环阀，使其部分溶液在塔内循环。

(5) 打开废 NaClO 泵进出口阀门，启动废 NaClO 泵向冷却塔内加入废 NaClO 溶液。

(6) 当冷却塔液位升至 1/2 时，打开其溢流阀向废贮槽内加液，同时开启废贮槽加水阀。

(7) 当废贮槽液位升至 1/2 时，启动发生器补水泵向污水处理打水。

(8) 打开稀碱中间槽阀门、碱泵入口阀，启动碱泵向中和塔内加碱，当液位升至 1/2 时，关闭稀碱中间槽阀门，打开塔底循环阀进行塔内循环。

(9) 当转化要求开车时，启动水环泵，打开送气大阀进行送气。

三、正常操作

(1) 定期巡检。

(2) 根据氯乙烯需要调节乙炔出口压力。

(3) 保持各塔液位在规定位置，保持水环泵水分离器液面在规定位置，水环泵水温不得超过 35℃。

(4) 及时排放冷凝器、除雾器、总管冷凝水。

(5) 中和塔根据分析数据，当碱液浓度低于 3% 或碳酸钠高于 6% 时，应立即更换。

(6) 每半小时借试纸检查一次清净效果，每 1h 分析一次配制槽及两塔的次氯酸钠有效氯含量及 pH 值，调节次氯酸钠循环量的大小，并根据分析结果调整好配制次氯酸钠的各流量计的流量。

四、停车操作

短期停车如下。

(1) 打开乙炔循环阀，关闭送气大阀。

(2) 依次关小氯气、碱、水转子流量计进口阀门。

(3) 开发生器补水泵，将废次氯酸钠溶液打入污水处理。

(4) 调小清净量、调好各塔液位。

检修停车如下。

(1) 打开乙炔循环阀、关闭送气大阀。

（2）停配制、关闭氯气、碱、水阀门，如果需要吸收系统中的氯气，则应将稀碱和水继续加入配制，将管道内氯气完全吸收为止。

（3）开发生器补水泵，将废次氯酸钠溶液打入污水处理。

（4）按操作程序停水环泵、关气柜大阀。

（5）依次停废次氯酸泵、清净泵、碱泵、NaClO泵并保持各塔液位。

五、清净工段的操作安全与防护

在乙炔清净工段操作过程中会使用到的化学危险品有：氯气、氢氧化钠、次氯酸钠等，所以在生产过程中，必须以安全为前提。

1. 氯气

氯气是窒息性的毒性很大的气体，对眼、呼吸系统黏膜有刺激作用，可引起迷走神经兴奋、反射性心跳骤停。氯气急性中毒轻度者出现黏膜刺激症状，眼红、流泪、咳嗽，中度者出现支气管炎和支气管肺炎、胸闷、头痛、恶心、干咳等；重度者出现肺水肿，可发生昏迷和休克。

2. 氢氧化钠

氢氧化钠对皮肤有腐蚀和刺激作用。高浓度时引起皮肤及眼睛等灼伤或溃烂。操作或检修时必须戴涂胶手套、防护眼镜或面罩。如溅入皮肤或眼睛，应立即用大量水反复冲洗，或用硼酸水（3%）或稀醋酸（2%）中和，必要时敷用软膏。

3. 次氯酸钠

次氯酸钠对皮肤和眼睛有严重腐蚀和刺激作用，高浓度液体引起皮肤灼伤及眼睛失明。操作或检修时应戴涂胶手套和防护眼镜。如溅在皮肤上可用稀的苏打水或氨水洗涤，或用大量水冲洗。

【任务训练】

（1）可以在老师的指导下与同学分工作小组进行清净工段的岗位操作。

（2）叙述该工段有哪些危险性物质。

（3）试制定清净工段检修步骤。

任务五　常见故障分析及处理

【任务描述】

能分析常见事故发生的原因、引起的后果；能处理发生工段的常见故障。

【任务指导】

异常情况及事故的处理办法如下所述。

乙炔工段易燃易爆物质多，危险性大，常见事故多发。下面就对该工段常见事故做简要分析，并制定出处理措施，详细见表1-9。

【任务训练】

（1）对常见故障能及时有效处理，保障工段的安全运行。

（2）对常见事故进行准确的分析与判断，提前预防事故的发生。

表 1-9　乙炔清净工段常见故障分析对策表

异常情况及事故		产生原因	处理措施
发生器加料操作故障	加料时燃烧或爆炸	（1）加料前贮斗内乙炔未排净 （2）吊斗与加料斗碰撞或电石摩擦产生火花 （3）电动葫芦电线冒火花 （4）加料阀泄漏	（1）加强排气 （2）开放空阀,用氮气或 1211 灭火剂灭火并发出警报 （3）检修电气部件 （4）发生器停车,检修加料阀
	加料时漏乙炔	（1）加料阀橡皮圈损坏 （2）硅铁轧住 （3）加料阀变形损坏	（1）停车调换 （2）停车处理 （3）停车检修
	第一贮斗不下料	（1）电石块太大 （2）矽铁等卡住	（1）调整破碎机间隙 （2）用木锤敲击,或发生器停车处理
乙炔发生系统操作常见事故	反应温度太高	（1）小块电石过多,反应速度快 （2）工业水压低或水管堵塞 （3）溢流管不畅通	（1）控制电石粒度规格 （2）联系供水压力,检查和清理水管 （3）加强排渣,并开大溢流管冲水阀
	压力偏高,安全水封跑气	（1）气柜滑轮被卡住,或管道积水 （2）正水封液面过高 （3）冷却塔液面高于气相进口 （4）加料时氮气压力过大或放空管堵塞 （5）电石加料过多,反应速度快口	（1）检修气柜滑轮,排除管道积水 （2）调整正水封液面 （3）调整冷却塔液面 （4）调整加料氧气压力,清理放空阀 （5）调整电石块和电磁加料器电流
	压力偏低或负压	（1）气柜滑轮不灵活 （2）气柜管道积水 （3）用气量过大,或电磁振动加料器能力小 （4）电石质量不好 （5）排渣速度过快;排渣考克关不死,逆水封液面 （6）水环泵抽力太大口 （7）安全水封液面过低	（1）检修气柜滑轮,排除管道积水 （2）减小流量或检修电磁振动加料器 （3）减小流量 （4）调整排渣量,检修排渣考克,调整逆水封液面 （5）调整回流阀或泵的台数 （6）调整安全水封液面
清净系统操作常见事故	水环泵进口压力波动	气柜管道内有冷凝水积聚	排除冷凝积水
	水环泵出口压力有波动	（1）合成流量有波动 （2）冷却器下部有冷凝水积聚	（1）调节出口总管回流阀 （2）排除冷凝积水
	水环泵进口压力低	（1）气柜管道内有积水 （2）发生器供气量少 （3）冷却塔液面过高	（1）排除积水 （2）调整电石加料速度 （3）排放冷却塔废水,使液面至规定高度

案 例 分 析

乙炔工段是聚氯乙烯生产事故多发部门，现将在生产中的多发事故分类介绍如下。

一、发生器加料操作事故案例分析

【案例1】事故名称：加料阀漏气引起爆炸。

发生日期：2008年7月27日。

事故经过：某厂发生器第一贮斗未装加料阀，第二贮斗加料阀漏气，又遇发生器液面低于电石加料筒口，致使泄漏出大量的乙炔气，加料时电石的摩擦撞击，引起加料空间爆炸，当场死亡1人。

原因分析：加料阀漏气，大量乙炔与空气混合物达爆炸范围，加之加料时电石的摩擦撞击产生火花而引起空间爆炸。

教训：第一贮斗上面增装加料阀，与空气隔绝。发现加料阀漏气（尤其是第二贮斗加料阀）及时停车检修，必要时调换密封圈。

【案例2】 事故名称：发生器第二贮斗爆炸。

发生日期：2009年1月。

事故经过：某厂加料电石块过大，使贮斗及加料器电石卡料（搭桥）。由于处理时充氮不彻底，又用铁器敲打而产生火花，导致第二贮斗爆炸。

原因分析：贮斗内充氮不彻底，残余乙炔气遇到火花发生爆炸。

教训：电石块大小应控制在50～80mm。加料和处理事故时排氮要彻底。发现电石"搭桥"现象时严禁用铁器敲打铁设备，可用木榔头敲打，防止火花的产生。

二、乙炔发生系统事故案例分析

【案例1】 事故名称：发生器爆炸

发生日期：2006年1月1日。

事故经过：某厂发生器电石加不进（采用螺旋加料器）。排气停车后，因加料管内有电石，设备内湿度大，取样分析含乙炔气有时合格，有时不合格。未再继续排氮，就由操作工进入发生器检查，并用木榔头敲击加料管，当即发生着火爆炸，造成2人死亡，3人烧伤的严重事故。

原因分析：发生器停车排氮不彻底，使乙炔与空气混合物达爆炸范围，当即发生火烧爆炸。

教训：人进入容器前，必须用氮气置换设备内乙炔，直到取样分析不含乙炔气为止。然后用空气置换氮气，使含氧量达到人体所需要求（大于18%）。

【案例2】 事故名称：乙炔发生器爆炸

发生日期：2010年8月30日。

发生单位：青海某厂。

事故经过：该厂在停车时用水冲洗发生器，因有残留电石，引起爆炸，一名操作工被烧死。

原因分析：发生器内残留乙炔气，未用氮气置换，造成乙炔气与空气混合遇到火花引起爆炸。

【案例3】 事故名称：乙炔发生器发生爆喷燃烧

发生日期：2002年11月17日。

发生单位：山西某厂。

事故经过：11月17日19时40分，聚氯乙烯车间乙炔工段当班操作工看见乙炔气柜高度降至180m³以下，按正常生产要求此时发生器需要加电石了，于是操作工上到三楼加电石。先放完1#发生器贮斗的电石，又去放2#发生器贮斗的电石。当他放约一半电石物料时，在下料斗的下料口与电磁振动加料器上部下料口连接橡胶圈的密封部位处，突然发生爆喷燃烧。站在电磁振动器旁的操作工全身被喷射出来的热电石渣浆烧伤，面积达 98%。送医院抢救无效死亡。

原因分析：操作工在放发生器储斗的电石时，不看乙炔气柜的液位。致使加入粉料过多，产气量瞬间过大，压力超高。气压把中间连接的胶圈冲破，大量电石渣和乙炔气喷出并着火。

教训：（1）乙炔发生器上应安装液位计、温度计、压力表、安全阀或防爆片等安全设施；

（2）健全乙炔发生器安全操作规程。

【案例4】事故名称：乙炔发生器加料口爆炸

发生日期：2003 年 8 月 4 日。

发生单位：湖南某厂。

事故经过：8 月 24 日 10 时 42 分，乙炔站 1# 发生器加料口爆炸起火，接着 2# 发生器加料口和贮斗的胶圈也发生爆炸起火，电石飞溅到一楼排渣池，产生乙炔气着火，为此发生器一、三、四楼都在着火。操作工紧急处理时，乙炔气又从 2# 冷却塔水封处冲出，不久便被一楼的火源引爆，冲击波将东、西、北三方围墙冲倒，周围的 9 人受伤，其中 1 人经抢救无效死亡，有 2 人为重伤。

原因分析：（1）爆炸原因是因操作工在紧急处理中，操作程序有误，造成管道内憋压，冲破水封，气体跑出；

（2）造成乙炔发生器加料口爆炸起火的原因是电石加料口处阀泄漏，乙炔气从加料口处冲出，而电石贮斗处氮气密封不好，空气进入，加料中爆炸着火。

教训：（1）加强设备管理，保证阀门好用，不泄漏；

（2）对电石加料口处加强操作管理，使加料口处得到较好的密封；

（3）对操作工加强技能教育，在紧急状态下能镇静地处理防正误操作。

【案例5】事故名称：乙炔发生器爆炸

发生日期：2004 年 11 月 24 日。

发生单位：内蒙古某厂。

事故经过：11 月 24 日，乙炔工段乙炔发生器溢流管堵塞，上午 6 时停车处理。开车后下料管又堵，继续停车处理，操作工用木锤、铜锤分别敲击下料斗的法兰盘，以后发生爆炸。当场死亡 1 人，重伤 1 人，轻伤 1 人。

原因分析：下料口堵塞时间过长，使发生器电石吸水分解放热；又因加料斗密封橡胶圈破裂，进空气。当下料口砸通，突然下料，形成负压，瞬间发生爆炸。

教训：（1）乙炔发生器及相关设备、管道要定期检修；

（2）氮气密封与橡胶密封隔绝设施，在生产运行中要保证完好。

【案例6】事故名称：发生器加料口燃烧

发生日期：1998 年 4 月 29 日。

事故经过：某厂发生器在加料时，由于第一贮斗排氮不彻底，电石块太大，造成在加料吊斗内"搭桥"。操作工采用吊斗撞击加料口，致使吊钩脱落。于是现场挂吊钩并同时启动电动葫芦开关，结果引起燃烧。操作工脸部和手烧伤。

原因分析：乙炔气碰到电动葫芦开关火花引起燃烧。

教训：排氮必须彻底，电器开关应采用防爆型号。

【案例 7】 事故名称：**氮气窒息致死**

发生日期：1999 年 12 月 7 日。

发生单位：内蒙古某厂。

事故经过：乙炔发生器加料口使用的力车外胎垫圈，操作时不慎掉入发生器加料贮斗内。操作工佩戴防毒面具独自进入贮斗去取力车外胎甲因防毒面具使用不当，贮斗内充满氮气而窒息死亡。

原因分析：人进入发生器内未办理"进入容器申请手续"，未落实各项安全措施，器外无人监护，防毒面具使用不当，致使在发生器加料贮斗中含氮量在 90％以上的情况下，人进入后缺氧窒息死亡。

教训：（1）进入设备内部作业必须办理申请手续，严格安全制度，落实安全措施；

（2）在易燃易爆设备内尽可能不要进人，可用非金属工具取失落物；

（3）加强对防护器具的安全使用，经常检查其可靠性。

【案例 8】 事故名称：**进入乙炔发生器窒息**

发生日期：2004 年 5 月 31 日。

发生单位：河南某厂。

事故经过：聚氯乙烯分厂保全工段 5 名保全工在乙炔工程 1 号乙炔发生器的 2 号电石贮斗上部更换阀门。20 时 15 分左右，一名保全工将另一名保全工的手电筒碰掉，落入 2 号电石贮斗内。此时，另一名保全工带着防尘口罩从阀门接口处进入电石贮斗内，去抢手电，下去后便无力上来。他人将其救出后，经抢救无效死亡。

原因分析：（1）电石贮斗内用氮气保护，含氮气达 92％，人进入后缺氧窒息而死；

（2）死者及周围保全工安全意识差，进入设备内不办理任何手续，其他人也不劝阻。

教训：（1）严格执行规章制度，尤其是化工部颁发的"41 条禁令"应保证得到执行；

（2）加强对职工的安全教育，使职工增强自我保护意识，不图侥幸办事。

三、清净系统事故案例分析

【案例 1】 事故名称：**清净系统着火燃烧**

发生日期：1998 年 5 月 10 日。

事故经过：某厂操作工发现气柜抽瘪，气柜内水被抽入乙炔总管内，于是，停车拆管道排除积水，致使空气被吸入，气柜中含氧达 5％～60％。开车后这部分含氧高的乙炔气在固碱干燥塔内引起燃烧（可能是固碱表面积聚的磷化物遇空气自燃），火焰从塔顶的防爆膜喷出，将邻近的冷却塔烧毁，造成紧急停车。

原因分析：停车拆管道排除积水时，因停车后系统温度下降而形成负压，使空气吸入，气柜中乙炔气含氧量高，遇到磷化物即自燃。

教训：排除乙炔总管内积水时，不能直接拆管道，应预先在总管上接一小放水管，打开该放水阀即可放水。

【案例 2】 事故名称：**文丘里反应器爆炸**

发生日期：2003 年 5 月 25 日。

事故经过：某厂次氯酸钠配制桶、淡次氯酸钠高位桶、清净第二塔液面均抽空，造成清净塔乙炔气经管道倒窜入配制桶，与氯气反应引起文丘里反应器爆炸。

原因分析：乙炔与氯气生成氯乙炔引起爆炸。

教训：次氯酸钠配制桶液面应控制在一定高度。

【案例3】事故名称：水环泵火烧

发生日期：1999年9月。

事故经过：某厂水环泵轴封漏气严重，操作工用扳手紧填料函螺帽时，不慎使扳手与转动轴摩擦引起燃烧。

原因分析：扳手与转动轴摩擦产生火花，遇从水环泵轴封漏出的乙炔气而造成燃烧。

教训：水环泵轴封漏气严重时，必须在停水环泵后，再用扳手紧填料函螺帽，以防止火花产生。

【案例4】事故名称：乙炔气柜爆炸

发生日期：1992年10月3日。

发生单位：平顶山某厂。

事故经过：抢修乙炔柜，在气体分析不合格后，操作工又等了10min，不经分析自认为合格了，动火中爆炸，死亡1人。

原因分析：操作工违章操作，在设备检修前乙炔气分析未合格情况下就动火，导致爆炸。

教训：设备检修前，必须按安全操作规程进行取样分析，合格后方可进行检修。

四、电石储运中的事故案例分析

【案例1】事故名称：电石桶爆炸

发生日期：2001年5月3日。

事故经过：某厂电石仓库购进一批电石。运输途中下雨而未加油布遮盖，使雨水渗入电石桶内。当人工卸桶入库时，又未开桶盖和轻放轻卸，由于撞击震动而引起爆炸。

原因分析：雨天运输电石桶未加油布遮盖，致使雨水与桶中电石反应生成乙炔，又形成乙炔与空气的混合物，从而构成爆炸因素，又因卸车时的撞击震动使混合物爆炸。

教训：雨天运输电石桶需加油布遮盖，防止桶内进水。

【案例2】事故名称：电石料仓本体爆炸

发生日期：2003年9月20日。

事故经过：某厂电石破碎机地坑渗水，交接班后操作工清扫地坑时将潮湿的电石灰（约300kg）倒入电石料仓内。当料仓放料装入轨道车时，因电石摩擦撞击，引起料仓本体爆炸，其顶盖冲破屋顶飞出，幸未伤人。

原因分析：电石破碎机地坑渗水，潮湿的电石灰倒入电石料仓内，使仓内产生乙炔和空气混合物，构成爆炸因素。再加上电石摩擦撞击产生火花而引起料仓本体爆炸。

教训：发现破碎机地坑渗水，应立即停止破碎，由土建人员补漏。潮湿电石灰千万不能倒入电石料仓或贮斗内。

【案例3】事故名称：电石贮槽爆炸

发生日期：1994年7月11日。

事故经过：某厂新启用的电石贮槽存有25t电石，因充氮阀门未关，氮中水分与电石作用生成乙炔而爆炸。

原因分析：氮气中水分与电石作用生成乙炔，与空气混合达到爆炸范围。

教训：（1）加强操作工责任心，认真检查阀门开闭；

（2）氮气贮槽应定期放水。

小 结

1. 乙炔的生产方法主要是电石法，根据用水量的大小分为湿法和干法两种工艺。湿法工艺操作平稳安全，设备构造简单，乙炔纯度高；缺点是：耗水量大，设备庞大。干法工艺生产能力大，耗水量小，设备投资少；缺点是：乙炔杂质含量高，操作控制难。

2. 影响湿法乙炔发生的因素有：电石粒度、发生器结构、温度、压力、液位。

3. 湿法乙炔工艺流程包括：乙炔的发生和清净两大工序。

4. 湿法乙炔的主要设备有：乙炔发生器，正水封、逆水封和安全水封，压缩机，喷淋预冷器、冷却塔、气柜，清净塔，文丘里反应器。

5. 发生工序、净化工序的岗位操作与常见故障及处理。

知识拓展：乙炔生产中的环保技术及"三废"治理

1. 乙炔生产过程中有毒、有害物质

（1）乙炔 属微毒类化合物，具有轻微的麻醉作用。车间空气中最高允许浓度为 $500mg/m^3$，大量吸入乙炔后应及时呼吸新鲜空气，反应较严重的患者应采取人工呼吸或输氧治疗。

（2）氢氧化钠 对皮肤有腐蚀和刺激作用，高浓度碱液引起皮肤及眼睛等灼伤或溃烂。操作或检修时必须戴涂胶手套、防护眼镜或面罩；如溅入皮肤或者眼睛，应立即用大量清水反复冲洗，或用硼酸水（3%）或稀醋酸（2%）中和，必要时再敷软膏。

（3）氯气 对呼吸道及支气管有强烈的刺激和破坏作用，大量吸入可引起中毒性肺水肿、昏迷、甚至死亡。车间空气中最高允许浓度为 $1mg/m^3$，当有氯气外溢时，应佩戴防毒面具来处理事故。急性中毒者必须立即呼吸新鲜空气，注意静卧保暖，并松解衣带，必要时输氧，轻微吸氯者可服"解氯药水"，患肺水肿者可采用每日吸几次5%碳酸氢钠雾化空气进行治疗。

（4）次氯酸钠 对皮肤和眼睛有严重腐蚀和刺激作用，高浓度液体引起皮肤灼伤及眼睛失明。操作或检修时应戴涂胶手套和防护眼睛，如溅在皮肤上可用稀的苏打水或氨水洗涤，或用大量水冲洗。

（5）氮气 氮气是窒息性气体，短时间内可使人窒息而死亡，因为它属于无毒气体而常为人们所忽视。进入用氮排气过的容器之前，应将人孔等打开，必要时用排风扇鼓风，使空气流通或水冲洗后方能进行操作。

2. 乙炔生产中电石渣浆的处理

（1）电石渣浆 电石渣浆是电石水解反应的副产物，它的主要成分是熟石灰 $Ca(OH)_2$。一般，湿式发生器排出的电石渣浆料含固量在 5%～15%。通常发生器排出的电石渣含水量在 85%～95% 是在液体状态，经过沉清池处理后，可以变成含水 60%～70% 的稠状物，堆放一定时间后，可以让水分自然蒸发到 50%～55% 的糊状。此时，即使在运输中震动的情况下，也不易渗出水分来。

电石渣经焙烧后（完全脱水）具有以下的成分：$Ca(OH)_2$ 96.30%；SiO_2 1.41%；Al_2O_3 1.33%；$CaSO_4$ 0.34%；C 0.41%；Fe_2O_3 0.12%；CaS 0.08%；其他为 $CaCO_3$、氯和微量磷。与工业生石灰 CaO 比较，MgO 即使存在于渣中也比工业 CaO（MgO 为 0.2%～2%）来得少。此外，渣中所含 SiO_2、Al_2O_3 及 CaS、游离 C 或硅铁也较高。因此说，电石渣和石灰还是有些差别的。至于电石渣固体颗粒的大小，是依渣浆沉清速度快慢而变化的，但正常澄清时的渣具有比工业熟石灰的"超细"粒子来的还要小，其中 10～50μm 的粒子约占 80%。

（2）电石渣浆中的磷、硫含量　电石渣中磷、硫等杂质的含量，和发生器气相粗乙炔所带走的数量存在着一定的分配关系，主要取决于电石成分和发生反应温度。

在电石加至湿式发生器的工艺中，由于大量的氢氧化钙存在，以及发生气体借鼓泡通过电石渣浆液层，使绝大部分硫化物留于渣浆中，例如粗乙炔气中的硫化氢通常小于数十至数百毫克每升，渣浆中一般在 400～800mg/L 范围（而干渣中含量更高，可达到 2000mg/L 以上）。粗乙炔气中检出的乙硫醚则来源于较高的反应温度下乙炔与湿态硫化钙或硫化钙的反应，但这类有机物一般不被液相渣浆所吸收。

磷化氢是石灰及焦炭中的磷酸钙的杂质所水解的副产物，一般粗乙炔气中含有数百毫克每升，当然也有低于 100mg/kg 或高于 1000mg/kg 的，主要根据电石来源而变。另外，磷化物也包括痕量的 P_2H_4 及有机磷化物等。由于磷化氢溶解度比硫化氢小得多，因此磷化氢在气相乙炔中具有较大的含量，而在液相中则比硫化氢低得多，一般只有数十毫克每升以下。

氨则是电石中铝、镁的氮化物和氰氨化钙水解的产物，它不仅在气相中可达 200mg/kg，在渣浆中也可以得到很多这种高溶解性气体。此外，渣浆中尚可能含有微量的砷化物及氰化物。

显然，上述杂质在渣浆中的存在形式，估计也与上述乙炔一样，在高碱性的新鲜渣浆中，既有溶解的游离态，也可能以固态化合物存在于"CaC_2 核内"。生产实践也证明，特别在 pH≤7 条件下，才大量逸出令人讨厌的游离态硫化氢气体。

（3）电石渣浆上清液的特性及含有的杂质　一般电石渣浆经澄清后的水能达到"眼见不混"（即含固量≤500mg/L），就算符合要求了。但该上清液还具有强碱性，含大量硫化物及溶解的乙炔，不宜直接排放。

① 碱性　据测定，上清液中的氢氧化钙含量一般可达到 0.5～1.8g/L（而氢氧化钙在 20℃ 及 50℃ 的溶解度仅为 0.166g/L 及 0.13g/L），比理论饱和溶解度要高好几倍，其 pH 值亦在 14 左右。

② 乙炔　由于乙炔在空气中允许浓度（即爆炸范围低限）为 2.5%，根据亨利定律，可算出与其对应的溶液上面气体分压 $p=0.025atm$（$1atm=101325Pa$）时，不同温度下乙炔在水中的极限，也即与气相中乙炔浓度相对应的允许浓度，并与乙炔压力为 1atm 下时在水中溶解度比较（表 1-10）。

有人建议乙炔在水中的极限浓度以上述（40℃）19mg/L 的一半，即 10mg/L 为控制值。但新鲜上清液中一般尚含有 100～300mg/L，虽然比渣浆来得低，但仍比上述安全值 10mg/L 高得多。因此，有人建议对电石渣浆进行脱水处理。

硫、磷杂质：液相上清液中硫化物含量远比磷化物高。一般，硫化物为 400～600mg/L，磷化物约为 0.1～10mg/L，比排放标准（硫化物排放标准为 1mg/L）高出几百倍，是电石渣浆上清液中的主要有害杂质。

表 1-10　不同温度下乙炔在水中饱和溶解度及安全允许浓度

温度/℃	0	20	40	60	70	80	90
乙炔在水中的饱和溶解度/(mg/L)	2029	1208	762	434	293	176	59
乙炔在水中的极限浓度/(mg/L)	50.7	30.2	19.0	10.8	7.3	4.4	1.5

（4）电石渣及电石上清液的综合利用　一般来说，发生器排出的电石渣浆经过初步澄清分离，板框压滤以后，可以得到含水 50% 的所谓干渣，以及"眼见不混"（固含量约 500mg/L）的上清液，这两部分都可以综合利用，现分述如下。

① 电石渣的综合利用　电石渣是电石水解反应的副产物，由于含有大量的 $Ca(OH)_2$ 而具有强烈的碱性，并含有硫化物、磷化物及其他微量杂质，根据实际生产经验，每产生 1t 树脂可产生含固量 7%～15% 的电石渣浆 9～15t，或含固量 50% 的电石渣约 3t，因此，对电石渣浆的处理成为聚氯乙烯工厂处理"三废"的关键。

目前，多数工厂将发生器排出的电石渣浆经过一级沉降分离、板框压滤以后，得到含水 40%～50% 的电石渣，大多利用其氢氧化钙组分，用途分别有：加煤渣制作砖块或大型砌块；作敷设地坪、道路的材料；工业或农业中的中和剂；代替石灰水用于生产漂白液和漂白粉；代替石灰水用于生产氯仿；代替石灰水用于生产三氯乙烯；可用作锅炉的炉内脱硫剂；制纯碱；代替石灰用于生产水泥。

值得注意的是近几年来电石法的超常规发展，也激发了电石渣制水泥的发展。从 20 世纪 70 年代的传统湿法窑生产技术，发展到目前的预烘干干磨干烧工艺，已投产的生产线已超数千万吨，消耗电石渣的数量十分惊人。在电石渣的处理及应用上也取得了新的突破，加联合湿法与干法，以湿法的渣浆作为干法的水源，得到含量 80% 的干渣，此法回避了湿法的渣浆处理问题；将湿法的电石渣浆用增稠剂浓缩到 40%，用砂浆泵送至配料槽，配料砂岩、黏土送回转窑煅烧制水泥。

② 电石渣浆上清液的利用　经澄清、冷却后，回用于发生器（国内不少企业已实现部分或全部回收利用）；作为锅炉尾气、硫酸尾气的炉外脱硫剂，用作氯化反应过程中含氯尾气的吸收剂溶液，并可获得有效氯 5% 的副产物漂白液；其他酸性废水的中和处理。

3. 电石粉尘的产生及综合治理

（1）电石粉尘的产生　在用电石法生产 PVC 的过程中，电石破碎是首要工序，为了保证乙炔发生器的安全运行，同时，提高电石水解效率，一般要求电石粒径为 30～50mm。在电石破碎、输送的过程中不可避免地会产生电石粉尘。大量电石粉尘飘浮在空气中，会污染环境，危害人身健康，同时，还会加大电石消耗。

（2）电石粉尘的危害　电石的主要成分为碳化钙，碳化钙接触人体后会造成皮肤损害，引起皮肤瘤痒、炎症、"鸟眼"样的溃疡、黑皮病等。电石粉尘在地而上积聚较多时，会吸收空气中的水分放出可燃性气体乙炔，乙炔的爆炸极限低，当乙炔气体积聚到一定程度就可能会发生爆燃事故。

电石粉尘作为粉尘的一种，具有一般粉尘对人体造成的危害性质。在 8h 内，厂房空间内粉尘浓度平均低于 $1mg/m^3$ 时对人体无害；浓度为 1～3 mg/m^3 时有一定危害；高于 3 mg/m^3 时有较大危害。粒径大于 10 μm 的粉尘在空气中停留时间较短，在呼吸时可被有效阻留在呼吸道上，不进入肺泡；粒径小于 10 μm 的粉尘会直接进入肺部组织，沉淀于肺泡中，有可能引起肺组织慢性纤维化，甚至会导致肺心病、心血管病等一系列病变。另外，这些悬浮物还会将多种污染物或病菌带入肺部，对人体危害很大。

悬浮性的电石粉尘，会增加生产设备的非正常磨损、缩短设备的寿命、增加设备的维护成本、降低产品的经济效益。

（3）电石粉尘的治理　要从根本上消除电石粉尘污染，就要走综合治理的路线。首先，做好电石入库管理，根据电石使用情况，安排好电石入库量，减少电石入库后的粉化量，并经常清理电石库内和破碎机附近地面上沉积的电石粉尘；其次，选用合适的破碎机器，并辅以一定的防尘、除尘措施；最后，破碎人员要做好个人防护，减少与电石粉尘的直接接触，佩戴防尘过滤口罩，穿好防护服装。国内 PVC 生产企业对电石粉尘的污染治理大致有两种方法：一种为湿式除尘，即经除尘装置抽过来的含有电石粉尘的气流与从上到下的喷淋水逆流接触，除去气流中的电石粉尘该法存在管道易结垢堵塞，产生二次污染及乙炔气的积聚可能等安全环保缺陷。另一种为干式除尘，即除尘装置抽过来的含有电石粉尘的气流经过布袋除尘器过滤粉尘进行气固分离后，电石粉尘送水泥厂综合利用，气流对外排空，基本上能达到治理的标准。

情境二　氯化氢的生产

学习目标

知识目标

★ 能够掌握盐酸脱吸法生产氯化氢的工艺原理。

★ 能够掌握副产酸脱吸法生产氯化氢的工艺原理。

★ 能分析以上两种方法生产氯化氢的工艺流程。

能力目标

★ 能描述盐酸脱吸法生产氯化氢的工艺流程。

★ 能准确描述盐酸脱吸法生产氯化氢的优缺点。

★ 能描述副产酸脱吸法生产氯化氢的工艺流程。

★ 能准确描述副产酸脱吸法生产氯化氢的优缺点。

项目一　氯化氢的生产方法

【任务描述】

能分析比较氯化氢的不同生产路线特点。

【任务指导】

氯化氢作为电石法生产 PVC 的原料之一，其产量与质量直接影响 PVC 的产量与生产成本。因此企业选用不同工艺路线获取氯化氢气体，以达到良好的经济效益。

一、合成法生产氯化氢

氢和氯在合成炉中进行燃烧反应生成氯化氢气体是 20 世纪 80 年代初为适应我国电子工业迅速发展而提出的，是技术上比较成熟的方法，此种方法生产的氯化氢气体纯度较高。其工艺流程为：原料氢气由氢气处理工序的氢气压缩机送来，经氢气缓冲罐后经阻火器进入钢制合成炉底部的燃烧器（俗称石英灯头或钢套管灯头）点火燃烧。原料氯气由氯处理工序的氯气压缩机加压后输送至缓冲罐，按一定的分子比进入合成炉灯头的内管，由下而上经灯头上的斜孔均匀地和外套管的氢气混合燃烧。燃烧火焰温度达到 2000℃ 左右，并放出热和光，正常火焰呈青白色。合成后的氯化氢气体利用合成炉夹套冷却水冷却，合成炉出口温度降到 400~600℃ 时，经空气冷却器自然冷却，被冷却至 100~150℃，经除铁器进入石墨冷却器冷却至 40~50℃，再进入深冷石墨冷却器进一步冷却，冷却后的氯化氢气体从石墨冷却器下部排出，进入酸雾分离器进一步除去氯化氢气体中的盐酸雾滴。由合成炉出来的氯化氢气体经常温、低温干燥和吸附净化，在低温、低压下冷凝，排除不凝气体杂质，送至下一工段。具体工艺将在项目二中作详细介绍。

二、盐酸脱吸法生产氯化氢

1. 盐酸脱吸法生产氯化氢的工艺

盐酸脱吸法制高纯氯化氢广泛应用于 PVC、氯丁二烯和高纯盐酸等的生产中。通常将浓盐酸置于脱吸塔中加热脱吸制氯化氢气体，此种方法生产的氯化氢气体纯度在 99.9%（质量分数）以上。其工艺原理为：将浓盐酸贮槽之浓酸用浓酸泵打至脱吸塔，脱吸塔下部连接再沸器，浓酸自塔顶喷淋而下，与来自再沸器的稀酸蒸气逆流传质传热，使氯化氢脱吸。所得之恒沸酸一部分补充再沸器的循环，一部分则经板式冷却器后流入稀酸贮槽。由脱吸塔出来的含水蒸气的氯化氢气体，进入石墨列管冷却器用水冷却后经过旋风分离器，分离出所带酸雾。然后，经过一系列的常温、低温干燥、吸附除去水及二氧化碳。

具体工艺流程如图 2-1 所示。来自电解装置的氢气，经阻火器进入石墨合成炉底部的燃烧器点火燃烧。来自电解装置氯干燥岗位的氯气，以配比 $n(H_2):n(Cl_2)=1.05:1$ 进入合成炉灯头的内管，与外套管中的氢气混合进行燃烧。合成反应放出热量借炉外壁的冷却水喷淋冷却，气体到炉顶部的温度降至 350~400℃，再经水喷淋的石墨冷却导管，被冷却到

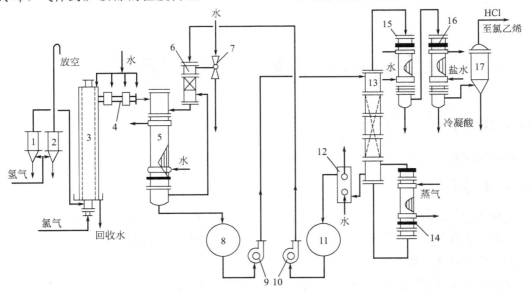

图 2-1　盐酸脱吸法生产氯化氢工艺流程

1—阻火器；2—放空阻火器；3—石墨合成炉；4—冷却导管；5—膜式吸收塔；6—尾部塔；
7—水流泵；8—浓酸槽；9—浓酸泵；10—稀酸泵；11—稀酸槽；12—稀酸冷却塔；13—脱吸塔；
14—再沸器；15—第一冷却器；16—第二冷却器；17—酸雾过滤器

100℃左右，进入膜式吸收塔顶部。气体在塔中石墨管内自上而下流动，与来自填料式尾部塔的沿管壁呈膜状流下的稀酸，进行并流接触吸收，底部排出的酸浓度可达到31%～36%，借位差进入浓酸贮槽供解吸用。未被吸收的气体由底部排入填料式尾部塔，残留气体被解吸系统的稀酸泵送来的20%～22%的稀酸吸收，未吸收的尾气（主要为氢气）借水流泵抽出，经分离器后放空，洗水排入下水道，送至污水处理系统。

浓盐酸经浓酸泵送入填料式或板式解吸塔进行氯化氢的脱吸。解吸塔底部排出的物料进入与之相连接的再沸器，借管外通入的蒸汽加热，使物料中的氯化氢和少量水蒸气蒸发上升，与塔顶向下流动的浓盐酸进行热量和质量交换，将酸中的氯化氢气体脱吸出来，直至塔底及再沸器处达到恒沸物的平衡状态为止。脱除的氯化氢气体进入石墨冷却器由管外冷却水冷却至室温，再进入石墨冷却器，由冷冻盐水冷却到－18～－12℃，并经过酸雾分离器除去夹带的酸雾后，将纯度99.5%以上的干燥氯化氢送至氯乙烯装置。解吸塔底部排出的稀酸是浓度20%～22%的氯化氢与水的恒沸点物，经稀酸冷却器或与浓酸热交换后，冷却至40℃以下进入稀酸槽，由稀酸泵送入尾部塔以供再吸收制备浓酸。

在小型盐酸脱吸装置中，也有采用"三合一"式合成炉来代替合成炉、冷却管、膜式吸收塔及尾部塔等四台设备的流程。另外，对于已采用混合冷冻脱水的氯乙烯装置，则在流程中可省去冷冻盐水的石墨冷凝器。

2. 盐酸脱吸法生产氯化氢的特点

优点：采用盐酸脱吸工艺生产氯化氢具有纯度高（纯度99.9%）和纯度波动小的优点，有利于氯乙烯合成实现分子比自控，可使氯乙烯合成的过量氯化氢降低到2%～5%，从而减少原料氯化氢的消耗定额。由于纯度高几乎不含惰性气体，将减少氯乙烯精馏尾气的放空损失，提高精馏系统的总收率。采用盐酸脱吸法还能综合利用有机氯产品生产过程中低浓度的副产氯化氢，以制得高纯度的氯化氢气体。此外，产品氯化氢可借解吸塔的蒸出压力输送，从而可省去原料氢气、氯气或产品氯化氢的纳氏泵输送设备，因此在中小型装置中应用极为广泛。

缺点：如果电极石墨材料的质量不稳定，特别是存在着较粗的孔隙，对于制造块孔式（又称块体式）换热器等设备时，易造成流体间"短路"或相互渗漏。此外，大型盐酸脱吸装置不能获得广泛应用的原因，还在于再沸器等经受高温的设备和管道的法兰垫床材料或热补偿密封圈材料是普通橡胶，易发生老化而失去弹性，遇开停车有时因不能适应石墨设备热胀冷缩的变化而发生盐酸渗漏，不利于正常的设备使用和生产管理。

三、副产酸脱吸法生产氯化氢

1. 副产酸脱吸法生产氯化氢的工艺

随着盐酸脱吸法的逐步推广，副产酸脱吸生产氯化氢的工艺已广泛应用于生产。它是通过稀酸在绝热吸收塔吸收有机氯化物生产中的副产氯化氢，提浓后，进入解吸塔脱吸出高浓氯化氢气体。此种方法生产的氯化氢气体纯度在99.99%（质量分数）以上。其工艺原理为：将副产氯化氢送入填料式绝热吸收塔，与稀酸泵送来的20%稀盐酸逆流接触进行绝热吸收制取浓盐酸。由塔底获得31%以上的浓酸，经石墨换热器借余热预热稀酸后进入浓酸槽，由浓酸泵送解吸用。合成炉送来的氯化氢，则由"二合一"膜式吸收塔吸收，制成34%～36%浓酸送入浓酸槽，未被吸收的尾气由水流泵抽出，经液封排入下水道。解吸部分与一般盐酸脱吸法相同。

具体工艺流程如图 2-2 所示：副产氯化氢经填料式绝热吸收塔与稀酸泵送来的 20％稀盐酸逆流接触，通过绝热吸收，将副产氯化氢制成盐酸。由塔底可获得 31％以上的浓酸，经石墨换热器预热稀酸后进入浓酸槽，由浓酸泵送往填料式或板式解吸塔。解吸塔底排出的物料经与之相连的再沸器，借管外通入的蒸汽加热，使氯化氢和少量水蒸气蒸发，与塔顶向下流动的浓盐酸进行热量和质量交换，将酸中的氯化氢气脱吸出去，该氯化氢气体由塔顶进入石墨一级冷却器，被管外冷却水冷却至室温，再进入石墨二级冷却器，用冷冻盐水冷却到 -18～-12℃，并经酸雾捕集器除去夹带的酸雾、解吸塔底部出来的稀酸是体积分数为 20％～22％的氯化氢与水的恒沸物，经稀酸冷却器或与浓酸热交换后，冷却至 40℃ 以下，进入稀酸槽，由稀酸泵送入吸收塔再吸收制取浓酸。

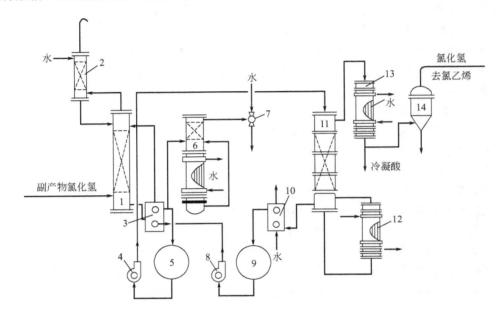

图 2-2 副产酸脱吸法生产氯化氢工艺流程

1—绝热吸收塔；2—水洗塔；3，10—石墨换热器；4—浓酸泵；5—浓酸槽；6—膜式吸收塔；
7—水流泵；8—稀酸泵；9—稀酸槽；11—解吸塔；12—再沸器；13—石墨冷却器；14—酸雾分离器

2. 副产酸脱吸法生产氯化氢的特点

优点：可以通过吸收和脱吸除去副产氯化氢中的有机物和残留的氯气。制得高纯度氯化氢气体，氯化氢气体纯度在 99.99％（质量）以上，以提高副产氯化氢的附加值，最终废水中 HCl＜0.1％（质量），实现了酸水零排放，减少了环境污染。

缺点：国内有些企业采用的石墨换热器急需进行高效的结构改造，以节约运行成本，降低能耗。石墨脱吸塔应克服流体壁效应和端效应等难题，设计制作出高效流体分布器，避免液体初始分布不均现象。

【任务训练】

（1）比较盐酸脱吸法和副产盐酸脱吸法制氯化氢工艺优缺点。

（2）讨论以上两种方法生产氯化氢的工艺原理。

（3）叙述合成法生产氯化氢的工艺路线。

项目二　氯化氢合成

任务一　氯化氢合成的工艺流程

【任务描述】

（1）能够描述氯化氢合成的工艺流程。

（2）能够熟记重要的工艺控制指标。

【任务指导】

一、氯化氢合成的工艺流程

氯化氢合成的工艺流程如图2-3所示。原料氢气由电解装置的氢压机输送来，经过氢气柜缓冲后由阻火器进入钢制合成炉底部燃烧器（俗称石英灯头或钢套管灯头）点火燃烧。原

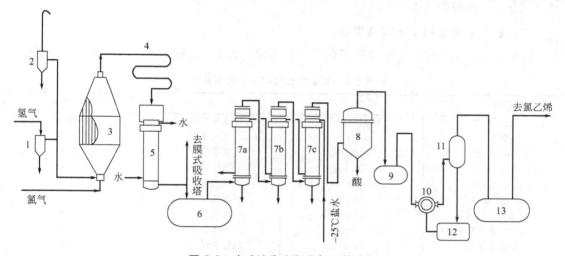

图2-3　合成法生产氯化氢工艺流程

1—阻火器；2—放空阻火器；3—钢制合成炉；4—空气冷却管；5—石墨冷却器；6，9，13—缓冲器；
7a，7b，7c—石墨冷却器；8—酸雾分离器；10—纳氏泵；11—分离器；12—硫酸冷却器

料氯气由电解装置氯干燥送来经缓冲器后按摩尔比 $n(H_2):n(Cl_2)=(1.05\sim1.1):1$ 进入合成炉灯头的内管，由下而上经由灯头上的斜孔均匀地和外套管的氢气混合燃烧。燃烧时火焰温度达到2000℃左右，并发出热和光，正常火焰呈青白色。合成后的氯化氢气体，借炉身及夹套冷却水或散热翅片冷却，到炉顶的出口温度可降到400～600℃，经铸铁制的空气冷却导管冷却到100～150℃，再进入上盖附有冷却水箱的列管式石墨冷却器，用工业水将氯化氢气体冷却到40～50℃，由下底盖排出经阀门控制进入缓冲器（由此可经管道送至膜式或绝热式吸收塔生产盐酸，当合成炉开停氯化氢纯度低时也送至吸收盐酸），再送入串联的石墨冷凝器，以－25℃冷冻盐水将其冷却至－18～－12℃后，进入酸雾分离器，气相中夹带的40%盐酸雾沫由分离器内有机硅玻璃棉（最好用含氟硅油浸渍处理）捕集分离，冷凝

酸由底部排入酸贮槽。由分离器顶部排出的干燥氯化氢气体经缓冲器进入纳氏泵（水环泵）压缩，借泵内浓度93%以上的硫酸作为液封及润滑剂，氯化氢和硫酸气液混合物排入分离器，自底部排出的硫酸流入盘管式硫酸冷却器，经管外水冷却后循环吸入纳氏泵使用，自顶部排出的干燥氯化氢经缓冲器送至氯乙烯合成装置。

上述生产流程中，合成炉系统在微正压操作，反应生成的氯化氢由纳氏泵升压后送至氯乙烯装置，该流程适用于氯化氢装置和电解装置距离较近，而和氯乙烯装置较远的场合。对于氯化氢装置和电解装置较远，而和氯乙烯装置较近的场合，则原料氢气和氯气宜采用加压输送，即合成炉在加压下操作，产品氯化氢不用纳氏泵而直接借系统压力送至氯乙烯装置。

此外，小型装置也有采用石墨制合成炉的流程。对于已采用混合冷冻脱水的氯乙烯装置，则在加压操作的氯化氢合成流程中，可省去冷冻盐水的石墨冷凝器，只需借工业冷却水将氯化氢冷却至室温以上（以防输送管道中有冷凝酸而堵塞），直接送至氯乙烯系统。但输送管道需要考虑排凝酸措施，并选用耐湿氯化氢腐蚀的材料（如硬聚氯乙烯管或外包玻璃钢增强管）。

虽然用本工艺流程制得的氯化氢纯度不高（约90%～96%范围），但根据国内石墨设备制造水平的提高，石墨"二合一"、"三合一"合成炉已逐渐大型化，目前我国生产装置以石墨"二合一"合成炉居多。

二、氯化氢合成的工艺控制指标

氯化氢合成工艺中，一般要满足以下工艺指标，表2-1为氯化氢合成的工艺控制指标。

表2-1　氯化氢合成的工艺控制指标

控制项目	控制指标	检测点	检测要求
氯气纯度	≥98.0%	氯气总管	2次/班
氯含氢	≤0.8%	氯气总管	2次/班
氢气纯度	≥99.0%	氢气总管	2次/班
氢含氧	≤0.4%	氢气总管	2次/班
氯气总管压力	100～150kPa	氯气总管	1h/次
氢气总管压力	75～85kPa	氢气总管	1h/次
合成炉氯气流量	0～2000m³/h	氯气支管	1h/次
合成炉氢气流量	0～2000m³/h	氢气支管	1h/次
氯化氢压力	≤50kPa	氯化氢缓冲罐	1h/次
氯化氢纯度	90.0%～94.0%	氯化氢缓冲罐	0.5h/次
盐酸浓度	31%±1%	一级降膜吸收器	2次/班
游离氯	≤0.04%	氯化氢缓冲罐	2次/班
储酸罐浓度（含高纯酸）	31.2%～32.2%（4～9月） 32.2%～33.2%（10～3月）	盐酸调整罐、 高纯盐酸罐	按需
氯化氢温度	≤45℃	合成炉出口	1h/次
点火前氢气纯度	≥99.0%	氢气总管	按需
点火前氯气纯度	≥80.0%	氯气总管	按需
点火前氯含氢	≤1.0%	氯气总管	按需
点火前炉内含氢	≤0.05%	炉内	按需
出酸温度	≤45℃	下酸管出口	1次/h
合成炉夹套水pH	7～9	夹套水	1次/天
合成炉循环水pH	7～9	循环水	按需
高纯盐酸中间罐液位	0～80%	高纯盐酸储罐	1次/h
盐酸调整罐液位	0～80%	调整盐酸储罐	1次/h
稀酸循环罐液位	20%～50%	稀酸循环罐	1次/h

【任务训练】

（1）详细叙述氯化氢合成工段的流程并画出不带控制点的流程简图。

（2）说出重要的工艺控制指标。

（3）分析氯化氢合成工艺中有哪些危险源。

任务二　氯化氢合成的工艺原理

【任务描述】

（1）能熟悉合成氯化氢原料的物理、化学性质。

（2）能通过分析影响氯化氢合成机理来制定工艺条件。

【任务指导】

原料简介如下。

1. 氢气的性质

（1）物理性质　分子式：H_2，相对分子质量：2.016，氢是无色无味的气体，分子具有最大的扩散速度。

（2）化学性质　氢易燃，在空气中燃烧，生成水。氢气在氯气中爆炸极限 5%～87.5%；在氧气中爆炸极限 4.5%～95%；在空气中爆炸极限 4.1%～74.2%，遇明火或强光即发生爆炸反应。

氢气的主要反应如下。

① 与非金属元素：

$$H_2 + Cl_2 \xrightarrow{燃烧} 2HCl + Q$$

$$N_2 + 3H_2 \xrightarrow[加压]{高温} 2NH_3$$

② 与活泼金属：

$$2Li + H_2 \xrightarrow{催化} 2LiH$$

$$2Na + H_2 \longrightarrow 2NaH$$

③ 用作还原剂制备金属：

$$WO_3 + 3H_2 \longrightarrow W + 3H_2O$$

$$CuO + H_2 \longrightarrow Cu + H_2O$$

④ 作加氢原料：

$$nCO + 2nH_2 \longrightarrow C_nH_{2n} + nH_2O$$

$$不饱和的烃 \xrightarrow{催化} 饱和烃$$

2. 氯气的性质

（1）物理性质　分子式：Cl_2，相对分子质量：70.906，常温时呈黄绿色，有刺激性气味。剧毒，国家规定空气中允许氯的浓度为 0.001mg/L，易液化，能溶于水，溶解度随温度的升高而降低。氯气易溶于许多有机溶剂，如酒精、庚烷、四氯化碳等。

（2）化学性质

① 氯气的化学性质很活泼，有很强的氧化性。

② 氯可以与所有金属和大多数非金属元素（N、O、C 和稀有气体除外）直接化合。

$$2Ag + Cl_2 \longrightarrow 2AgCl$$

③ 氯气可与一些气体反应：

$$Cl_2 + H_2 \xrightarrow{\text{点燃}} 2HCl + Q$$

④ 氯气与有机化合物的反应：

$$C_6H_6 + 3Cl_2 \xrightarrow{\text{紫外线}} C_6H_6Cl_6$$

⑤ 氯气与无机化合物反应：

$$2NaOH + Cl_2 \longrightarrow NaClO + NaCl + H_2O$$

⑥ 氯气易溶于水中，并生成次氯酸和盐酸

$$Cl_2 + H_2O \longrightarrow HClO + HCl$$

$$HClO \longrightarrow HCl + [O]$$

所释放的初生态氧是强氧化剂，对金属的腐蚀性极大。

⑦ 氯气能与氢气按一定比例混合成爆炸性气体，在明火、高温及日光的触发下，猛烈爆炸。氯与氢的爆炸极限：下限 H_2 为 5％、Cl_2 为 95％，上限 H_2 为 87.5％、Cl_2 为 12.5％。

3. 氯化氢合成的反应原理

生产氯化氢及盐酸其主要反应还是氯气与氢气的化合反应，氯气与氢气在适宜的条件（如光、燃烧或催化剂）下，会迅速化合，发生连锁反应，其反应式如下：

$$Cl_2 + H_2 \longrightarrow 2HCl + 184.62kJ/mol$$

（1）链的生成　在化合氯化氢生产过程中，一个氯化氢分子吸收光量子后，被离解成两游离的氯原子（Cl·）即活性氯原子。

$$Cl_2 + h\gamma \longrightarrow 2Cl\cdot$$

（2）链的传递　一个活性氯原子再与一个氢分子作用，生成一个氯化氢分子和一个游离氢原子（H·），这个活性的氢原子又与一个氯分子作用，生成一个氯化氢分子和一个游离的氯原子（Cl·），如此循环构成一个连锁性反应。

$$Cl\cdot + H_2 \longrightarrow HCl + H\cdot \longrightarrow H\cdot + Cl_2 \longrightarrow HCl + Cl\cdot \longrightarrow Cl\cdot + H_2 \longrightarrow HCl + H\cdot \longrightarrow \cdots$$

（3）链的终止　在连锁反应过程中，如果因外界的因素使 H· 和 Cl· 化合，则连锁反应即被破坏，使链传递终止。

① 在反应过程中，由于元素的自身结合也可以使连锁终止。

$$H\cdot + H\cdot \longrightarrow H_2, \quad Cl\cdot + Cl\cdot \longrightarrow Cl_2, \quad Cl\cdot + H\cdot \longrightarrow HCl$$

② 在反应过程中，由于游离氢原子或游离氯原子与设备内碰撞，使活性原子失活，发生的链终止。

③ 在反应过程中，由于反应物浓度可使链传递终止，负催化剂的作用，也可以使链中断。在均衡的生产中，由于氢化氯的原子浓度相比是极其微小的，所以不会出现链终止。

在实际生产中，氯与氢在燃烧前并不混合（否则会发生爆炸反应）而是通过一种特殊的设备"灯头"使氯与氢均衡燃烧。

4. 影响氯化氢合成的因素

（1）温度的影响　氯气与氢气在常温常压，无光的条件下，反应速度是非常缓慢的，但在 440℃ 以上却迅速化合，所以，一般在温度高的情况下可以发生反应，但如果高于 1500℃ 时，就有显著的热分解现象。氯与氢的反应是放热反应，有大量的热量产生，这种热量使生成的氯化氢气温升高。因此必须设法把合成过程中产生的热量移出，反应才能向有利于生成氯化氢的方向移动，所以合成炉采用夹套式冷却器移走反应热。

（2）水分和其他催化剂的影响　绝对干燥的氢气、氯气是很难起反应的，当有微量的水分存在时，往往可以加快反应速度，所以水分是促进氯气与氢气化合的媒介，但如果水分含量超过一定的值，对反应速度就没有多大影响。

当有海绵状的铂金、木炭等多孔物质或石英、泥土等矿物质存在时也可以起催化剂的作用，促使反应速度提高。

5. 盐酸的生成机理

合成的氯化氢气体，用水进行吸收，即生成盐酸。当用水吸收氯化氢时，伴随着溶解的进行，将释放出大量的溶解热，热量会使盐酸温度升高，不利于对氯化氢气体的吸收，因为当氯化氢纯度一定时，溶液温度越高，氯化氢气体的溶解度越低，也就使制得的盐酸浓度越低。

根据化学平衡移动的原理，必须移走这部分热量，才可以使溶液向有利于生成盐酸的方向进行，在化工生产中，多数采用的是二段降膜式吸收法生产盐酸。

降膜式吸收法：溶液与氯化氢气体在膜式吸收塔管内并流式吸收，吸收过程中所放出的反应热，由管间的冷却介质（水）带走，从而制得盐酸。这种方法的生产能力较大。

另外，还有采用一段降膜式吸收法和二段绝热式吸收法进行吸收生产盐酸。

绝热吸收法就是利用水自身的潜热，不与外界发生热交换，以制得盐酸。

当氯化氢溶于水时，所放出的热量使酸温度升高，达到一定限度，水分就会大量蒸发，吸收带走大量热，使盐酸溶液温度降低，温度的降低又利于氯化氢的吸收，如此吸收氯化氢，这种方法与降膜式吸收法相比，生产盐酸的能力较小。

总之，不论是合成氯化氢的过程，还是氯化氢溶于水制成盐酸的过程，均为放热反应，为了使反应向有利于生产氯化氢或盐酸的方向进行，必须设法将反应热或溶解热移去。同时，氯氢纯度、流量、冷却水量、氯化氢纯度等要素都对氯化氢及盐酸的生产过程有很大影响。

6. 原辅材料规格

（1）干氯气　$Cl_2 \geqslant 98.5\%$（体积）；$O_2 \leqslant 0.5\%$（体积）；$H_2O \leqslant 50mg/L$（质量）。

常温下氯气（Cl_2）为黄色气体，熔点 $-102.0℃$，沸点 $-33.7℃$，相对密度 2.49。可液化成深黄色的液体。易溶于水，溶于水后生成盐酸和次氯酸。

氯气是强氧化剂，在光线的照射下与氢化合时会发生爆炸性的光化学反应，生成氯化氢，并放出大量的热，与一氧化碳作用生成毒性更大的光气。

氯气是工业中使用量最大，接触面最广泛的剧烈刺激性气体之一，它的毒性很大。

氯气用途很广，主要有：杀菌消毒，纸浆纤维漂白，矿物氯化法精炼等。

（2）干氢气　$H_2 \geqslant 99.00\%$（体积）；$O_2 \leqslant 0.03\%$（体积）；$H_2O \leqslant 0.7\%$（体积）。

氢气是一种无色、无臭、无味的气体，密度很小，在标准状态下为 $0.089kg/m^3$，等于空气的 1/14.38。

氢气在水中溶解度很小，在标准状态下，每升水中能溶解 20.5mL 氢气，氢气和氧气在常温下如无特殊条件（如撞击），几乎不起反应，但在 800℃ 高温下或合成炉点火时，氢气和原材料带入的氧气反应而生成水。氢气属于极易自燃和爆炸的气体，氢气与氯气、空气、氧以及氯化氢在一定范围内混合，都有可能产生爆炸。

氢气除用于合成氯化氢制取盐酸和聚氯乙烯外，还用于植物油加氢生产硬化油、炼钨，生产多晶硅以及有机化合物的加氢等。

氢气在所有的气体中最轻，故易存留在设备的最高处，应注意防爆。

(3) 纯水　　H_2O 100%（质量）；电阻率 $>1\times10^5\Omega\cdot cm$；$Fe<0.5mg/L$；$Ca^{2+}$、$Mg^{2+}<0.5mg/L$。

水是由 2 个氢原子和 1 个氧原子合成的最简单的氢氧化合物，是一种无色、无臭、无味液体；在标准大气压下，凝固点 0℃，沸点 100℃，在 4℃时密度最大，相对密度为 1 。

【任务训练】

(1) 能根据反应机理制定生产工艺。

(2) 能根据影响因素避免生产中的不正常操作。

(3) 分析影响氯化氢合成的因素。

任务三　氯化氢合成的主要设备

【任务描述】

(1) 能描述氯化氢合成工段各设备的运行情况。

(2) 能熟悉氯化氢合成主要设备的工作原理。

【任务指导】

一、氢气柜

在工业化大生产流程中为力求氢气供给持续、稳定，用罗茨鼓风机或水环泵送来的氢气贮存于气柜之中。其作用在于调节和平衡，即在供给氢气量多于正常合成炉使用所需的量时，可将多余部分暂贮存于气柜中；若发生氯化氢或盐酸流量增加时，气柜中的氢气会自动供给合成炉。一旦输氢发生临时故障，气柜内的氢气足以维持其最低流量的供给，防止突然停炉情况发生。

气柜由筒体、支架和钟罩三部分组成，详见图 2-4 所示。筒体为圆形柱状，周围有压铁固定，侧面有放水或清理内部用的人孔；支架为围绕筒体的钢架结构，柱架上均安有滑轮与钟罩相连。每个柱架顶端均有槽钢或角钢对应连接固定；钟罩恰似圆锥接筒体（倒筒体）的盖状物，罩顶有人孔，罩内周围吊有压铁块，罩顶四周也设有压块以增重加压。

二、气液分离器

气液分离器位于气柜的进出口，起气液分离作用。因为电解阴极出来的氢气夹带碱雾和大量饱和水蒸气。经洗涤降温后仍夹带一定量的游离水，若不除去，将会带入合成炉中，一旦温度低于 108.65℃ 的露点温度。就会有大量冷凝盐酸产生，使钢制炉使用寿命缩短，腐蚀加剧。经气液分离器可除去氢气中的大部分水分。

气液分离器由圆筒体接下锥体和上端盖组成，详见图 2-5 所示。圆筒体底部有分布板，板上乱堆瓷环填料，下锥体底部有排液口。

三、阻火器

阻火器位于氢气进炉前管道上，是氢气系统特有的设备。其构造与气液分离器相同。圆

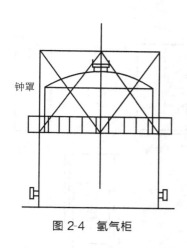

图 2-4　氢气柜

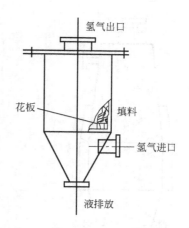

图 2-5　气液分离器

筒体底部的分布板上放的不是填料，而是鹅卵石及少量的瓷环。其作用在于：一旦输氢故障，供氢压力下降。使正常氯氢配比失控，燃烧的火焰很可能从燃烧器中倒回，若回火至气柜，爆炸不可避免，阻火器能有效地阻挡火焰回入气柜，同时可以使其熄灭于此，相当有效地保护气柜和输氧管路的安全。

四、氯气缓冲器

氯气缓冲器位于氯气离心式压缩机出口，进合成炉阻火阀门之前。它是一个卧式的圆筒体，两端为椭圆形封头。其上部有个较大的人孔便于清理，底部设有排净口，旁路设有稳压装置。

其作用在于使氯气流过缓冲减压，配上稳压自控。有效地控制、调节氯气压力。为稳定合成炉生产，调节进炉氯、氢配比起重要平衡作用。

五、合成炉

合成炉是本工序的重要设备。目前合成炉在国内外按其制作材质可分为三类，即钢制合成炉、非金属石英合成炉和石墨夹套合成炉。按其实际功能亦可分为三类，即钢制翅片空气冷却成合成炉，同时带有废热回收的夹套、蒸汽炉，石墨制集合成、冷却、吸收于一体的三合一炉或二合一炉。图 2-6 所示是钢制翅片散热、空气冷却合成炉的结构示意。钢制合成炉有容量大、生产能力大等特点，它充分利用空气对流、辐射散热，其炉身较高温度部位在中、上部，因此该位置装有散热翅片。在其炉体的底部装有石英玻璃或钢制的燃烧器（若氢气经低温冷却脱水和固碱干燥的话，完全可以采用此类钢制合成炉）。其顶都装有防爆膜，以耐温、耐腐蚀的材料制作。

燃烧器由内外二层套装而成。其构造见图 2-7。内层是氯气套筒，为圆筒形套管，其上端封闭，筒身四周开有斜长方形孔。外层是氢气套筒，是个两端开口的圆筒形套管。氯气自下端进入内套筒，因其上端封闭，气流只能从筒身四周侧面斜孔沿切线方向盘旋而出，与由外套筒下端进入的氢气在内外套筒间的流道内均匀混合向上燃烧合成为氯化氢气体，燃烧火焰呈青白色。其中心火焰温度可达 $2500℃$。正是由于石英燃烧器的蓄热，确保了合成反应得以持续下去。

六、石墨冷却器

石墨冷却器的主要作用是冷却合成气氯化氢至常温，以便制酸或冷冻脱水干燥。常见的

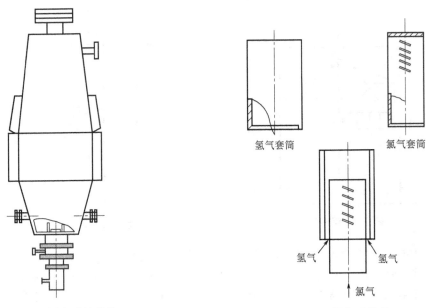

图 2-6　钢制合成炉结构　　　　　　图 2-7　燃烧器结构

石墨冷却器有三类，即石墨列管式冷却器、石墨圆块孔式冷却器以及石墨矩形块孔式冷却器。图 2-8 所示为圆块孔式石墨冷却器的结构示意。不管何种类型，石墨冷却器可以分成 3 个部分，即上封头、冷却段、下封头。一般说来上封头接触氯化氢气体，温度较高（气相进口）。块孔式管断裂，使冷却水涌入气相，若出水不畅还会使石墨冷却器气相出口封堵造成合成炉熄火；反过来，一旦发生冷却水来源中断，列管极容易烧坏。而圆块孔式可以承受短时间的断水。一旦恢复供水，可照常正作。冷却器是整个砌块，它是用经过石掇化处理的不透性石墨制成，具有极好的耐腐蚀和耐高温性能，因此完全能够承受较高温度。石墨列管式冷却器则需用水箱冷却降温，以防顶部上管板与列管交接处的胶粘部分因材料热膨胀系数差异而胀裂损坏。

冷却段主要是采取冷却水自下而上、气体自上而下进行逆流的管壁传热，将气相中所带的热量移走，以实现冷却的目的。对于块孔式冷却器来说，冷却水从径向管内通过。而气相则由纵向管内通过，因此冷却效果很好。对于列管式冷却器来说，冷却水走壳程，气相只能走管程，其冷却效果就不如块孔式。下封头由钢衬胶或玻璃钢制成，保证有极好的防腐蚀性能。圆块孔式石墨冷却器用酚醛树脂浸渍石墨制作。

技术特性：许用温度 $-20 \sim 165℃$；许用压力纵向为 0.4MPa，径向压力为 $0.4 \sim 0.6MPa$，与石墨列管式冷却器相比，圆块孔式石墨冷却器更能经受压力冲击（列管式许用压力 0.2MPa）更能耐高温而不损坏。冷却水压力过高会使石墨列管断裂，使冷却水涌入气相，若出水不畅还会使石墨冷却器气相出口封堵造成合成炉熄火；反过来，一旦发生冷却水来源中断，列管极容易烧坏。而圆块孔式可以承受短时间的断水，一旦恢复供水，可照常正作。

七、降膜式吸收塔

降膜式吸收塔是由不透性石墨制作的，是取代绝热填料吸收塔的换代升级设备。其基本结构与一般浮头式列管冷却器相似，详见图 2-9。

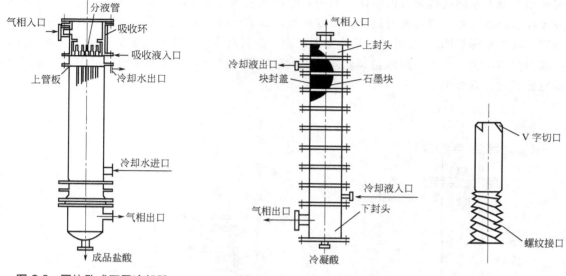

图 2-8　圆块孔式石墨冷却器　　　　图 2-9　降膜吸收塔　　　　图 2-10　分液管

其作用在于将经过冷却至常温的氯化氢气体用水或稀盐酸吸收，成为一定浓度的合格的商品盐酸。膜式吸收塔之所以优于绝热式填料吸收塔，是因为氯化氢气体溶于水所释放的溶解热可以经过石墨管壁传给冷却水带走，因而吸收温度较低，吸收效率较高，一般可以达到85％～90％，甚至可达95％以上，而出酸浓度相应较高。而填料塔的吸收效率仅60％～70％。膜式吸收塔结构同样可分成三部分。上封头是个圆柱形的衬胶筒体，在上管板的每根管端设置有吸收液的分配器，在分配器内，由尾气吸收塔来的吸收液经过环形的分布环及分配管再分配。当进入处于同一水平面的分液管 V 形切口时，吸收液呈螺旋线状的自上而下的液膜（又称降膜），分液管下端是螺纹丝扣。连接在石墨制的螺帽上。分液管构造见图 2-10 所示。其下端螺纹丝口可以将每根分液管调整到同一水平高度，以保证各分配管逐根调整，使其吸收液流量均匀。上、下封头为钢衬胶，而中间筒体为碳钢，本吸收塔安装要求是很高的，塔体必须垂直，误差小于 2‰。

其技术特性如下。

使用温度：气体进口温度不得超过 250℃。

使用压力：壳程 0.3MPa，管程 0.1MPa。

八、尾气吸收塔

尾气吸收塔的作用在于将膜式吸收塔未吸收的氯化氢气体再次吸收，使气相成为合格尾气。尾气吸收液是一次水或脱吸后的稀酸。常见的尾气吸收塔为绝热填料塔或膜式吸收塔、大筛孔的穿流塔。考虑到尾气中含氯化氢量不多，采用绝热吸收是可以将这部分氯化氢气体吸收掉的。尾气吸收塔结构详见图 2-11 所示。

从结构看，尾气吸收塔也可分为三个部分。上部为吸收液分布段，采用同一水平面高的玻璃管插入橡皮塞子中，直通吸收段填料层上部；底部是带有挡液器的圆柱体；中部为圆柱形筒体的吸收段，内填充有瓷环。

九、陶瓷尾气鼓风机

尾气鼓风机的作用在于将来自尾气吸收塔的合格尾气进行抽吸排空。水资源丰富的地区可采用水喷射泵来代替尾气鼓风机。陶瓷制的尾气鼓风机耐腐蚀、运行稳定，是较为可靠的鼓风抽吸设备。在其进口配有调节蝶阀或闸板以调节风量；另外还可以在进出口管路装上回流管。其结构详见图 2-12 所示。其外壳为钢制，内衬陶瓷，叶轮由过去的陶瓷改为玻璃钢。前端有塑料压盖，并有 8 颗压盖螺丝固定；机身置于支座上，用底脚螺栓固定住；叶轮用止动螺栓固定在悬臂梁上。

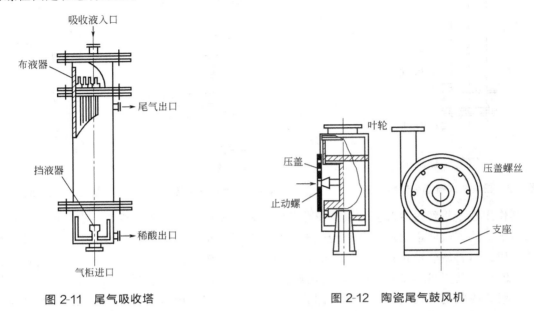

图 2-11　尾气吸收塔　　　　　　　　图 2-12　陶瓷尾气鼓风机

十、石墨列管式冷冻塔

石墨列管式冷冻塔位于圆块孔式冷却器及缓冲器之后，是由 2 组各 3 个石墨列管式冷冻塔组成的串联塔组。其作用是用零下 25℃ 的冷冻氯化钙溶液将氯化氢气体进行冷冻脱水。使其成为含水量小于 0.06% 的干燥氯化氢气体，便于输送。石墨冷冻塔的结构如图 2-13 所示。其基本构造与降膜吸收塔相同，所不同的是其顶部分布板上并没有分液管。

十一、酸雾捕集器

酸雾捕集器的作用是以氟硅油浸渍处理的憎水性玻璃纤维把气流中的酸雾截留、捕集下来，从而净化气体。其结构如图 2-14 所示。整个容器也可分为 3 个部分。上部为圆筒形锥体端盖；中间为圆筒体并带有夹套通冷冻盐水，内部是若干个玻璃纤维滤筒；下端是圆锥体。有个带有 45° 开口的气体导入管及底部出酸口。气流自下锥体进入，经滤筒成为气溶胶，夹带的酸雾被玻璃纤维捕集，截留下来，净化后气体由滤筒上部引出。整个容器可用钢衬胶及塑料制成。

【任务训练】

（1）详述氯化氢合成工段合成炉的结构及其作用。

（2）该工段为什么选用石墨冷却器？

（3）叙述酸雾捕集器的工作原理。

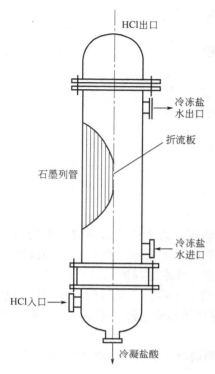

图 2-13　石墨列管式冷冻塔

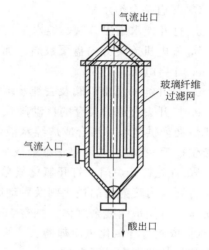

图 2-14　酸雾捕集器

 项目三　岗位操作及常见故障处理

【任务描述】

能从事氯化氢合成工段的岗位操作；能处理氯化氢合成工段的常见故障。

【任务指导】

一、氯化氢合成工段的岗位操作

1. 开车操作

（1）开车前准备工作

① 开车前应该做好一切设备、管道、仪表、阀门、工具、劳保用品的检查及准备工作。

② 设备及管道的检查：按流程的顺序从氯气、氢气系统开始详细检查各管道、阀门、炉体、防爆膜、合成炉视镜、冷却器、吸收塔、冷凝酸收集罐、循环液槽、循环液泵、纯水槽及纯水泵是否正常，检查各仪表是否完好，确认系统各阀门关闭。

③ 与调度、氯氢处理、液氯工序、分析室、VCM 等有关单位及本单位有关岗位联系好。

④ 主控打开阀门给稀盐酸循环罐注水，液位达到 30％时投自动。

⑤ 主控打开阀门给纯水罐注水，液位达到 80％时投自动。

⑥ 开启一台稀盐酸循环泵。

a. 打开稀盐酸循环罐出口阀、稀盐酸循环泵进口阀门。

b. 按电机旋转方向盘泵数周，确认转动无阻力。

c. 开启电机。

d. 打开稀盐酸循环泵出口阀及去稀盐酸循环罐回流阀门。

⑦ 开启一台纯水泵。

a. 打开纯水罐出口阀、纯水泵入口阀。

b. 按电机旋转方向盘泵数周，确认转动无阻力。

c. 开启电机。

d. 打开纯水泵出口阀及去纯水罐的回流阀门。

e. 打开去合成炉夹套的自动阀及自动阀前后的手动阀，关小去纯水罐的回流阀门，给合成炉夹套供纯水，当合成炉纯水液位达到 30％～50％时（巡检与主控对照现场液位与远传液位指示一致），关闭停止给合成炉加水，开大纯水泵至纯水罐回流阀门。

⑧ 首先打开炉门，打开氯化氢总管上去吸收的阀门及手动阀，关闭尾气吸收塔排空阀门，打开水力喷射器的进水阀及手动阀、关小稀盐酸循环罐回流水阀，用水力喷射器对炉内抽负压，置换炉内残余气体，抽空 15min 以上。

⑨ 依次打开氯化氢冷却器、一级吸收器二级吸收器的循环水阀门（冬季为常流水），并调节到最佳状态准备开车。

⑩ 分析炉前 H_2 和 Cl_2 纯度，使之达到控制指标（如系统在正常运行，点其中一台合成炉时，不需要再分析炉前 H_2 和 Cl_2 纯度，可直接点火，但必须分析炉内含 H_2）。

要求：氢气压力为 80～82kPa，氢气纯度≥99.0％（体积）、含 O_2＜0.4％（体积），原氯压力为：100～150kPa；纯度≥80％；氯含氢≤0.8％；H_2O≤100mg/L，炉内含氢＜0.05％（体积）方可准备点炉。

⑪ 不合格的氢气放空，不合格的氯气经自动阀送至事故氯处理。做好点火前人员分工。

⑫ 当各项准备工作均达到开车要求，向调度汇报，接到正式开车通知后进行合成炉点火操作。

（2）正常开车

① 通知氯氢主控人员，缓慢关闭氢气排空阀，使氢气压力在 80～82kPa。

② 缓慢打开氯气、氢气手动总阀，打开氢气切断阀，再稍开氢气管道短路调节阀，调节软管氢气流量大小至适合。

③ 点火操作由二人进行，一人配合，一人需要戴好面罩，点燃氢气软管，避开点火孔正面，将氢气软管插入合成炉灯头氢气进口，并用铁丝绑紧（点火时人应站在上风头，切不可面对炉门）。

④ 待 H_2 燃烧正常后，打开氯气切断阀，再打开氯气管道短路调节阀，缓慢调节，待炉内火焰呈青白色后，关闭炉门。打开尾气吸收塔排空阀门，打开阀门加吸收水。

⑤ 点火时如炉内发生爆鸣或一次点火不成功，使火熄灭时，迅速关闭氯气及氢气的切断阀及调节阀，开炉前冲氮阀，用氮气置换系统（15min），并抽负压约 15min，查明原因，重新作样分析炉内含氢，分析合格后方可进行二次点火。

⑥ 缓慢调节氯氢流量（氢气流量约 500～550m³、氯气流量约 350～400m³），在蒸汽温

度低于 120℃，蒸汽压力小于 150kPa 时，禁止再次给合成炉提量。

⑦ 随时观察火焰颜色是否正常，切忌炉火发黄、发红，控制各项工艺指标符合生产要求。

⑧ 随时观察氯化氢出口温度（不得高于 45℃），逐渐加大氯气、氢气流量，直到达到生产要求。

⑨ 开车之初氯化氢走吸收系统，待合成炉氯氢配比稳定，应及时分析氯化氢纯度，当纯度≥94％且无游离氯时，请示调度给 VCM 工序供氯化氢气体。

氯化氢气体走吸收系统步骤如下。

a. 接到正式开车通知后，打开一级降膜吸收器进盐酸调整罐阀门。

b. 打开吸收液进尾气吸收塔阀门，开启制酸阀门。

c. 根据尾气排空实际情况控制吸收水流量，保证尾气排空不冒 HCl 气体。

d. 合成炉平稳开车后，根据盐酸浓度逐渐调整吸收液流量，保证盐酸浓度在 30％～32％。需要生产高纯盐酸时，待取样分析一级降膜吸收器下酸指标合格后（Ca^{2+}、Mg^{2+}、游离氯含量），打开一级降膜吸收器进高纯盐酸罐阀门，关闭进盐酸调整罐阀门。

⑩ 接到可以往 VCM 送氯化氢气体的指令后，根据 VCM 的需要情况，打开送气手动阀，缓慢开启 HCl 总管去氯化氢缓冲罐阀门，同时缓慢关闭向吸收塔去的阀门。操作中保证合成炉内压力平稳。

⑪ 当去吸收塔的阀门关闭后，关闭吸收水阀，停吸收水。

⑫ 当合成炉蒸汽压力≥0.15MPa 且高于蒸汽分配台时，打开合成炉蒸汽出口阀，蒸汽由管道进入蒸汽分配台，并入低压蒸汽管网。随时调节中压蒸汽补入量，严禁合成炉压力超过 0.2MPa。

2. 停车操作

（1）正常停车

① 停炉前应与调度及氯氢处理装置、VCM 装置联系并准备好工具，倒好吸收系统阀门，检查一级降膜吸收器、二级降膜吸收器循环水供应正常。

② 接到调度停车通知后，逐渐关闭向 VCM 供气的阀门，同时缓慢开启去吸收系统的阀门，并给吸收系统供吸收水。

③ 按比例逐渐减少进气量，先降 Cl_2 后降 H_2 至最小比例（氢气流量 400m³/h、氯气流量 300m³/h），并保持火焰青白色。

④ 进气量最小时，迅速关闭氯气调节阀及氯气切断阀，同时关闭氢气切断阀，再观察炉内是否有火及炉压是否为零或负压。

⑤ 关闭吸收水阀。

⑥ 停炉后，关闭前手动截止阀，稍开氢气管道短路调节阀，打开开炉前冲氮阀，用氮气置换系统（15min），置换完后关闭冲氮阀。

⑦ 关闭合成炉加水阀门，关闭蒸汽并网阀门。

⑧ 待炉温降到 100℃以下时（约 30min）打开炉门（注意：炉内正压时严禁打开炉门）。

⑨ 冬季停车，注意将合成炉夹套冷却水放净（或常流水），以防冻结。

（2）紧急停车

紧急停车条件：符合下列条件经请示调度后可进行紧急停车。

① H_2 压力突然大幅度下降。

② H_2 纯度＜96％，含氧≥2％。

③ Cl_2 含氢＞3％。

④ 冷却水压过低，突然断水。

⑤ 突然停动力电，直流电。

紧急停车操作：遇到下列特殊情况，又不可能及时通知生产主管的情况下，主操及操作工有权决定停车，停车后立即报告生产主管室备案。

① 正常运行突然发生合成炉防爆膜爆破，设备部分或全部损坏时。

② 盐酸循环罐尾气着火或爆炸。

③ 吸收器石墨损坏，大量盐酸外溢。

④ 游离氯严重超标，需马上停送氯乙烯，告知 VCM 岗位，氯化氢气体改为生产盐酸。

⑤ 氢气总管突然断氢，火焰临近熄灭，马上停送氯乙烯工序的氯化氢气体，然后停车。

⑥ 氢气和氯气压力有一个接近零时。

⑦ 氢气纯度低于 96％，非本工段原因造成炉内火焰迅速变黄、红、紫色等，氢气管内有噼噼啪啪爆鸣声，管道或阀门表面油漆有烧焦现象时。

⑧ 合成炉的夹套换热水压或循环水压突然降低，无法正常循环，不能立刻恢复时。

⑨ 合成炉燃烧段或冷却段内漏时。

紧急停车步骤如下。

① 马上同时关死氯气、氢气控制阀进行灭炉。

② 快速打开氢气缓冲罐上的放空阀，氯气开旁通去氯氢除害塔，并通知氯氢岗位。

③ 灭炉后，向炉内通入氮气置换，过 0.5h 后再将炉门打开，胶龙拆下。

④ 关闭吸收水。

⑤ 氯气压力高时，开去氯氢除害的阀门。长时间停炉须将氢气管路用氮气置换。短时间停炉，氢气压力高时需在氢气缓冲罐排空口放空及通知氯氢放空。

⑥ 冬季停车，将室外流水放净（或常流水）以防冻结。

合成炉的切换操作如下。

① 对需点火合成炉及吸收系统做全面检查。

② 同时适当调低正常运行合成炉的氯气量，防止点火时系统波动造成氯化氢含游离氯。

③ 微开要点炉的氢气控制阀，在胶龙处排空，将氢气支管进行置换 2min；微开要点炉的氯气去氯氢除害的阀门，将氯气支管进行置换 2min。

④ 化验室分析炉内含氢，待指标合格后，方可点火。

⑤ 点火成功后，应调节配比，逐渐减少需停炉的氢气和氯气量，逐渐增加新点炉的氢气和氯气量，最后停掉要停的炉。

3. 正常操作

① 严密注视火焰变化，调节 H_2 和 Cl_2 配比，使火焰稳定为青白色，保持微量过氢条件下 HCl 的合成反应。

② 随时注意 Cl_2、H_2 压力，压力控制在 Cl_2 为 0.10～0.15MPa、H_2 为 0.08～0.082MPa，HCl 总管压力控制在 0.05MPa 左右。

③ 随时注意并调节吸收水流量，分析 HCl 气体纯度，吸收酸浓度。

④ 根据盐酸的浓度来决定吸收水流量的大小。

⑤ 密切注意吸收器出酸温度的变化，及时调节吸收水流量。

⑥ 加强巡回检查，发现异常现象及时处理，若影响生产，及时向调度及分厂汇报，确保安全生产。

⑦ 在 HCl 气体生产过程中，严禁系统超温超压。

⑧ 每班接班后，及时排放氢气管道的积水，以防氢气管道和设备积水形成液封，影响氢气压力的稳定。

二、氯化氢合成系统故障的处理

氯化氢合成系统及常见故障处理方法见表 2-2。

表 2-2 氯化氢合成系统及常见故障处理

异常现象	原　　因	处理方法
火焰发红发亮	(1)氢气纯度低,含氧高; (2)有杂质落在灯头上 (3)灯头破	(1)立即分析纯度,与氯氢处理联系,严重时停车处理 (2)请示调度,停车处理
火焰发黄发暗	氯气过量	减少氯气流量或加大氢气流量
火焰发白且有烟雾	(1)氢气过量太多 (2)氯气纯度低 (3)H_2 水分多	(1)减少氢气流量或提高氯气流量 (2)通知调度提高电解 Cl_2 纯度 (3)排水
火焰突然发白	(1)由氢气泵来的氢气流量突涨 (2)氢气放空管堵塞	(1)调节氢进炉量,增加氢放空量 (2)立即疏通放空管或其他地方放空
火焰发红或发黑	(1)直流电突降使氢进炉量减少 (2)氢气纯度下低	关小氢气排空阀,调节氯气进炉量,迅速与调度联系
点炉时点火孔喷大火	氢气量开得过大	调节氢气阀门
火焰发黄发红	(1)升电流 (2)其他用氯单位减少用氯量	(1)视情况增加氢气或减少氯气 (2)与调度联系平衡氯用量
废氯管子结霜,氯气压力波动,压力增高,火焰发红发黄	液氯进入废气管道	视情况迅速关小氯气调节阀调节火焰,同调度联系或紧急停车
炉内有爆鸣声	氢气纯度低含氧高或氯气含氢高	请示后立即停车,待提高纯度后开车
炉内压力高或波动频繁	(1)冷却器 HCl 出口液封 (2)HCl 用户或原料氯氢处理调节幅度大	(1)检查冷却器排放冷凝酸 (2)与有关岗位联系
炉压突然下降	(1)防爆膜炸破 (2)炉后设备泄漏	(1)更换防爆膜 (2)停车处理
H_2 压力波动频繁	(1)氢气管道或设备积水堵塞 (2)直流电波动 (3)氢气压缩机操作问题	(1)检查排除积水 (2)与调度联系稳定电流 (3)与氢气处理联系稳定压力
氯、氢气加不进去	(1)氯化氢管道堵塞 (2)氯氢支管堵塞 (3)合成炉灯头损坏或堵塞	(1)压力太高停炉处理 (2)停炉处理 (3)停炉处理,清洁或更换灯头
氢气流量计上流量加大	孔板堵塞	轻轻敲打孔板附近管道使堵塞孔板的铁锈落掉
HCl 分配台与炉内压差大	石墨冷却器堵塞	停车清洗冷却器
HCl 冷却器上段炸裂	进冷却器 HCl 温度过高	(1)降低产量 (2)加长空气冷却器

续表

异常现象	原 因	处理方法
吸收系统 HCl 波动	管线积酸	停车排除
吸收塔温度高	(1)冷却水量不够 (2)产量过大	(1)加大冷却水 (2)降低产量
出现游离氯	(1)H_2 和 Cl_2 配比不当,氯过量 (2)H_2 和 Cl_2 压力波动大,调节不及时 (3)H_2 纯度低 (4)灯头烧坏合成不好 (5)炉温低,反应不完全	(1)调节氯气量或氢气量 (2)及时调节 (3)提高 H_2 流量并通知 H_2 处理岗位 (4)更换灯头 (5)提高炉温,必要时停炉处理
防爆膜破裂	(1)炉温过高,炉压过高 (2)防爆膜使用时间太长 (3)点炉时因炉内含氢过高,形成爆炸性气体 (4)H_2 含氧高,开成爆炸性气体 (5)防爆膜材质较差	及时停炉更换
供干燥氯化氢压力过高	(1)脱水问题 (2)石墨冷却器气孔被 $FeCl_3$ 堵塞	(1)与脱水联系 (2)停炉疏通
供干燥氯化氢压力波动较大	(1)冷凝器下封头有凝酸 (2)管道内有凝酸	(1)排除凝酸 (2)排除凝酸
成品酸不合格,氯化氢含量低稀酸	(1)吸收水量过大 (2)膜吸收塔漏 (3)造膜器损坏,不水平 (4)HCl 纯度低	(1)减少吸收水量 (2)停车查漏堵漏 (3)更换造膜器,调整造膜器在同一水平 (4)提高氯化氢纯度
点炉时,炉内有爆鸣声	(1)炉前分析不准确 (2)氢气阀门不严氢气漏入炉内	(1)复样 (2)检查氢气截止阀、调节阀
膜吸收塔出酸温度过高	(1)水脏,使膜吸收塔管间结垢,传热效果差 (2)膜吸收塔冷却水开得太小 (3)吸收水量过大,超过了膜吸收塔生产能力 (4)膜吸收塔渗漏	(1)停车清洗膜吸收塔 (2)开大冷却水量 (3)降低 HCl、H_2O 量 (4)重新调整水平度 (5)停车堵漏
水泵压力突然下降或报警	泵出现异常	立即启动备用泵,停事故泵,通知检修处理
合成炉视镜突然变亮	(1)H_2 含水量大 (2)合成炉漏水	(1)通知调度并及时排水 (2)检查并停炉处理
HCl 出口冷凝酸急剧增多	合成炉冷却器漏	停炉检修

三、合成炉汽包不正常原因及处理方法

合成炉汽包常见故障及处理方法见表 2-3

表 2-3 合成炉汽包不正常原因及处理方法

异常现象	发生原因	处理方法
纯水泵体发热或响声过大	(1)无纯水输送 (2)泵进口阀关闭	(1)检查纯水来源是否断水 (2)检查泵进口水阀是否关闭
纯水泵电机发热	(1)超负荷转动 (2)电机长期失修	(1)检查纯水水输送系统,严重超负荷运转 (2)保持电机定期维修
给水泵出口压力小,打不上压力	(1)泵回流阀开得太大 (2)泵体叶轮磨损严重或损坏	(1)关小泵出口回流阀 (2)停泵检修,更换磨损件
泵体漏水	(1)密封轴盖松 (2)轴填料磨损严重	(1)定期检查轴盖 (2)定期适当加填料

续表

异常现象	发生原因	处理方法
安全阀启动时不排汽	(1)安全阀出口处结垢 (2)拉杆手柄螺丝断裂	(1)定期对安全阀检查维修 (2)更换手柄螺丝
安全阀启动后不停汽	(1)压杆弹簧松,腐蚀严重,失去弹力 (2)安全阀出口处有异物堵塞 (3)已超压操作 (4)蒸汽输送阀芯脱落	(1)停车更换安全阀 (2)停车清除异物 (3)降压输送系统压力 (4)停车更换阀门
汽包液位计液面静止	(1)液位计连通管堵塞 (2)液位计进出口阀关闭 (3)液位计内结冰冻堵	(1)停车清洗连通管 (2)打开进出口阀 (3)用蒸汽消冻
汽包液面计无显示	(1)液位低于汽包 (2)排污时间太长,水循环被破坏 (3)液面计连通管堵塞 (4)液面计进出口阀关闭 (5)液位计内结冰冻堵	(1)若发现的确是干锅,必须采取紧急停炉,严禁匆忙加水 (2)排污时间缩短 (3)清除边通管内堵塞物 (4)开启液面计进出口阀 (5)液位计内结冰冻堵

四、合成氯化氢工序应急预案

合成氯化氢工段的常发事故较多,针对事故制定应急预案是企业急救措施的根本保障,表 2-4 列出了事故预案的原因及其产生的后果,以及发生事故的处理措施。

表 2-4 氯化氢工段应急预案分析

预案名称	原因	后果	处理措施
氢气压力低	氢气站掉闸或倒泵,氢气缓冲罐防爆膜爆破或管道严重泄漏	大量氯气进入混合脱水系统与乙炔混合发生爆炸,造成混合脱水系统停车及财产损失	氢气压力低报铃响后,看炉工应立即查看炉火焰,若此时含氯,调节氯气流量,并注意氢气压力,若氢气压力下降较快,灭一到二炉,若氢气压力继续下降,全灭炉
氯气压力过高或过低	(1)氯气压力波动 (2)倒氯气压缩机 (3)液化冷冻机不正常	大量氯气进入混合脱水系统与乙炔混合发生爆炸,造成财产损失	氯气压力高报:控制氯气节门缩减氯气流量,打开备用合成炉去除害的阀门,保证运行的合成炉不含氯 氯气压力低报:控制氯气节门增加氯气含量,以保证氯化氢纯度合格
合成炉氯气泄漏	氯气送料管线泄漏或氯气管线法兰盘圈漏	氯气泄漏到大气中,造成环境污染,对人体造成伤害,易引起爆炸,同时物料损失,成本增加	通知调度站,灭掉合成炉,关闭氯气、氢气阀门,换管或换圈
合成炉夹套断循环水或合成热水	水泵掉闸或操作错误	若断水时间长,合成炉没有冷却,炉体被烧漏,造成氯化氢泄漏,全厂停车	若合成炉夹套断水,立即通知生产主管,如果循环水或合成热水在 3min 内没有正常,主操应采取果断灭炉,避免造成更大的损失
合成炉顶部防爆膜爆破	(1)一次水压力波动 (2)误操作 (3)PVC 紧急停车,氯化氢压力突然升高	氯化氢气体大量泄漏,污染环境	确认防爆膜爆破的合成炉,立即将分配台送往 PVC 的阀门关闭,对爆破的合成炉进行灭炉处理
合成炉玻璃试镜爆炸	(1)合成炉底部冷凝酸节门未关 (2)操作不当冷凝酸节门开的过大造成	易形成人体伤害,设备损坏及耽误生产	按操作规程紧急停炉,停炉后更换视镜,重新开始点炉开车

续表

预案名称	原因	后果	处理措施
合成炉炉压过高,升高过快	(1)操作不当,氢配比不合理,影响吸收 (2)氯气压力过低,造成氯氢配比不合理 (3)作酸时,氯氢流量开得过大 (4)PVC流量突然降低	由于吸收不好,造成尾气排放量过大,含氢过高,形成对环境的污染,形成隐患	(1)迅速降低流量到炉压正常后,重新调节氯氢配比,通知分析工作尾气含氢,直到控制范围之内 (2)调节氯气压力,重新调节氯氢流量比 (3)作酸时,氯氢流量不能开得过大 (4)加大作酸量,降低压力
氯、氢压力急剧下降或中断	(1)氯氢处理压力突然降低或波动 (2)操作不当,导致氢气或氯气节门开启或幅度过大	易造成氯气、氢气串管,而发生回火爆炸或氢气压力急剧波动时,造成合成炉及后段石墨设备爆炸	(1)紧急降低另一种气源的流量以便配比适当 (2)通知生产主管处并与氯氢处理联系 (3)若降低幅度过大或中断应紧急停炉
氢气缓冲罐防爆膜爆破	(1)氢气压力高 (2)紧急停车过程氢气管路当中吸入空气	影响氯化氢合成的配比,严重时造成氯化氢过氯,影响PVC	(1)如果泄漏轻微,岗位人员迅速关闭氢气缓冲罐防爆膜下面的蝶阀。及时调整配比 (2)泄漏严重按照紧急停车处理 (3)及时向生产主管汇报
做盐酸系统过氢操作,产生静电引起爆炸	违反了操作控制点,使氯、氢配比过小,过氢量太大,氢气产生静电,引起燃烧爆炸	由于发生爆炸,损坏了设备,造成大量的氯化氢跑冒,并造成环境的污染	(1)迅速关闭氯气,氢气节门,紧急停炉 (2)疏散现场人员,至上风向 (3)及时向生产主管汇报

案 例 分 析

　　盐酸和氯化氢生产过程中发生事故的概率很高,各类事故的发生有其不同原因,但究其主要原因就是安全规章制度未能真正落实。现将在生产中的多发事故分类介绍如下。

一、合成炉系统事故案例分析

　　【案例1】事故名称:合成炉炉顶爆炸

　　发生日期:2002年6月17日。

　　发生单位:某树脂厂。

　　事故经过:该树脂厂一台铁合成炉开车点炉,正当点火棒刚伸入点火孔时,该炉炉顶新装的防爆膜发生爆破,防爆膜顶的水泥制遮雨盖炸飞,落在离此炉25m外的房顶上,将屋顶击穿一个面盆大的洞。30m² 的石墨冷却器列管震断了25根,只能报废。空气冷却导管移位。该炉石英燃烧器全部震碎,幸好未伤人。

　　原因分析:整个事故仅历数分钟时间。事故发生后勘查现场发现,氯气系统阀门紧闭;氢气系统进合成炉的旋塞和阀门全部开启。询问参与点炉作业的班长及副班长,均称未开过氢气进炉阀门和旋塞,仅开启过点火阀。由此可见,这两位班长在点炉作业开始前未检查进炉的氢气系统阀门与旋塞,就是说,在该炉停炉后,氢气的进炉阀门与旋塞未关过,仅关闭了氢气的阻火器阀门和室内控制阀。此次事故发生就是较大量氢气在点火前就进入了炉内,一遇明火,便发生爆炸。

教训：此事故纯属责任事故，是作业者不按安全操作规程认真做好检查所致。

（1）必须严格按照操作规程来做好开车的准备工作，尤其是要检查进炉系统的氯气、氢气阀门、旋塞是否严闭；

（2）在点火作业前，一定要取合成炉内气体样品分析，分析合格后，才能点火。

【案例2】事故名称：盐酸除雾器爆炸

发生日期：2000年4月14日。

发生单位：河北某厂。

事故经过：在盐酸除雾器检修装瓷环时，瓷环从除雾器上方开口飞出，倒瓷环工人脸部被瓷环碎片割破。

原因分析：在盐酸除雾器未装瓷环之前没有将其内的氢气置换干净，在倒瓷环过程中，由于瓷环撞击铁器壁产生火花引起爆炸。

教训：用氮气置换或打开连通容器的各个连接处或阀门进行置换，置换应分析合格。倒瓷环时尽量避免撞击。

【案例3】事故名称：氯气分配器封头炸开

发生日期：2010年5月27日。

发生单位：广西某厂。

事故经过：5月27日，盐酸工段因氯中含氢高，合成炉点不着火，采用原氯直接入合成炉置换超标尾氯的方法。置换后点火，便发现氯管道发热，在关闭氯、氢入炉阀门中，氢气分配器尾部平板封头处炸开，大量氯气及氯化氢跑出，充满了操作间，室内7人中毒，其中1人抢救无效死亡。

原因分析：在用原氯直接入合成炉置换时，原氯没有经过氢气缓冲罐、氯气分配器及连接管，这部分设备及管道里的不合格氯没得到置换。

教训：（1）处理故障时必须制订周密的方案；

（2）将氯气分配器、氢气分配器的尾端接到室外；

（3）在合成炉出口、冷却器进口、吸收塔进出口处加设测温仪。

二、吸收系统事故案例分析

【案例1】事故名称：副产盐酸罐爆炸

发生口期：2001年10月7日。

发生单位：江苏某厂。

事故经过：2001年9月25日开始，对氢碱和苯系统进行年度大修。根据检修总体施工方案，某施工队承担九车间液氯、冷冻工段的检修任务。九车间包装组负责盐酸贮罐区的管道安装，其中要清除八个贮罐上的进酸和排气的接头法兰。当时包装组已锯掉了5个法兰（20个螺栓），还剩下11个法兰（44个螺栓），因任务紧、工作量大，难以在规定的期限内完成，车间研究决定转给某施工队。

某施工队安排一个小组具体进行安装，10月4日该小组3名工人到盐酸贮罐区进行现场作业，并动用气焊拆除旧管架。

10月7日上午，该小组5名工人先后到厂做准备工作。13时05分左右，组长带领2名钳工、1名焊工上1#副产盐酸罐，1名徒工在罐下绑扎漏气的乙炔瓶出口胶管。14时08分，当焊工在1#副产盐酸罐排气口用气焊切割完第一个螺栓后，发现法兰间橡皮垫冒烟了。当切割第二个螺栓时，即发生了爆炸事故。一名钳工当场死亡，另一名钳工送医院后死亡，组长和一名焊工重伤，1名徒工轻伤。

原因分析：副产盐酸罐为玻璃钢材质，容积为50m³。当时内装约10m³副产盐酸。因副产盐酸是氯化苯生产过程中的产物，含苯量约0.05%。车间根据副产盐酸中间控制质量指标，含苯不大于0.05%为合格，然后送入盐酸罐进行静置，第二天再经厂技监处分析合格后方可出厂或自用。据多年来的分析统计，含苯量都在<0.01%。静置期间约0.04%的苯挥发到盐酸罐空间。

当时气温20℃左右，计算苯的饱和蒸气浓度为9.9%，超过爆炸上限（8.0%），按说此时即使有引火源也不会引起爆炸，事实上却引起强烈爆炸，说明当时罐内苯蒸气未达到爆炸浓度，已处于爆炸极限最危险浓度范围内。

但根据计算，副产盐酸挥发至空间的苯量（4.611kg），和贮罐空间形成了混合气体，恰好在爆炸上、下限之间（1.671～11.14kg），再遇到高温、火花或明火等火源，立即引起爆炸。

教训：（1）严格执行动火制度，落实各项安全措施，严禁违章作业；

（2）加强现场安全管理和检查，发现违章，必须及时制止；

（3）加强对施工单位作业人员的安全教育，严格遵守厂内安全规章制度，共同把安全工作做好。

【案例2】 事故名称：盐酸石墨吸收塔爆炸

发生日期：2005年2月19日。

发生单位：广东某厂。

事故经过：凌晨3时左右，在增开2#合成盐酸护点火时，突然发生爆炸，炸毁10m²石墨冷却吸收塔一台。

原因分析：在2#合成盐酸炉点火时，没有抽净炉内残留氢气便急于点火生产，由于吸收塔内残留氢气，在点火后立即发生爆炸。

教训：（1）严格遵守操作规程，在点火前必须抽净残留气体，经分析合格后才能点火；

（2）把炉内点火操作改为炉外点火操作，以6～8V安全发热丝为引火源。

三、尾气系统事故案例分析

【案例1】 事故名称：盐酸尾气放空管爆炸着火

发生日期：2002年5月16日。

发生单位：河南某厂。

事故经过：2002年5月15日，该厂盐酸工段1#盐酸合成炉操作工发现入炉尾氯管道截止阀有内漏现象，严重时关闭尾氯进气阀仍可与正常量氢气燃烧。16日晨8时，熄1#炉，拆卸尾氯阀，准备检查修复，这时尾气放空管炸裂（尾气放空管系PVC材质）其下水管直接插接地沟。可能是由于合成炉氢气过量太多，遇火、电击、尾气本身温度高或摩擦静电起火而引起爆炸。

后来采取了调整进炉Cl_2/H_2比，使其严格控制在1:（1.05～1.10），改善降膜吸收效果等措施，可是爆炸仍有发生，后一次爆炸时发现有火光闪现，并且有黑色残渣生成，尾氯入炉阀阀芯被严重腐蚀，氯气缓冲罐有大量锈水流出。

原因分析：在5月初的大修停车时，液氯工段通知漂液氯化排压抽气，由于氯化岗位对抽排部门时间没弄清楚，造成氯化釜内石灰浆从尾氯管道内倒吸进入盐酸工段尾氯缓冲罐内（氯化尾氯分配台前没安装尾氯缓冲罐），事后氯化岗位还用大量水冲洗尾氯管道，由于尾氯缓冲罐积水，造成炉的尾氯带有大量的水分，生成大量的酸，腐蚀进口阀芯和炉燃烧嘴，由于阀芯严重泄漏，氯氢配比失调，氯大量过量，尾气中形成氯氢爆炸气体，在 PVC 尾气放空管内因摩擦产生静电，引起尾气 PVC 管道爆炸事故发生，又因下水管与地沟直通，该厂电石泥治理工段来的乙炔串入尾气放空管，引发了乙炔与氯气的反应，故而有火并有黑色残渣的生成。

教训：（1）在氯化岗位氯分配台前，安装 1 个尾氯缓冲罐，以防止氯化浆再次倒入尾氯管道；

（2）将下水管道改造，加一"U"形水封，避免乙炔串入；

（3）加强生产管理，各岗位之间密切配合开、停车。

【案例 2】事故名称：盐酸尾部塔上封头爆炸

发生日期：2001 年 6 月 30 日。

发生单位：山东某厂。

事故经过：2001 年 6 月 30 日该厂盐酸合成工段 15 时计划停车，三台合成炉充氮分析合格后拆炉检修。19 时电解工段通电开车，氢气合格后于 19 时 17 分点 3# 合成炉，19 时 50 分点 2# 合成炉逐渐升温，20 时 30 分火焰开始发红，此时合成炉出口压力为 2.66kPa，操作工立即加大水流泵的水量，同时调节氢、氢气比例，20 时 35 分尾部塔发生爆炸，被迫停炉。

21 时 55 分点 1# 合成护。当炉温升至 100℃ 左右时，火焰闪动，操作工以为水流泵的水量开小了，便去调节水流泵，同时调节氯、氢气的流量。22 时 08 分，1# 合成炉尾部塔再次发生爆炸，两台合成炉的尾部塔上封头均被抬开，塔节的瓷环四处飞溅。

原因分析：（1）由于盐酸工段的仪表失灵，使操作工不能清楚地了解氢气、氯气的流量和炉压，只能凭经验，靠观察火焰的颜色操作。在负荷波动的情况下，要调节好氢气、氢气的比例有一定的难度。对初参加工作的同志来说更是不好掌握，调节中时常出现一会过剩氢，一会过剩氯，造成尾部塔过剩氢、过剩氯同时存在，形成了爆炸性的混合气体。

（2）1# 合成炉，2# 合成炉水流泵尾气进口管变形。HCl 气经三级吸收后，仍有部分未被吸收，连同过剩氢、过剩氯就需要用水流泵将其抽走。而尾气管为 PVC，时间久了便由于发热而变形，在变形处势必造成酸雾积聚，从而阻止气体通过，使尾部塔顶部过剩氢、过剩氯的浓度加大，使混合气体达到爆炸极限。

（3）尾部塔上封头设计不合理。尾气是从尾部塔的侧面排出的，这样，上部分就形成一个死角，无论是停车后冲氮，还是开车后的取样分析，都不能代表整个系统。

（4）静电因素。由于上封头进水管穿孔，水直接冲刷上封头塔壁。封头的材质为 PVC，具有绝缘性质。液体在流动、过滤、搅拌、喷雾、飞溅、冲刷、灌注、剧烈晃动等过程中，会产生静电，如管道导电而且接地，则随着流体在管道中流动，接地途径上会有相应的电流通过。如果管道用绝缘材料制成或者是对地绝缘的，则会在管道上积累危险的静电。该厂尾部塔的用水是用泵打上来的，加之管道绝缘，从而积累静电，当电压到达一定值时，便发生了静电火花，引发达到爆炸极限的气体。

教训：（1）对工段的所有仪表进行彻底更新，使操作工能根据氢气、氯气的压力和流量进行准确调节，更好地掌握氯气、氢气的配比，避免频繁地过剩氢、过剩氯操作，杜绝爆炸性气体的产生。

（2）对水流泵的进口管进行整改，防止积液，使气体能畅通地排除，消除事故隐患。

（3）尾部塔的尾气出口改在上面，避免死角的产生。

（4）定期对上封头拆开检查，以便及时修复，避免由于静电产生的火花。

（5）加强管理，通过对操作工的技术培训提高工人素质，加强责任心，提高技术人员的业务水平。

【案例 3】事故名称：盐酸尾部系统爆炸

发生日期：2004 年 10 月 14 日。

发生单位：某碱厂。

事故经过：该碱厂盐酸车间，某炉减量生产（先减氯，后减氢），此时发现该炉出口压力出现一个大负压，瞬时又转大正压，接着一声巨响，该炉火焰骤然熄灭，立即作紧急停车处理。检查现场，发现尾气塑料管进、出口风机部位全部炸碎，风机叶轮打碎；尾气塔顶部分液盘炸裂。该炉已无法生产，修复花了一周。塑料碎片飞出 30m，幸好未伤人。

原因分析：在现场发现块式石墨冷却器上封头接管处有一个大洞，大量空气吸入。在该炉减量生产前也未曾对尾气进行抽样分析。在减量时，由于进炉气量减少，致使系统负压增加，大量空气从块式石墨冷却器的顶部泄漏处吸入，造成尾气中含氧突然升高，因而达到爆炸范围。尾气管及尾气塔顶是硬质聚氯乙烯材质制作，从而在那里发生爆炸泄压。在爆炸一瞬间出现了大正压，将炉子压熄。

教训：对制定出的安全操作规程不执行是事故的起因。按规定每 2h 分析一次尾气含氧等指标，实际上未执行。

（1）按时分析，严格按中控指标执行是操作人员应尽的工作职责，不允许马虎；

（2）尾气管要有增强措施，并增设尾气系统泄压口，确保安全；

（3）每小时分析尾气含氢、含氧等指标，发现超标及时处理；每小时做好巡回检查，及时发现泄漏和故障。

四、干燥、输送系统事故案例分析

【案例 1】事故名称：氢气柜爆炸

发生日期：2005 年 9 月 8 日。

发生单位：某氯碱厂。

事故经过：该厂全厂停车修理，进气柜有一段氢气管需更换。氢气系统已用氮气置换过，该段氢气管一端法兰已拆开通向大气。在动手切割时，发生气柜爆炸，造成全厂开车推迟了 3 天。

原因分析：整个事故发生后，进行现场调查。系统中虽用氮气置换过，但未曾取样分析过管内的含氢量。在气柜内由于氢气比重轻，悬浮于钟罩的顶部，氮气是从气柜下部进入，又从其下部出来，积聚在顶部的氢气不一定能全部置换干净。动火部位尽管已脱离开通大气，但右端盲板未拆，成了单端盲肠管，未形成流动状态，仍可能有剩余氢气存在，因此一旦动火，点燃的剩气与空气便回火至气柜，达到爆炸比例，造成更大的爆炸发生。这也是一起责任事故。

教训：（1）停车置换氮气后，需打开气柜顶部手孔，拆除盲板，让其形成自然对流，将剩余氢气排除；

（2）动火前需分析含氢在 0.4% 以下；

（3）办理一级动火手续，并有专人监护。

【案例 2】事故名称：合成盐酸炉断氢停炉

发生日期：1999年12月。

事故经过：某厂出现氢气管堵塞部位是在盐酸工段，盐酸炉由于断氢气被迫全部停炉，使液氯尾气压力增高，影响液氯正常生产。盐酸停炉，氯气难以平衡，加上液氯影响，使纳氏泵（或氯透平压缩机）出口压力迅速增高，威胁全厂生产（浙江某厂也曾因氢总管滴水表装有盲板造成积水，引起氢正压，最后引起系统爆炸）。由于盐酸部位氢管受阻，电解输氢波动严重，输出压力升高，最终引起跳电，管网自动放空。

原因分析：（1）衬胶管因胶片质量不佳，或衬胶质量不符合要求或硫化温度不合格等因素造成脱落或凸起；

（2）当管道爬高时，低洼处滴水管堵塞，水分离不佳，形成积水而造成；

（3）氢气管堵塞原因主要由于管道水分离不好而造成，尤其是在冬季积水成冰，上述事故正是冬季，气温−5℃。

教训：（1）当氯气管出现堵塞现象（其症状为纳氏泵进口负压升高，电解列管出现正压）时，首先通过氯气平衡和降低电流使正、负压保持在稳定情况下，寻找堵塞部位。

（2）测寻堵塞部位，一般在正负压交变处，钻孔测试找出正确部位，然后用铁棒将堵塞物击碎，待压力正常即可用防腐材料将孔封塞。

（3）按损坏管的图纸及早制备新衬胶管，待停机调换，未调换之前经常检查该损坏管有否穿孔现象，一旦发现要及时堵上。

（4）由于氢气输出困难，首先做好氢氯气的平衡工作，尤其是电解氢管网不能出现过高正压，必要时可以通过放空来解决，盐酸停车后，要解决液氯尾气的出路，保证液氯生产正常，扩大其他耗氯产品的耗氯量，如果仍不能平衡则宜降低直流电。

（5）分段用蒸汽冲管加热，管内以氮气加压，直至全部流通再组织开车（点炉），逐步恢复正常开车直流电电流值。

（6）对于衬胶氯气总管，主要在衬胶工序严格把关，打沙管壁保证清洁，使胶片粘牢，使用胶浆、胶片质地要优良，加工硫化要严格。衬好后的成品管道，在使用前要用电火花全面进行漏电测试。

（7）合理分设滴水装置，尤其在低洼、转弯等易积水处更要注意。

（8）对于氢气管防堵，纬度较低的地区的工厂（冬季最低温度在−3～−5℃）可在氢气管道上加强保温，分段增多排水装置。

（9）纬度较高地区的工厂，冬季温度最低可达−20～−5℃甚至更低时，其氢管道除加强保温外，氢气管道应有蒸汽管加热，使管内水分保持冰点以上温度。

【案例3】事故名称：**盐酸氯气管道燃烧爆炸**

发生日期：2006年3月2日。

发生单位：山西某厂。

事故经过：2006年3月2日1时30分，盐酸岗位操作工听到一声响，经检查发现，氯系统流量计被冲掉，氯气管道和阀门都已烧红，于是立刻通知液氯改氯气管道，熄火停炉，然后关掉氢气阀门和吸收水阀门。由于氯气阀门已烧坏，无法控制，当班操作工赶到液氯察看，要求迅速关掉氯气总阀门，接着匆匆忙忙赶回工段，当走到合成炉跟前时，合成炉发生了第二次爆炸。这次事故使盐酸至液氯尾气分离器的氯气管全部炸坏。

原因分析：（1）第一次爆炸是由于炉内氯含氢量高。因当时电解16号新槽流量大，看不到液面，隔膜和炭板露出，使单槽氯含氢过高，加之液化效率超过95%，结果造成尾气含氢超过 5%，这是这次爆炸的内因所在。其次，由于盐酸氯气阀芯被腐蚀损坏，入炉氯气管堵塞，氢气回火，导致炉氯气管被烧红，从而造成氯气管从盐酸工段一直炸到液氯的尾气分离器处。

（2）第二次爆炸的原因是：熄火后，炉内温度仍很高，虽然氢气已被关掉，但炉内还有大量的残留氢气存在，这时由于第一次爆炸疏通了氯气管道，盐酸的氯气阀门不起作用，而液氯的阀门又没有关闭，大量氯气进入炉内，与剩余氢气形成混合爆炸气体，所以产生了第二次爆炸。

教训：（1）电解工段应加强电槽管理工作，操作工应注意观察电槽液面，不准从液面计向电槽内补加盐水，确保氯气总管氯含氢低于 2%；

（2）各工段的取样点所取的样品如不能代表真实样品，应立即改换取样点；

（3）分析室应及时准确地向车间提供分析数据；

（4）盐酸工段进炉氯、氯气阀门要定期检修或更新，确保完好无损。

【案例 4】事故名称：氯化氢系统爆炸

发生日期：2003 年 2 月。

发生单位：青海某厂。

事故经过：该厂氢化氢工段当时为一个降膜吸收塔和一个塑壳瓷环填料塔组成的两级吸收系统，尾气经水喷射泵吸收排入下水道，不凝性气体放空。当天 9 时许，工段进行正常的点火开车，在用水喷泵从炉口抽气对系统置换了 0.5h 后，合成炉即开始点火。此时室内一人活动了一下氢气入炉阀门（即打开了一下随后就关上），然后由另一人往灯头上放燃着的点火棒。但点火棒只放入一半时，即传出"轰"一声巨响，塑料碎片横飞，瓷环填料从十几米高处洒落一地，降膜塔和尾气塔安装的框架（砖石和钢筋混凝土混合结构）震裂错位，合成炉防爆膜炸破（剩余边缘烧焦），石墨冷却器（块孔式）炸裂，降膜塔石墨列管断裂若干根，包括 HCl 缓冲器、尾气吸收塔和水喷泵、水封槽等在内的全部塑料设备和管道均被炸碎。

原因分析：（1）入炉氢气管上除去正常操作控制使用的两个 D_g50、P_g10 阀门（两阀间为一转子流量计）之外，还有一个相同规格的旁路阀。由于转子流量计常出故障，使用不便，生产中使用的是旁路阀。事故后拆下这几个阀门作试压试漏检查，发现旁路阀在 0.1～0.2MPa 压力下严重泄漏。在合成炉点火前已漏入大量氢气，由于水喷泵的抽吸作用，氢气从前到后充满整个系统一点火即引起整个系统爆炸。

（2）该厂只有氯化氢工段一处使用氢气，所以在氯化氢工段开车前氢气压力一直较高，这也加重了氢气的泄漏。而在点火前室内工人活动阀门时又放入了一大股氢气进入系统内。

（3）原规定点火前从炉门内取样分析可燃气体（氢）含量，由于水喷泵抽吸形成的负压，炉门口不断进入新鲜空气，因此取不到含氢气体，分析结果无法反映出系统内的真实情况。

教训：（1）入炉氯气和氢气均采用双阀控制，提高阀门密封性能。去掉旁路阀及转子流量计，减少泄漏点。

（2）所有阀门在使用前均试压试漏合格，并定期检查。

（3）增加氢气脱水设备，减少对管道和阀门的腐蚀。

（4）在水喷射泵下面的水封槽放空管上增设一个分析取样点，从这里取样能真实地反映出系统内可燃气体（氢）的含量。

（5）若在入炉氢气阀后与炉体间（离炉2m以上）用一截弹性较好的橡胶管连接，停炉时将此管的一头拔去，可无氢气漏入。

（6）氯化氢工段立即全部停车，冲洗设备管道中漏出的盐酸。

（7）停氢气泵，氢气从电解工段放空。

（8）关闭氯氢处理工段至氯化氢工段的氯气阀门。

（9）关闭液氯工段液化尾气至氯化氢工段的阀门，液化尾气送至漂液工段。

【案例5】事故名称：盐酸槽车破裂

发生日期：2009年9月20日。

事故经过：某厂停在车站的一列火车，其中装有盐酸的一节槽车突然破裂，槽车裂开一条长475mm，宽50mm的口子，喷出大量盐酸，使18人受伤。

原因分析：槽车直径1.7m，钢板厚9mm，橡胶衬里，但破裂部分的钢板厚度已被腐蚀，仅1mm厚。虽然槽车安装着设计压力为0.2MPa的安全阀，但是在事故调查时发现，锈死的安全阀在0.6MPa时也打不开。由于橡胶衬里老化被剥离，盐酸腐蚀了钢板，腐蚀时生成的气体压力约达0.6MPa。然而，由于安全阀锈死，被腐蚀变薄的盐酸贮槽筒体破裂，造成大量盐酸外溢。

教训：（1）定期对槽车进行检测；

（2）安全附件要经常检查校验。

【案例6】事故名称：盐酸贮槽爆炸

发生日期：2008年5月27日。

发生单位：新疆某厂。

事故经过：氯碱车间一名设备员在盐酸装车高架贮槽旁用手持电动砂轮对电动机基础进行修整，砂轮机产生的火花引燃了盐酸贮槽上部水封盒上方泄出的氢气。该设备员在用干粉灭火器灭火时，引起回火，使盐酸贮槽发生爆炸，该设备员被炸伤，送医院途中死亡。

原因分析：盐酸贮槽区属禁火区，未经批准私自用砂轮机磨削，属违章操作，火花引燃了氢气；着火后处理不当，引起氢气回火，引爆贮罐内可爆气体。

教训：（1）对职工加强遵章守纪的教育，防止发生违章现象；

（2）在检修或安装设备时，事先制订好方案，防止工作中的任意性，尤其是干部更应带头严格按方案办。

【案例7】事故名称：盐酸贮槽爆炸

发生日期：2008年9月20日。

发生单位：河南某厂。

事故经过：车间安装盐酸贮槽塑料管时，需在贮槽外焊接塑料的钢支架。一名班长带领3人在花岗石盐酸贮槽上方施工。在用电焊焊钢支架时，引起150m³盐酸贮槽爆炸起火，使正在槽上施工的四名工人落入盐酸贮槽内。造成3人死亡、1人重伤。

原因分析：在盐酸贮槽顶部动焊时没有办理动火手续，属违章动焊。另外，盐酸贮槽的尖顶上没有排气口，使氢气在顶部聚集，动火后引起爆炸。

教训：（1）严格遵守动火制度，落实各项安全措施；严禁违章作业；

（2）盐酸贮槽顶部加设排气孔，既便于清洗，又不使氢气积聚。

小　结

　　1. 氯化氢的生产方法：氢气、氯气合成法；盐酸脱吸法；副产盐酸脱吸法。从技术成熟程度和产品质量上来讲，合成法优于其他两种方法。

　　2. 合成法生产氯化氢工艺中，工艺指标的控制非常重要，尤其是原料中 H_2 与 Cl_2 比例的控制非常严格，生产中一定要让 H_2 过量，保证 Cl_2 完全参与反应，一般 H_2：Cl_2 为 $(1.05 \sim 1.1)$：1，Cl_2 过量会引起"超氯"，进而引起后续工段发生爆炸。

　　3. 合成发生产氯化氢的主要设备有："三合一"或"二合一"石墨合成炉；石墨换热器；石墨材料制成的膜式吸收塔。

　　4. 岗位操作及常见故障处理。

 知识拓展：氯化氢生产中的安全与环保技术

　　1. 氯化氢生产中的有毒有害物质

　　(1) 氯气　氯气对人体有严重危害，它能刺激眼、鼻、喉以及上呼吸道等。当质量浓度为 $1 \sim 6mg/m^3$ 时，对人引起显著的刺激；$12mg/m^3$ 时则难以忍受；达 $40 \sim 60mg/m^3$ 时，$30 \sim 60min$ 可致严重中毒；$120 \sim 170mg/m^3$ 时极为危险，引起急性肺水肿及肺炎；$3000mg/m^3$ 时，可立即麻痹呼吸中枢、出现"闪击性死亡"。长期吸入低浓度的氯会引起慢性中毒，主要症状为鼻炎、慢性支气管炎、肺气肿和肝硬化。对氯敏感的人，当接触较高浓度的氯气后，即可发生皮炎或湿疹。对植物有危害作用，对金属制品和建筑有腐蚀作用。

　　氯是一种强烈的刺激性气体。主要作用于支气管和细支气管，也可作用于肺泡，导致支气管痉挛、支气管炎和支气管周围炎，吸入大量时可引起中毒性肺水肿。

　　氯被吸入呼吸道与黏膜接触，除元素外，还形成次氯酸、氯化氢等。过去认为，氯的损害作用系由氯化氢、新生态氧所致。近期研究指出，在 pH 为 7.4、37℃ 的条件下，并不致生成新生态氧，最大的可能由于氯化氢和次氯酸的作用，尤以后者具有更明显的生物学活性，它可穿透细毛膜，破坏其完整性与通透性，从而引起组织炎性水肿、充血，甚至坏死。由于肺泡壁毛细血管通透性增加，致肺泡壁气-血、气-液屏障破坏，大量浆液渗向肺间质及肺泡，乃形成肺水肿。

　　据报道，次氯酸还可与半胱氨酸的巯基起反应，抑制某些酶的活性，醛缩酶也受影响。此外，呼吸道黏膜内的末梢感受器受刺激，还可造成局部平平滑肌痉挛，加剧通气障碍，导致缺氧。吸入高浓度的氯，还可引起迷走神经反射性心跳停止或喉头痉挛而发生"猝死型"死亡。

　　预防措施。

　　① 氯气接触广泛，中毒又大，因此各有关生产人员必须在思想上高度重视，工作中是随时注意防止跑、冒、滴、漏。

　　② 一切生产及应用氯气的设备和管道，应绝对密闭，并要有充分的措施防止氯气外逸。

　　③ 凡有可能有氯气外逸的生产设备周围，应装设抽风排气设备，以便一旦有氯气跑出，就能及时排除。

④ 排除的氯气应当经过碱液吸收后排入大气。

⑤ 各种设备管道、阀门、开关等，平时要有人维修，使用一定时期后定期检查。凡是吸收系统、心血管以及眼鼻喉有病者，都不可以参加氯作业。

急救与治疗如下。

① 迅速将中毒者移至空气新鲜处。

② 呼吸困难的禁止进行人工呼吸，应给予吸入氧气。

③ 雾化吸入 5% 碳酸氢钠溶液。

④ 用 2% 碳酸氢钠溶液或生理水洗眼、鼻和口。

⑤ 送医院急救治疗。

（2）氯化氢　氯化氢和盐酸对人体、眼睛和呼吸道黏膜等具有强烈的刺激性作用，长期接触可造成慢性支气管炎、胃肠道功能障碍和牙齿损害。氯化氢极易溶于水生成盐酸，能腐蚀皮肤和织物，较长时间接触会引起严重溃烂。车间空气中，氯化氢的最高允许浓度为 $15mg/m^3$。

预防措施：凡是生产或使用浓盐酸的生产设备，都应适当密闭，或在通风柜内进行。盐酸的出料、分装等，要辅以必要的抽风设备。工作人员应穿着合适的防护用具，防止皮肤直接接触，车间内应安装方便的冲洗设备，以便污染后及时冲洗。发生氯化氢中毒主要是对症治疗。具体治疗的方法可参照氯气中毒治疗。皮肤直接污染者，应迅速用大量清水冲洗，并辅以 5% 碳酸氢钠油膏等，按一般伤口处理。

（3）硫酸　对人体属中等毒类，车间最高允许浓度为 $2mg/m^3$。硫酸对上呼吸道黏膜有强烈的刺激和腐蚀作用。能引起皮肤灼伤，眼睛结膜炎和水肿，严重者引起全眼炎，以至失明。

预防措施如下。

① 硫酸生产或使用过程必须密闭，保证不漏气。

② 接触硫酸的人员，应佩戴防护用品，如橡胶手套、防酸胶鞋、眼镜、口罩，并穿防酸工作服。

③ 接触发烟硫酸的工人应带防毒口罩或面具。

④ 长期接触酸蒸气的工作人员工作期间，可用 1%～2% 小苏打来漱口，也有益处。

⑤ 凡患严重的支气管炎、癫痫症、牙齿严重疾患者。不宜从事接触硫酸的工作。

急救与治疗如下。

① 皮肤烧伤立即用大量清水或 2% 苏打水冲洗，如有水疱出现，须再涂红汞或龙胆紫。

② 眼、鼻、咽喉受蒸气刺激，用温水或 2% 苏打水冲洗或含漱，咽喉急性炎症可以咽下冰块。

③ 牙齿长期受酸蒸气腐蚀，产生剧烈疼痛或牙齿松动，需口腔科手术拔牙。

④ 误服硫酸或其他强酸，误服后必须立即洗胃，稍晚则不宜，以防引起胃穿孔。常用温水或牛奶、豆浆等少量灌洗（忌用碳酸氢钠等碱性溶液洗胃），洗胃后可内服氧化镁乳剂或橄榄油。

⑤ 全身休克症状明显时，需从速静脉注入大量生理盐水或 5% 葡萄糖盐水，必要时输血急救。

⑥ 声带水肿，极严重者需考虑气管切开，以挽救生命，食道烧伤后狭窄应注意用营养高的液体食物，保证足够的水分输入量。

（4）氢气 氢气在所有的气体中最轻，故意存留在设备的最高处，应注意防爆。

预防措施：氢气在氧气中的爆炸极限为 $5\%\sim95\%$，在空气中的爆炸极限为 $4\%\sim76\%$。氢气与氯气混合后有可能发生燃烧及爆炸，遇到明火、电火花、电磁辐射、强烈震动极易产生燃烧、爆炸事故。所以在生产和使用氢气过程中应注意以下几点。

① 禁止明火；禁止产生电火花、静电火花；禁止吸烟；禁止与热面接触。

② 密闭氢气系统，不得泄露氢气，氢气厂房应有通风设施。

③ 氢气系统的电器（电气）设施、照明设施均应采用防爆等级。

④ 操作人员进入厂房及氢设备周围按规定穿戴劳动保护用品，不可穿带铁钉、铁掌的鞋，防止产生火花。

⑤ 手机、对讲机等有较强电磁辐射的通信工具进入现场应关机。

⑥ 氢气发生着火，如对周围环境无危害，让其自燃完毕。如氢气系统发生爆炸，应尽快切断氢气输送系统，防止回火，工作人员应尽快用干粉灭火器、泡沫灭火器等消防设备将火扑灭，不可使用水灭火。

2. 氯化氢生产中应注意的安全技术

氯化氢生产过程中的安全问题，主要是和原料氢气的易燃易爆性质分不开的，氢气和氯气、氧气、空气乃至氯气与氯化氢的混合气，都能形成爆炸性混合物，它们在合成炉高温操作条件下，是很容易爆炸燃烧的，国内外已经有多次合成炉爆炸的事故。虽然合成炉顶部设置有防爆膜，可以使危害和损失降低到较低的水平，但在点火、紧急熄火或氯氢比突然波动时，仍应特别的注意"氯内含氢"和"氢内含氯"，严格控制氯内氢<0.4%，操作中防止氢中混入空气，具体举例说明如下。

① 合成炉点火时，点火人不可正对点火孔，以免火焰喷出灼烧头部，点不着火时，必须等氢气切断后才可抽出点火棒。点火棒取出后，须经鼓风机或水流泵抽 10min 以上方可重新点炉。否则若剩余氢气没抽净，再点炉时容易引起炉子爆炸。

②正常停车时应逐渐调节进炉气量，氯气减少到最低流量并关闭氢气阀，然后立即关闭氯气调节阀，最后再关闭氢气调节阀。

③ 正常情况下停炉后，不得停尾气鼓风机或者水流泵，但可减少抽量，让鼓风机或水流泵继续运转。在停炉时间较长时，开始停鼓风机或水流泵。

④ 刚停炉时炉温较高，炉内尚有大量剩气，因此不能马上打开炉门，否则使大量空气吸入炉内，与剩余氢气形成爆炸混合物，有使炉子发生爆炸的危险。一般，在停炉 20min 后方可打开炉门。

⑤ 为了安全生产，不使超过危险限度，应控制盐酸尾部塔尾气含氢 $20\%\sim50\%$，含氧 5% 以下。

⑥ 特别要注意膜式吸收塔不能断水，否则因氯化氢不吸收而产生倒压，会影响炉内氢气和氯气的配比，严重时将引起合成炉爆炸。

⑦ 石墨冷却器或膜式吸收塔排酸不畅通，也会引起氯化氢倒压，造成上述爆炸事故。

⑧ 凡氢气系统的设备管道周围，严禁吸烟和明火。局部动火时必须以氮气置换，对氢气管道应拆离其相连接的管道或阀门，并加上盲板切断氢气后方可动火烧焊，对氢气气柜进行烧焊，必须先取样分析，要求氢气含量<0.41%（取样口应在设备的最高点），合格后方能进行。

⑨ 严格控制产品氯化氢的含氧和游离氯，否则将造成氯乙烯生产装置的爆炸事故。

3. 氯与氯化氢的工业卫生

氯与氯化氢是有毒气体，盐酸是强腐蚀性液体。氯与氯化氢在空气中不同浓度对人体的危害及中毒急救方法见表 2-5 及表 2-6

表 2-5　氯在空气中不同浓度对人体的危害

在空气中浓度 /(mg/m³)	对人体的危害	在空气中浓度 /(mg/m³)	对人体的危害
3000	深吸少许可能危及生命	18	刺激咳嗽
300	可能造成致命损坏	3～9	有明显气味、刺激眼鼻
120～180	接触 30～60min，可能引起严重中毒	1.5	略有气味
90	引起剧烈咳嗽	1.0	在空气中的允许浓度
60	引起咳嗽	0.06	嗅觉浓度

表 2-6　氯与氯化氢对人体的毒害及急救方法

物料	浸入途径与中毒症状	急救方法
氯气	(1)主要通过呼吸道及皮肤黏膜对人体发生中毒作用 (2)刺激眼膜，流泪、失明、鼻咽黏膜发炎、咽干咳嗽、打喷嚏、呼吸道损害、窒息、冷汗、脉搏虚弱、甚至肺水肿、心力逐渐衰竭而死亡	(1)立即离开有氯的场所 (2)静脉注射 5%葡萄糖 40～100mL (3)眼受刺激用 2%的苏打水洗眼、咽喉炎可吸入 2%苏打水的热蒸气 (4)重患者保温、吸氧、注射强心剂、但禁用吗啡 (5)并发肺炎应用抗菌素药剂
氯化氢	经呼吸道及皮肤，很少发生化学性炎症现象，急性、刺激黏膜及皮肤，喉头有灼干感及刺痛，结膜发炎及轻微角膜损坏	(1)如果皮肤与盐酸接触则迅速用水冲洗几次，即能免去刺激性症状 (2)误吞时，口服氧化镁乳剂或橄榄油

情境三 电石乙炔法生产氯乙烯

学习目标

知识目标

★ 能够掌握电石乙炔法生产氯乙烯及氯乙烯精制的工艺原理。

★ 能分析氯乙烯的电石乙炔法生产及精制的工艺流程。

★ 能熟知氯乙烯的生产中主要设备的结构及功能。

能力目标

★ 能识读并根据要求绘制电石乙炔法生产的工艺流程。

★ 能识读并根据要求绘制出氯乙烯精制的工艺流程。

★ 能完成氯乙烯的生产中的开停车与正常运行操作。

★ 能对氯乙烯的生产中的常见故障进行分析并处理。

项目一 氯乙烯的生产

任务一 电石乙炔法生产氯乙烯的工艺流程

【任务描述】

（1）能够描述混合冷冻脱水与氯乙烯的转化的工艺流程。

（2）能够熟记重要的工艺控制指标。

【任务指导】

一、混合冷冻脱水与氯乙烯的转化工艺流程叙述

混合冷冻脱水与氯乙烯的转化工艺流程如图 3-1 所示。来自氯化氢工段的氯化氢气体进入氯化氢石墨冷却器与来自空压冷冻工段的 5℃水间接冷却后凝结氯化氢气体中的部分水分，以盐酸的形式脱出。来自乙炔工段冷却脱水后的精制乙炔气经乙炔阻火器与来自氯化氢冷却器脱水的氯化氢气分别经过各自的孔板流量计控制流量按一定的比例 $n(C_2H_2)$∶n

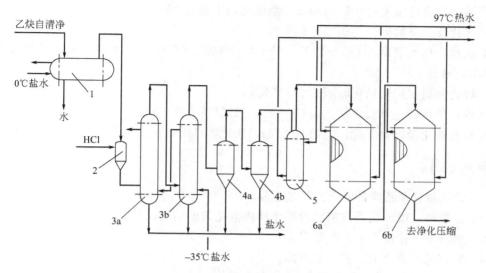

图 3-1　混合冷冻脱水与氯乙烯的转化工艺流程

1—乙炔预冷器；2—混合器；3a，3b—石墨冷却器；4a，4b—酸雾过滤器；

5—热水预热器；6a—第一段转化器；6b—第二段转化器

(HCl) = 1:(1.05～1.1)配比后，以互成90°的切线方向进入混合器，经充分混合后进入两台串联的石墨冷却器冷却降温，与来自冷冻的－35℃盐水进行热交换，同时利用氯化氢的吸水性强的性质，充分除去混合气中水分。降温后的混合气体中绝大多数水分以40%盐酸雾（气相中呈气溶胶状态），经两台串联的酸雾过滤器，由硅油玻璃棉捕集分离除去酸雾后，在过滤器出口得到干燥的混合气送至VC合成工序。由氯化氢冷却器、石墨冷却器、酸雾过滤器分离出来的高浓度盐酸，由底部汇集到放酸总管，进入盐酸储罐。来自酸雾过滤器的干燥混合气进入热水预热器与热水泵送来的97℃热水进行间接换热至80℃以上，进入第一段转化器，再进入第二段转化器，在吸附氯化汞的活性炭催化剂的作用下，氯化氢和乙炔进行反应生成粗氯乙烯气体，经总管汇集至净化工序。第二段转化器内填装的是活性较高的新催化剂，而第一段转化器填装活性较低的，即由第二段更换下来的旧催化剂。合成反应所产生的反应热由热水泵送来的热水在转化器中进行间接换热后回至热水塔。

二、氯乙烯的转化工艺控制指标

① C_2H_2 总管压力≤0.05MPa；C_2H_2 纯度≥98.5%；不含S、P；含氧≤0.3%。

② HCl 总管压力≤0.05MPa，HCl 纯度：94.0%～97%，不含游离氯。

③ HCl 冷却器出口温度≤10℃、放酸罐液面≤2/3。

④ 乙炔总管温度≤15℃。

⑤ C_2H_2 与 HCl 分子比：1:(1.05～1.1)。

⑥ 混合器温度：夏季≤40℃，冬季≤30℃。

⑦ 混脱一级石冷出口温度：(－7±2)℃。

⑧ 混脱二级石冷出口温度：(－14±2)℃。

⑨ 活化深冷器气体出口温度：(－14±2)℃。

⑩ 混合脱水后气体含水：≤0.06%。

⑪ 热水预热器混合气出口温度≥80℃。

⑫ 转化器反应温度：105～180℃（新催化剂不超过 150℃）。

⑬ 转化器开车温度：≥80℃。

⑭ 热水塔热水温度：（95±2）℃，开车时＞80℃（根据热水水样与分析数据加入缓蚀剂）热水塔液面 60%～80%。

⑮ 转化器新催化剂活化时间 12h（暂定）。

⑯ 后台单台转化器反应后：$C_2H_2 \leqslant 1\%$，HCl 为 3%～8%。

⑰ 后台转化器出口总管：$C_2H_2 \leqslant 1\%$，HCl 为 3%～8%。

【任务训练】

(1) 详细叙述氯乙烯的转化的工艺流程。

(2) 比较第一段转化器与第二段转化器内催化剂的活性高低。

(3) 画出不带控制点的流程简图。

(4) 能够说出重要的工艺控制指标。

任务二　氯乙烯合成的工艺原理

【任务描述】

(1) 能对原料含水量有简单的认识。

(2) 能通过分析冷冻脱水原理与氯乙烯合成机理来制定工艺条件。

(3) 能对氯化汞催化剂进行使用和处理。

【任务指导】

一、混合冷冻脱水原理

在原料气乙炔和氯化氢混合冷冻脱水的工艺中，由于原料气中水含量相对于原料气的量要少得多，因而氯化氢溶于水后呈 40% 左右的盐酸酸雾，混合气含水量主要取决于该温度下的 40% 盐酸溶液上的水蒸气分压，温度越低，气相含水就越少，温度与理论含水量的关系见表 3-1。

表 3-1　温度与理论含水量的关系

温度/℃	水蒸气分压/Pa	盐酸溶液上方水蒸气分压/Pa	乙炔理论含水量/%
−20	123	9.9	0.00844
−17	161	13.7	0.0112
−14	205	18.7	0.0159
−10	268	26.0	0.0222

由表 3-1 可见，在同一温度下，40% 盐酸的水蒸气分压远比纯水饱和蒸汽压要低得多，当进一步降低温度时，随着盐酸浓度的进一步增高，水蒸气分压随之降低，原料气相含水量也会降低。

利用氯化氢吸湿的性质，预先吸收乙炔气中的绝大部分水，生成 40% 左右的盐酸，降低混合气中的水分；利用冷冻方法脱水，是利用盐酸冰点低，盐酸上水蒸气分压低的原理，将混合气体冷冻脱酸，以降低混合气体中水蒸气分压来降低气相中水的分压（含量），达到进一步降低混合气体中的水分至所必需的工艺指标的要求。

乙炔和氯化氢混合冷冻脱水的主物料温度一般控制在（−14±2）℃。与乙炔单独采用固碱脱水时气体含水量取决于同温度下 50％液碱上水蒸气分压不同的是，混合冷冻脱水时原料气中水分被氯化氢吸收后呈 40％盐酸雾析出，混合气的含水量取决于该温度下 40％盐酸溶液中水的蒸汽分压。

在同一温度下 40％盐酸的水蒸气分压远比纯水要低，而当进一步降低温度时，由于生成更浓的盐酸以及水蒸气分压的继续下降，可以获得更低的含水量。但若温度太低，低于浓盐酸的冰点（−18℃），则盐酸结冰，堵塞设备及管道，系统阻力增大、流量下降，严重时流量降为零，无法继续生产。因此，混合脱水二级石墨冷却器出口的气体温度必须稳定地控制在（−14±2）℃范围内。

在原料气混合冷冻脱水中，冷凝的盐酸除少量是以液膜状自石墨冷却器列管内壁流出外，其余大部分冷凝酸是呈现极微细的"酸雾"（≤2μm）悬浮于混合气流中，形成"气溶胶"，用一般气液分离设备是捕集不下来的，而需采用浸渍 3％～5％憎水性有机氟硅油的 5～10μm 的玻璃纤维，可将大部分分离下来。因为酸雾中的"气溶胶"和垂直排列的玻璃纤维相撞后，大部分雾粒被截留，被截留的雾粒借重力下流，液滴逐渐增大，最后滴落被排出。

经混合冷冻脱水后的混合气体温度很低，进入转化器前需要在预热器中加热 70～80℃，这是因为混合气体加热后，使未除净的雾滴全部汽化，可以降低氯化氢对碳钢的腐蚀性，同时气体温度接近转化温度有利于提高转化反应的效率。

二、氯乙烯合成机理

一定纯度的乙炔气体和氯化氢气体按照 1∶（1.05～1.1)的比例混合后，在负载 $HgCl_2$ 的活性炭催化剂的作用下，在 100～180℃温度下产生气相加成反应，生成氯乙烯。反应方程式为：

$$CH\equiv CH + HCl \xrightarrow{HgCl_2} CH_2=CHCl + 124.9kJ/mol$$

上述反应为非均相的放热反应，分 5 个步骤来进行，其中表面反应为控制阶段：

① 外扩散　乙炔、氯化氢向活性炭的外表面扩散；

② 内扩散　乙炔、氯化氢经活性炭的微孔通道向内表面扩散；

③ 表面反应　乙炔、氯化氢在 $HgCl_2$ 催化剂活化中心反应发生加成反应生成氯乙烯；

④ 内扩散　氯乙烯经活性炭的微孔通道向外表面扩散；

⑤ 外扩散　氯乙烯自活性炭外表面向气流中扩散。

通常认为反应历程如下：

乙炔与氯化汞加成生成中间加成物氯乙烯基氯化汞：

$$CH\equiv CH + HgCl_2 \longrightarrow ClCH=CH-HgCl$$

因氯乙烯基氯化汞很不稳定，遇氯化氢即分解生成氯乙烯

$$ClCH=CH-HgCl + HCl \longrightarrow CH_2=CHCl + HgCl_2$$

当乙炔与氯化氢摩尔比小于 1∶（1.05～1.1)时，即有过量的氯化氢，所生成的氯乙烯能再与氯化氢加成而生成 1,1-二氯乙烷：$ClCH=CH + HCl \longrightarrow CH_3-CH-Cl_2$。当乙炔与氯化氢摩尔比大于 1∶（1.05～1.1)时，即有过量的乙炔，将使氯化汞催化剂还原成氯化

亚汞或金属汞，使催化剂失去活性，同时生成副产物 1,2-二氯乙烯。

$$CH\equiv CH + HgCl_2 \longrightarrow ClCH=CH-HgCl$$

$$ClCH=CH-HgCl + HgCl_2 \longrightarrow Cl-Hg-\underset{\underset{Cl}{|}}{CH}-\underset{\underset{Cl}{|}}{CH}-HgCl \longrightarrow ClCH=CHCl + Hg_2Cl_2$$

或者

$$CH\equiv CH + HgCl_2 \longrightarrow Cl-\underset{\underset{Hg}{|}}{CH}-CH-Cl \longrightarrow ClCH=CHCl$$

三、影响氯乙烯合成的因素

副反应是既消耗原料乙炔，又给氯乙烯精馏增加了负荷，减少副反应的关键是催化剂的选择、反应温度和压力的控制、原料的摩尔配比、空间流速的确定和对原料气的纯度要求。

1. 催化剂

（1）催化剂的催化原理　催化剂又叫触媒，是一种可改变化学反应速率而本身并不发生化学变化也不会改变化学反应平衡（即反应热力学或深度）的物质，即当反应是可逆时，催化剂对两个相反方向的反应速率具有相同的效力。以乙炔与氯化氢气相合成氯乙烯的反应来说，在 $100\sim180℃$ 范围的热力学平衡常数是很高的，说明该反应在上述温度下如达到平衡，将有可能获得高收率氯乙烯产品。但从反应动力学实验证实，当无催化剂存在时该反应在上述温度范围内的速率几乎等于零，而以负载 $HgCl_2$ 的活性炭催化剂作用于反应时，反应过程就大大地被催化加速。此时的动力学平衡常数是很大的，催化剂与乙炔生成了中间络合物，再由中间络合物进一步生成氯乙烯。催化剂的存在改变了反应的历程和反应所需活化能，从而加速反应。催化剂并不参加化学反应，只是升华或杂质中毒造成一些损耗，一般合成 1000kg 氯乙烯单体使用催化剂约为 1kg。

（2）催化剂的活性成分　一般认为，$HgCl_2$ 是催化剂中的主要活性成分。常温下氯化汞 $HgCl_2$ 是白色的结晶粉末，因其易升华又名升汞、二氯化汞、氯化高汞。氯化汞在水中具有一定的溶解度，且依温度上升而增加，如 0℃ 时 100kg 水中可溶解 4.3kg 氯化汞，20℃时为 6kg，100℃ 达到 58.2kg。这与氯化亚汞（又称甘汞，分子式 Hg_2Cl_2）不同，甘汞几乎不溶解于水中，0℃ 时 100kg 水中可溶解 0.1kg 这一差异常被用来粗略判别氯化汞原料的纯度，当配制氯化汞溶液有白色沉淀物时，说明其中含有氯化亚汞。

$HgCl_2$ 含量越高，乙炔的转化率越高，但是 $HgCl_2$ 含量过高时在反应温度下极易升华而降低活性，且冷却凝固后会堵塞管道，影响正常生产且增加后续工序氯化汞废水处理量；另外，$HgCl_2$ 含量过高，反应剧烈，温度不易控制，易发生局部过热。因此 $HgCl_2$ 含量应控制在 $8\%\sim12\%$。

（3）催化剂的载体　纯的氯化汞对合成反应并没有催化作用，纯的活性炭也只有较低的催化作用，而当氯化汞吸附到活性炭上后，就具有很强的催化活性。有研究认为活性炭的吸附造成了局部反应物的高浓度，而提高了反应速率。目前，工业生产用催化剂，是以活性炭为载体，浸渍吸附 $8\%\sim12.5\%$ 的氯化汞制备而成。对活性炭是有相应要求的，其内部"通道"是由 $10\mu m$ 左右的微孔构成的多孔结构，比表面积应在 $800\sim1000m^2/g$。目前做氯乙烯催化载体的是 $\phi3mm\times6mm$ 颗粒活性炭，为了满足内部孔隙率其吸苯率应 $\geq30\%$，机械强度应 $\geq90\%$。

（4）催化剂的制备　在现有技术中，用乙炔合成氯乙烯所用氯化汞催化剂都是采用传统工艺方法制备，即浸渍法。这种方法是以 $\phi(3\sim4)\,mm\times(6\sim9)\,mm$ 的柱状优质活性炭作载体，在 $85\sim90\,℃$ 的条件下，将活性炭浸渍于氯化汞水溶液中 $8\sim24h$ 以物理吸附的方式使氯化汞吸附在活性炭内，然后将含水质量分数为 30% 以上的湿式氯化汞催化剂，在氯化汞升华温度以下用热风干燥至含水质量分数 $\leqslant0.3\%$。

（5）催化剂的使用　催化剂的使用包括催化剂的活化与失活。氯化汞催化剂的活化方法是通入氯化氢气体使催化剂所含的微量水分变成盐酸而分离出来，从而使催化剂尽可能干燥。同时，使催化剂表面吸附上一层氯化氢，利于氯乙烯合成反应的进行。活化以后的催化剂在一段时间内可维持较高的活性。

氯化汞催化剂的失活原因主要包括原料气中硫、磷、砷等杂质与氯化汞反应导致催化剂的中毒；副反应生成的炭、树枝状聚合物及原料气中的水分等遮盖了催化剂表面的活性中心；活性中心结构发生改变；氯化汞随着温度的升高而升华等。

（6）催化剂的缺点　氯化汞催化剂是电石乙炔法生产氯乙烯工艺中广泛应用的催化剂，其活性与选择性都达到了理想的效果，然而它仍然有很大的缺陷，主要为以下几点。

① 生产中更换新的催化剂后须养护一段时间，影响生产。

② 由于汞离子是物理吸附在活性炭孔道内壁上的，热稳定性很差，升华流失快，催化能力衰减快。一般生产 $1t$ 氯乙烯就要消耗 $1.4\sim1.7kg$ 氯化汞催化剂，在 $25t$ 体系的反应器内，前后 2 台反应器的总催化时间也不过 $7000h$。

③ 生产中由于氯化汞易升华流失，存在部分汞盐随反应气体进入大气污染环境和进入产品而对产品造成危害，同时，反应过程中氯化汞被乙炔还原成金属汞，反应气经水洗后流入废水中；失活的废催化剂也会使环境受到污染。

④ 活性炭载体机械强度较低，易粉化，一般使用 $3300\sim3500h$ 就必须筛分倒灌，不仅工作量大、工人劳动强度高，而且还耽误正常的生产时间。

⑤ 汞催化剂失活后其活性不可再生。

（7）催化剂的改进　氯化汞催化剂流失的主要原因是氯化汞与活性炭载体间的作用力。20世纪 70 年代以来，许多研究都是把活性炭预先用无机铵盐、尿素以及高沸点的脂肪胺、芳香胺的盐酸盐类的溶液处理之后再负载氯化汞。这样就可增强氯化汞与活性炭表面间的结合强度，延缓了氯化汞的升华速度，从而使催化剂的生产能力和使用寿命得到了较为明显的提高。

例如采用较为便宜、易得的尿素为处理剂，在较低的温度下制备具有较高稳定性的氯化汞催化剂，该催化剂反应温度低，费用少，使用寿命可比目前国内催化剂的使用寿命延长 $50\%\sim100\%$，空时收率提高 $20\%\sim50\%$。

以球形颗粒料沸石或分子筛为载体，通过汞离子交换沸石或分子筛载体中的钠离子制成环保型氯化汞催化剂。该催化剂更换后不需养护，催化能力强，使用寿命长，最主要的特点是汞在载体中的热稳定性很高，不易流失，从而减少了对环境的污染。

采用氯化汞升华气态与载体活性炭在气-固相间直接进行吸附制备氯化汞催化剂。该方法工艺流程短，效率高，无"三废"，并且避免了传统工艺在限温干燥过程中能耗大的问题。

然而上述研究存在一个共同的缺点是催化剂中汞含量都相对较高，均在 $9\%\sim15\%$，仍不能满足实际应用的要求，低汞或无汞催化剂的研发仍将是乙炔转化工序催化剂发展的方向。

2. 反应温度和压力

随着反应温度上升，乙炔合成氯乙烯的速度大大加快，这对工业化生产是十分必要的。

但温度过高，对以下两个方面有影响。

（1）催化活性　随着温度上升氯化汞升华显著，同时在较高温度下氯化汞容易被乙炔还原或本身热分解为汞。

$$HgCl_2 + C_2H_2 \longrightarrow HgCl + 副产物（如二氯乙烯）$$

$$HgCl_2 + C_2H_2 \longrightarrow Hg + 副产物（如二氯乙烯）$$

升华及还原均使催化剂寿命降低。

（2）高沸物　随着温度上升，副反应加剧，所得高沸物也随之增加，直接影响到电石消耗定额的上升。所以，较适宜的温度是130～160℃之间，新催化剂应严格控制在180℃以下。

在反应温度范围内，由乙炔和氯化氢合成氯乙烯反应的平衡常数 K_p 很大，在热力学上可以认为该反应是一个不可逆反应，该反应在操作温度范围及常压下平衡转化率已经超过99%。因此压力的改变对平衡组成的影响不大，但提高压力可提高反应速率。生产中一般采用微正压操作。绝对压力为0.12～0.15MPa，能克服管道流程阻力即可。

3. 原料的摩尔配比

提高原料气氯化氢的浓度（即分压）有利于乙炔的转化反应和转化率增加。当乙炔过量时，易使催化剂中氯化汞还原为氯化亚汞或水银，造成催化剂很快失去活性。而当氯化氢过量太多，则不但增加原料的消耗定额，还会增加已合成的氯乙烯与氯化氢再加成生成1,1-二氯乙烷副产物的机会，进而又造成电石消耗定额的上升。当然，确定氯化氢过量进行转化反应的原因，还因为氯化氢价格比乙炔低廉，后处理比较方便等。所以在生产中，一般视氯化氢纯度稳定情况下控制乙炔与氯化氢摩尔比为1：（1.05～1.1）范围。

4. 空间流速

是指单位时间内通过单位体积催化剂的气体流量（气体流量习惯以乙炔流量来表示），其单位为 m^3 乙炔/（m^3 催化剂·h）。当每小时空间流速增加时，气体与催化剂的接触时间减少，乙炔的转化率随之降低。反之当空间流速减少时，乙炔转化率提高，但高沸点物副产物量也随之增多，这时氯乙烯收率降低。在实际生产中，比较恰当的乙炔空间流速为25～40m^3 乙炔/（m^3 催化剂·h）。既能保证乙炔有较高的转化率，又能保证高沸点副产物的含量减少。

5. 原料气的纯度要求

纯度低使氢气等惰性气体量增多，不但会降低合成的转化率，还会使精馏系统的冷凝器传热系数显著下降，尾气放空量增多，从而降低精馏总收率。一般要求：乙炔纯度≥98.5%，氯化氢纯度≥94%。

（1）乙炔中硫、磷杂质　乙炔气中的硫化氢、磷化氢均能与合成汞催化剂发生不可逆的化学吸附，使催化剂中毒而缩短使用寿命，还能与催化剂中氯化汞反应生成无活性的汞盐。

$$HgCl_2 + H_2S \longrightarrow HgS + 2HCl$$

$$3HgCl_2 + PH_3 \longrightarrow (HgCl)_3 + 3HCl$$

工业生产采用浸硝酸银试纸在乙炔样气中不变色，为合格标准。

（2）水分　水分过高与混合气中氯化氢形成盐酸，使转化器设备及管线受到严重腐蚀，腐蚀物二氯化铁、三氯化铁，其结晶体还会堵塞管道，威胁正常生产。水分还易使催化剂结块，降低催化剂活性，导致转化器阻力上升。水分还易与乙炔反应生成对聚合有害的杂质乙醛：$H_2O + C_2H_2 \longrightarrow CH_3—CHO$。还易促进乙炔与氯化汞生成有机络合物，覆盖于催化剂表面而降低催化剂活性。一般原料气含水分≤0.006%，能满足生产需要。

（3）氯化氢中游离氯　由于氯化氢合成中氢与氯配比不当或氯化氢气压力波动而造成游离氯存在，游离氯一旦进入混合器与乙炔接触，即发生激烈反应生成氯乙炔等化合物，并放出大量热量引起混合气体瞬间膨胀，酿成混合脱水系统混合器、冷凝器、酸雾过滤器等薄弱环节处爆炸而影响正常生产。因此必须严格控制，使氯化氢中不含游离氯。

（4）含氧　原料气（主要存在氯化氢中）中含氧量较高时，将威胁安全生产，特别当合成转化率低，造成尾气放空中乙炔量较高时，氧在放空气相中也被浓缩，就更有潜在的危险。氧还能与活性炭在高温下反应生成 CO、CO_2 造成精馏系统负担。氧还在精馏系统中与氯乙烯反应形成氯乙烯过氧化物，与水分相遇时，会发生水解产生盐酸、甲酸、甲醛等酸性物质，从而降低氯乙烯单体 pH 值，造成设备管线的腐蚀，产生的铁离子污染单体，最终影响聚合的白度和热稳定性。生产中要求含氧<0.5%以下。

【任务训练】

（1）能叙述出混合冷冻脱水的目的及原理。

（2）能根据反应机理制定生产工艺。

（3）能及时调整氯乙烯合成的影响因素以避免生产中的副反应发生。

任务三　氯乙烯合成的主要设备

【任务描述】

能描述氯乙烯合成工段主要设备的运行情况和使用中的注意事项。

【任务指导】

一、酸雾过滤器

根据气体处理量的大小，酸雾过滤器有单筒式和多筒式两种结构形式。多筒式结构如图3-2 所示，过滤器的每个滤筒可包扎硅油玻璃棉约3.5kg，厚度35mm 左右，总的过滤面积为 $8m^2$，这样的过滤器在限制混合气体截面流速在 0.1m/s 以下可处理乙炔流量 $1500m^3/h$。夹套内通入冷冻盐水，以保证脱水过程中的温度控制。为了防止盐酸腐蚀，设备筒体、花板（详细结构如图 3-3 所示）、滤筒一般采用钢衬胶或硬聚氯乙烯制作。

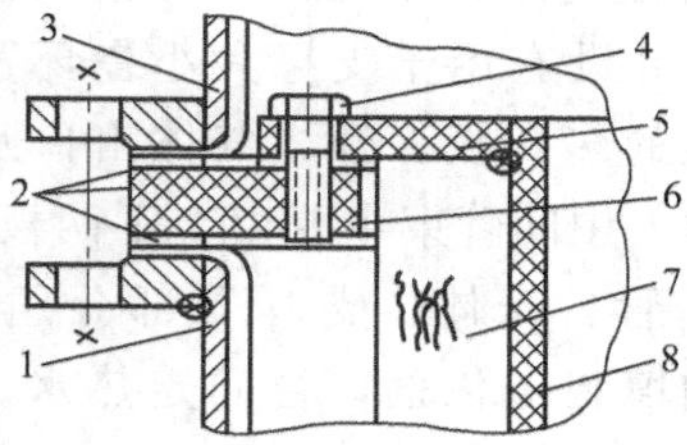

图3-2　多筒式酸雾过滤器

1—下筒体；2—橡胶垫圈；3—上盖；
4—螺栓；5—过滤筒法兰；6—花板；
7—玻璃棉滤层；8—滤筒

滤筒与花板之间有橡胶垫圈，由硬聚氯乙烯螺栓压紧，以防混合气体泄漏使脱水效果降低。玻璃棉滤层纤维应垂直放置，便于冷凝酸排出。

酸雾过滤器的寿命长短、使用效果好坏直接影响到氯乙烯正常生产及转化器催化剂使用寿命、单体质量。使用过程中的主要问题是设备中低温的乙炔和氯化氢混合气体夹带有液体盐酸雾滴，因而腐蚀性强泄漏严重，造成氯乙烯工段为此而经常停车、影响生产。目前加工制造酸雾过滤器材质大体有两种：钢衬胶或硬聚氯乙

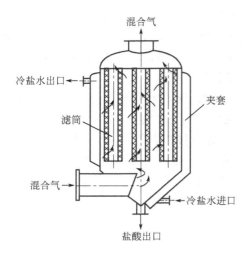

混合气

冷盐水出口 ←

夹套

滤筒

混合气

冷盐水进口 →

盐酸出口 ↓

图 3-3 滤筒与花板详细结构图

烯。钢衬胶的衬胶黏合不好，容易部分脱落，造成壳体腐蚀。在法兰部位胶黏合技术不佳，不平整、胶圈密封不严造成泄漏。加工此种设备成本太高，经济效益差。硬聚氯乙烯可以解决壳体腐蚀问题，但硬聚氯乙烯工程塑料易老化且脆。除雾器的筒体与上盖法兰部位，因胶圈老化或气体外泄，工人经常紧法兰部位螺栓，使法兰紧坏造成停车修理概率增大，同样也不是十分理想。

除上述两种材料之外，还可使用玻璃钢作为酸雾过滤器制造材料，由于玻璃钢具有优异的化学稳定性，可耐高、低温的强酸强碱的腐蚀，同时强度高，耐老化，试压试漏达 0.5Pa。造价较低，可连续运行仍保持良好稳定性，现已被有些厂家采用。

二、氯乙烯合成转化器

氯乙烯合成转化器是电石乙炔法生产氯乙烯的关键设备。电石法生产氯乙烯适合我国国情，随着产量和装置的增大，该转化器的运行防漏和大型化越来越引起广大用户的关注和重视。

1. 转化器的结构

转化器实际上是一种大型列管式固定管板式换热器，其结构如图 3-4 所示。主要由上下管箱及中间管束三大部分组成。上下管箱均由乙型平焊法兰基锥形封头组成，其中上管箱顶部配有 4 个热电偶温度计接口、4 个手孔，混合气体入口处还设有气体分布盘；下管箱内衬瓷砖，并设有用于支撑大小瓷环及活性炭的多孔板、合成气体出口及放酸口。中间管束主要由上下两板管，换热管、壳体、支耳等部分组成。管内填装催化剂，管间走热水。转化器的列管与管板胀接处在投入使用前或是检修中都要作气密性试漏（0.2～0.3MPa 压缩空气）。微小的渗漏，将使管间的热水泄漏到设备内，与气相中的氯化氢接触生成盐酸，并扩大腐蚀直到大量盐酸从底部放酸口放出而造成停产事故。为减少氯化氢对列管胀接处和焊缝的腐蚀，可采用耐酸树脂玻璃布进行

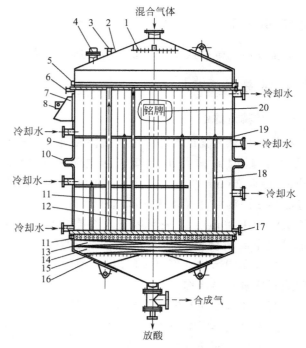

图 3-4 转化器的结构

1—气体分布盘；2—上管箱；3—热电偶接口；4—手孔；
5—管板；6—排气口；7—支耳；8—接地板；9—壳体；
10—膨胀节；11—活性炭；12—换热管；13—小瓷环；
14—大瓷环；15—多孔板；16—下管箱；17—排水口；
18—拉杆；19—折流板；20—铭牌

局部增强。

2. 转化器的工作原理

乙炔与氯化氢混合气经冷却脱水、进入用氯化汞作催化剂的转化器列管中进行反应,合成转化为氯乙烯气体,该反应为强放热反应,反应中心的温度高达190℃,该反应放出大量的热量必须经壳程中循环冷却水带走。

3. 转化器的腐蚀与渗漏问题

通过研究更换下来的转化器,发现腐蚀和渗漏部位多在管与管板的连接处,包括从胀接的管口起至管在管板厚度范围略长一些的地方。有些腐蚀点是在管外壁与管板孔之间的胀接区,或在管端焊缝及焊道热影响区内,有的部位已贯穿管壁。造成转化器渗漏和腐蚀的主要原因有以下几点。

① 因设备自身结构及水质问题而引起的转化器换热管的电化腐蚀。

② 因转化前脱酸系统的分离效果不好而引起管板胀接处的腐蚀。

③ 因应力造成胀管接头松动而产生的泄漏。

④ 因制造与检验的要求和措施不完备造成的蚀漏。

4. 转化器的开发方向

为提高单台转化器产能,国内近年来一些厂家用等比例放大方法增大设备直径和增加换热管数量,直径从原来的 $DN\ 2400mm$ 不断扩大到 $DN\ 3200mm$。增大转化器的尺寸,可以减少设备数量和厂房面积,能提高设备运行性能,节省投资。但转化器直径过大导致内部传热效果差,反应产生的热量不易向外传递,列管内沿列管横截面反应温度径向分布梯度较大,管中心部分温度过高,造成管中心催化剂局部过热,催化剂失活,影响催化剂的使用寿命,副反应增多。如何提高转化器单台产能,降低管中心部位的温度,提高转化器的传热效率是需要深入探讨的问题。针对列管中心换热效果不好的情况,改变流体流动情况,使流体由原来的单纯柱状形成环形流动,降低管中心部位的温度,提高换热效率。结构上外形、换热管尺寸及数量与常规转化器相同,通过改进列管内结构并调整连接,延长催化剂使用寿命,使其单台生产能力可以提高50%以上。

【任务训练】

(1) 试说明酸雾过滤器采用多筒式结构的优缺点。

(2) 通过查阅资料,试寻找国内外制造酸雾过滤器的新型材料。

(3) 熟悉氯乙烯合成转化器的结构,可详述其使用原理并能够解决泄漏等实际操作问题。

任务四　氯乙烯合成的岗位操作

【任务描述】

能熟悉氯乙烯合成的开停车操作;能熟知氯乙烯合成的催化剂岗位操作及安全问题。

【任务指导】

一、氯乙烯合成岗位的生产操作

1. 原始开车前准备工作

(1) 检查本系统各设备、管道、阀门、仪表、电器等是否齐全及是否符合要求。

（2）通知仪表微机送电，并校验所有自动阀（乙炔切断总阀、氯化氢总阀）、自动调节阀（乙炔调节总阀、一级石墨冷却器、盐水调节阀、二级石墨冷却器、盐水调节阀、转化器自循环管道自动补水调节阀、浓盐酸冷却器、冷冻水自动调节阀、浓酸预热器浓酸进口自动调节阀、泡沫脱酸塔稀酸进口自动调节阀、稀酸冷却器冷冻水自动调节阀、水洗塔补水自动调节阀、稀盐酸泵出口至罐区的稀酸自动调节阀、稀酸二级冷却器冷冻水自动调节阀、浓酸预热器稀酸进口自动调节阀、再沸器蒸汽进口自动调节阀、热水塔补水自动调节阀）。

（3）检查系统设备、管道、阀门是否打通，转化器各测压口、各取样口、放酸口是否齐全。和氯碱分厂联系往浓碱罐打碱。

（4）试压试漏

① 氯化氢总管至混合脱水系统（截止到热水预热器进口前），充 N_2 至压力 45～50kPa（340～380mmHg）。

② 热水预热器至合成气冷却器出口混合气手阀前，充 N_2 至压力 35～40kPa（260～300mmHg）。

③ 合成气冷却器至碱洗塔出口氯乙烯手动总阀前（包括盐酸脱吸系统），充 N_2 至压力 20～25kPa（150～190mmHg）。

注意：试漏时，可从各测压口接 N_2 管进行充气，并自其他的测压口接 U 形压力计观察压力。开 N_2 阀一定要缓慢开，阀门开度不要大，以防超压，损坏设备。并用肥皂水进行试漏。

（5）用 N_2 置换　氯化氢总管至碱洗塔进口前设备及管道不用 N_2 置换，开车时通氯化氢进行催化剂的活化和系统杂气的置换。

乙炔总管的试漏及置换如下。

① 打开乙炔总管上乙炔切断总阀前手动排空阀。

② 关闭乙炔总管上乙炔切断总阀。

③ 关闭乙炔总管上乙炔调节阀，及其前后手阀、旁通阀。

④ 打开乙炔阻火器乙炔进口阀。

⑤ 通知乙炔工段送 N_2 对乙炔总管进行试压、试漏。直至自乙炔取样口取样分析含氧小于 3%。

注意：乙炔总管的置换可用憋压置换，即总管内充 N_2 压力达到 0.2MPa 时，打开乙炔总管上乙炔切断总阀前手动排空阀进行排空，如此反复多次，直至从乙炔取样口取样分析含氧小于 3%。

（6）运行热水系统

① 打开热水塔纯水补水阀门，与调度联系送纯水，往热水塔内加水。

② 打开各转化器和热水预热器的热水进、出口阀，准备对热水塔内纯水升温预热。

③ 与调度联系通知送蒸汽，缓慢打开蒸汽疏水阀，打开热水塔上的蒸汽进口阀对热水塔进行加热。

④ 通知转化巡检开启热水泵对转化器和热水预热器进行热水循环并升温。

注意：刚开始升温时热水塔液面尽量控制低一些（1/3～1/2 即可），以免蒸汽冷凝水过多，造成热水塔溢流。热水塔温度升至 80℃ 以上。

（7）与调度联系通知空压冷冻工段送 5℃ 冷冻水和 -35℃ 冷冻盐水对 VCM 转化各 5℃ 冷冻水及 -35℃ 冷冻盐水换热设备进行循环 5min 左右，检查设备、管道有无泄漏。

注意：通冷冻水循环时，应将换热设备排气阀打开排气，排气完毕后关闭换热设备排气阀。

（8）通知转化巡检往碱液循环槽（任意一台符合要求的碱液循环槽）内加碱，并配制浓度为 10%～15% 的碱液（水碱比例为 1：1），开启碱液循环泵（任意一台符合要求的碱液循环泵）进行试循环。

（9）打开水洗塔补水调节阀及前后手阀往水洗塔补水，并控制水洗塔液面在 1/2～2/3 即可，开启盐酸循环泵（任意一台符合要求的盐酸循环泵）进行试循环。

注意：打开水洗塔补水调节阀的旁通阀或打开水洗塔稀酸循环进口管上的生产补水阀，均可对水洗塔进行补水。

（10）打开盐酸循环泵出口去泡沫脱酸塔稀盐酸阀，往泡沫脱酸塔补水，液面在 1/2～2/3 时关闭稀盐酸阀，启动浓盐酸泵（任意一台符合要求的浓盐酸泵）进行试循环。

（11）新催化剂的升温活化。

① 关闭乙炔总管上乙炔切断总阀前后手动排空阀。

② 关闭乙炔总管上乙炔切断总阀。

③ 关闭乙炔总管上乙炔调节阀，及其前后乙炔手阀和旁通阀。

④ 关闭乙炔总管上乙炔半负荷流量阀。

⑤ 关闭乙炔阻火器的乙炔手动进口阀。

⑥ 关闭热水预热器、转化器、脱汞器、合成气冷却器的底部排酸阀。

⑦ 关闭碱洗塔 VC 进口阀。

⑧ 关闭 VCM 转化器各取样口。

⑨ 关闭各停运转化器、热水预热器的物料进出口阀及热水进、出口阀。

⑩ 关闭活化深冷器的氯化氢进口阀；关闭各投运转化器上活化用氯化氢进口阀。

⑪ 关闭气水分离器氯化氢气出口阀。

⑫ 关闭混合脱水系统、转化系统、水洗净化系统中各设备及管道放水（排污）阀。

⑬ 打开氯化氢冷却器、氯化氢酸雾过滤器、混合器、一级石墨冷却器、二级石墨冷却器、一级酸雾过滤器、二级酸雾过滤器的底部放酸阀。

⑭ 打开氯化氢酸雾过滤器氯化氢气进口阀、出口阀，关闭旁路阀。

⑮ 打开氯化氢冷却器氯化氢气进口阀；打开 5℃ 冷冻水回水阀，适当开启 5℃ 冷冻水上水阀。

⑯ 打开氯化氢总管上的氯化氢手动总阀、切断总阀；打开混合器氯化氢气进口阀。

⑰ 打开一级石墨冷却器的混合气进口阀；打开 −35℃ 冷冻盐水回水阀，适当开启 −35℃ 冷冻盐水上水阀。打开二级石墨冷却器的 −35℃ 冷冻盐水回水阀，适当开启 −35℃ 冷冻盐水上水阀。

注意：盐水上水阀可由现场巡检调节；也可将一级石冷、二级石冷冷冻盐水自动调节阀前后手阀打开，由 VCM 主控根据 −35℃ 冷冻水温情况适当调节开度来控制。

⑱ 打开二级酸雾过滤器的混合气出口阀。

⑲ 打开水洗塔的生产水进口阀补水至液位的 1/2～2/3 处关闭补水阀。

⑳ 打开热水预热器的混合气进口阀、出口阀。

㉑ 打开投运转化器混合气进口阀、出口阀。

㉒ 打开脱汞器的 VC 气体进口阀、出口阀。

㉓ 打开合成气冷却器的 VC 气体进口阀、出口阀。

㉔ 打开水洗塔 VC 出口总管上的排空阀。

㉕ 打开稀酸冷却器和浓盐酸冷却器的 5℃ 冷冻水回水阀，适当打开冷冻水上水阀；打开稀酸冷却器稀酸进、出口阀；打开浓盐酸冷却器的浓酸进、出口阀。

㉖ 打开盐酸循环泵进口阀。

㉗ 泡沫脱酸塔来自盐酸脱吸系统的进酸阀应关闭。打开泡沫脱酸塔的来自水洗塔稀酸进口阀，并打开调节阀前后手阀；打开泡沫脱酸塔下酸阀。

㉘ 打开泡沫脱酸塔出口 VC 气相管与浓盐酸贮罐上平衡阀。

㉙ 打开浓盐酸泵进口阀。

㉚ 联系调度并通知空压冷冻工段送 5℃ 冷冻水、-35℃ 冷冻盐水；通知氯化氢工段送氯化氢气体。

㉛ 系统全面通入氯化氢活化时，流量控制在 $600\sim900\text{m}^3/\text{h}$ 左右，开启水洗闭路循环（启动盐酸循环泵，并开泵出口阀）。水洗塔液位补水阀切换为自动操作，吸收后尾气于水洗后排空。适当开启泡沫塔进酸调节阀，待浓盐酸贮罐内液位在 $1/2\sim2/3$ 时，开启泡沫脱酸塔闭路系统（启动浓盐酸泵，并开泵出口阀），根据循环酸温度和酸浓度高低，通知氯碱分厂并适当开启去盐酸罐区阀门，将部分盐酸输送至废盐酸储槽。

㉜ 根据水洗酸性水温度高低、酸浓度高低，可调节水洗塔补水阀、打开稀酸外排阀，并控制补水和外排量。

㉝ 对各转化器进行排酸、放酸检查，直至无酸。转化器内催化剂活化时间约 12h。

㉞ 催化剂活化完毕后，通知调度联系氯化氢工段停送或降低氯化氢流量。

(12) 同乙炔工段和氯化氢工段联系开车时间，并通知空压冷冻工段，压缩精馏岗位作好开车准备。

(13) 催化剂活化完毕，正常开车前阀门启闭状态的确认。

① 水洗塔 VC 出口管上的排空阀应呈关闭状态（注意：催化剂活化后长时间不开车，则该阀呈关闭状态，在准备开车送氯化氢时再打开此阀；若催化剂活化后短时间内开车，则呈开启状态）。

② 乙炔阻火器乙炔手动进口阀、乙炔切断阀、乙炔调节阀的旁通阀、乙炔调节阀应呈关闭状态；乙炔调节阀前后手阀、乙炔总管手动充氮阀应呈开启状态。

③ 氯化氢酸雾过滤器进出口旁通阀应呈关闭状态；氯化氢酸雾过滤器氯化氢进口阀、出口阀应呈开启状态。

④ 氯化氢冷却器、氯化氢酸雾过滤器、混合器、一级石墨冷却器、二级石墨冷却器、一级酸雾过滤器、二级酸雾过滤器出口排酸阀应呈开启状态。

⑤ 氯化氢冷却器前氯化氢总阀呈关闭状态（注意：催化剂活化后短时间内开车可不关闭，否则应关闭。）

⑥ 盐酸贮罐气相平衡阀应呈开启状态；底部排污阀呈关闭状态。碱洗塔 VCM 气出口总阀应呈开启状态。

⑦ 投运碱洗闭路循环系统：10%～15% 碱液配制完毕后，打开投运碱液循环罐气相平衡阀；打开碱液循环泵进口阀；关闭碱液循环泵出口至污水池稀碱阀；打开碱洗塔碱液进口阀；启动碱液循环泵；打开碱液循环泵碱液出口阀，碱洗闭路循环投入运行。

⑧ 打开合成气冷却器上水、回水阀，通入循环水循环。

2. 正常开车操作

（1）将微机上 VCM 转化各调节阀切换为手动操作。

（2）与调度联系送 5℃ 冷冻水、−35℃ 冷冻盐水，观察 5℃ 冷冻水、−35℃ 冷冻盐水压力上升后，与氯化氢工段联系分析 HCl 原料气合格后开始送气。同时与乙炔工段联系分析乙炔原料气纯度满足开车要求。

（3）氯化氢总管压力达到 0.01～0.02MPa 时，打开氯化氢冷却器前氯化氢总管上的手动总阀送 HCl，严格控制 HCl 流量 600～900m³/h，同时水洗塔和泡沫脱酸塔开始闭路循环。打开水洗塔补水阀和排污阀，根据水洗酸性水浓度控制补水量和排污量，待生产正常后，关闭水洗排污阀，并将水洗补水阀切换为自动操作，HCl 在水洗后排空，通知质计部分析 HCl 纯度。

（4）与乙炔工段联系送乙炔，待乙炔总管压力达到 0.01～0.02MPa，打开乙炔切断阀前手动排空阀，将不合格乙炔排空，待取样分析满足生产需要时，关闭乙炔排空阀，打开乙炔切断阀、适当手动开启乙炔调节阀，向转化系统送乙炔气。

（5）通知压缩精馏打开碱洗塔出口至气柜的阀门。

（6）通入乙炔约 5～8min 后，转化巡检打开碱洗塔 VCM 进口阀；关闭水洗塔 VCM 出口管上的排空阀，通知压缩精馏岗位转化已经开车。

（7）根据水洗 HCl 浓度高低调节泡沫脱酸塔流量计手阀以控制分流量。

（8）根据 HCl 纯度及反应后合成气体的分析结果，手动调节乙炔调节阀，控制乙炔和氯化氢的配比。注意控制转化器温度，调整好单台流量，检查泡沫脱酸塔运行情况。

（9）根据混合气温度手动调节混合脱水系统一级石墨冷却器、二级石墨冷却器的−35℃ 冷冻盐水调节阀，控制好混合气温度，并在微机上设定好一级石墨冷却器、二级石墨冷却器混合气出口温度，待温度至设定值时，将−35℃ 冷冻盐水调节阀切换为自动操作。

（10）逐渐提升氯化氢和乙炔气体流量，当氯化氢气体流量升至 6300m³/h，乙炔气体流量达到 6000m³/h，稳定一段时间后缓慢打开氯化氢满负荷手动总阀；打开乙炔满负荷手动总阀，观察调节阀跟踪稳定程度；待压力、流量稳定后，根据反应后合成气分析结果设定好 HCl 和 C_2H_2 的配比系数。

（11）加强对转化器、热水预热器的放酸检查。

（12）水洗及碱洗稳定后，根据生产调度通知，缓慢提升流量直至最后达到生产要求。

（13）运行脱吸系统。

① 开车前检查脱吸系统所有动、静设备处于完好待用状态。

② 检查蒸汽供给是否正常，蒸汽调节阀动作是否灵敏、准确。由仪表检查各测温点、各测压点是否准确；各远传及现场液位计是否准确。

③ 打开氯化氢一级冷却器、稀酸一级冷却器循环水上水、回水阀；适量开启氯化氢二级冷却器、稀酸二级冷却器 5℃ 冷冻水上水、回水阀；打开稀盐酸罐、氯化氢一级冷却器、氯化氢二级冷却器的下酸阀；打开所有调节阀、安全阀前后手阀。

④ 待转化岗位开车正常，酸浓度在 28%～32% 之间，且浓酸罐液位≥70% 时，开始准备开脱吸系统。

⑤ 打开浓酸泵出口分配台上调节阀及其前后手阀，向脱吸塔上酸。打开冷凝水泵进口输水阀前后手阀；打开冷凝水泵出口阀。

⑥ 稍开蒸汽调节阀和，排净塔底再沸器及蒸汽管内的积水；待脱吸塔内液位达到 300mm 时，

开塔底再沸器的蒸汽调节阀，根据塔底混合物的液位调整再沸器的蒸汽供给量，保证酸温控制在100~120℃，塔内液位控制在（200±50）mm。根据凝结水收集罐中冷凝水液位达到给定值，冷凝水泵会自动开启输送冷凝水，液位降低到下限值时，泵会自动停止运行。

⑦ 待脱吸塔塔顶压力达到定值时，开气水分离器气相出口阀，送气至 HCl 原料气总管。转化 HCl、C_2H_2 流量配比不变。

⑧ 根据稀酸一级冷却器、稀酸二级冷却器出口酸温度，调节冷却循环水及 5℃冷冻水进出口阀门，保证出口酸温≤15℃即可。

⑨ 根据塔顶氯化氢一级冷却器、氯化氢二级冷却器出口气体温度，调节冷却器进、出口冷却循环水阀门，控制出口气体温度≤15℃即可。

⑩ 由于系统的酸不平衡，与氯碱分厂盐酸罐区联系，适量开启稀盐酸泵出口至盐酸罐区的盐酸出口阀，间歇或连续向罐区输送一定量的稀酸。

3. 正常操作

（1）经常与乙炔工段、氯化氢工段联系，调整原料气的纯度和压力，以满足流量要求和生产需要，保证转化率。

（2）根据质计部分析数据和转化器反应温度，调整转化配比和单台转化器流量及热水循环量，防止超温汽化。

（3）根据浓盐酸样分析，及时调节水洗塔、泡沫脱酸塔分流量，保证泡沫脱酸塔下酸指标达标，以确保脱吸塔正常工作。

（4）经常与空压冷冻工段联系，使−35℃冷冻盐水、5℃冷冻水温度、压力满足要求。

（5）按规定定期对所有设备及管道进行放水或排污。

（6）每小时巡回检查一次转化器和热水预热器，并进行放酸检查，检查时必须有气体排出，若有酸放出时，需进一步确认设备是否泄漏，若泄漏应立即甩下处理。

（7）转化器泄漏或更换触媒时，要将转化器单台甩下：关闭转化器气相进出口阀及热水进出口阀，并及时排放转化器内循环水，同时测热水系统 pH 值，根据实际情况进行处理。待转化器温度降至 60℃以下时，方可开盖抽催化剂。

（8）后台单台转化器新催化剂的活化。

① 打开待活化转化器的热水进出口阀，使转化器升温至 80℃以上。

② 缓慢打开活化深冷器的−35℃冷冻盐水的进、出口阀（注意：进水阀稍开一点即可）。

③ 打开氯化氢除雾器的氯化氢出口阀、下酸阀。

④ 打开活化深冷器的氯化氢进口阀、下酸阀。

⑤ 打开活化总管上的氯化氢进口总阀。

⑥ 缓慢打开待活化转化器的活化进气阀，对新触媒进行活化，并控制活化 HCl 压力和活化深冷器内氯化氢气温度。

⑦ 对活化的转化器进行放酸检查，待放不出酸，视为活化结束。（活化时间一般为 6~8h）。

⑧ 在新催化剂活化期间，加大泡沫脱酸塔分流量，保证生产各项指标正常。

（9）根据催化剂使用时间长短、反应温度、阻力大小和转化率等情况，合理调节单台流量。

（10）每小时进行一次全系统的巡回检查。

（11）若因流量降低，需停单台转化器，应关闭气体进出口阀。

（12）对甩掉的转化器，继续检测温度数小时，当确认不再反应时，方可认为转化器停运。

（13）及时作好原始记录。

（14）低汞催化剂调节。

① 前台转化器转化率低，单台出口乙炔平均含量超过 20% 情况下，翻倒时优先保证一组转化率达标，尽可能增加前台的转化能力，减少后台压力。

② 根据转化器的反应温度、出口乙炔含量、运行时间，确定哪几台转化器阀门应开大，哪几台转化器阀门应关小。首先进行需开大阀门的各台转化器调整，待稳定后再进行需关小阀门的各台转化器调整。每次调整阀门的幅度不能过大。

③ 低汞催化剂堆积密度比高汞低，装填时适当对转化器进行击打，保证催化剂在反应管中充实。特别是安装温度计的反应管。催化剂活化时间延长至 14h。

④ 对于反应温度低、转化率低的转化器适当降低热水上水量。

⑤ 低汞催化剂培养期要比高汞和中汞时间长，基本在 600～1000h。

4. 正常停车

（1）计划停车或短期停车，应预先与乙炔工段，氯化氢工段及调度和其他工段联系。

（2）通知乙炔工段降低乙炔压力，并将乙炔调节阀切换为手动操作；通知氯化氢工段逐步降压，氯化氢流量随乙炔流量降低而逐步降低，待乙炔、氯化氢压力降至最低时，立即通知乙炔工段停车，关闭乙炔调节阀、切断阀，乙炔阻火器进口阀。转化主控关闭盐酸脱吸上酸阀，同时通知转化巡检关闭上酸阀前后手阀，使泡沫脱水塔停止分流，并停盐酸脱吸系统。

（3）关闭碱洗塔 VCM 进口阀。

（4）通知氯化氢工段停车，待氯化氢流量为"0"时，关闭氯化氢冷却器进口总阀；关闭除汞器 VCM 出口阀；停水洗闭路循环、泡沫脱酸塔闭路循环和碱洗闭路循环，并将水洗补水调节阀切换为手动关闭状态（注意：冬季需适当开启水洗补水调节阀，保持水流动防止补水管道冻裂）。

（5）将混合脱水系统一级石墨冷却器、二级石墨冷却器的 $-35℃$ 冷冻盐水调节阀切换为手动关闭状态，通知空压冷冻工段停送 $5℃$ 冷冻水和 $-35℃$ 冷冻盐水。

（6）根据实际情况：若停车时间短，热水塔通入蒸汽维持热水温度，并保持热水循环；若停车时间长，待转化器温度降低（低于 $80℃$）后，停热水泵。

（7）系统保持正压，如负压时，可往系统中通入 N_2 保压，以防空气抽入系统。

（8）停车期间仍需经常检查转化器、热水预热器，并进行放酸检查。

5. 紧急停车

当遇到本工序或前后工序发生故障、电气跳闸、或含游离氯过高使混合器温度超温时，需紧急停车。

（1）本工序或前后工序发生故障、电气跳闸

① 通知乙炔工段停送乙炔气，关闭乙炔切断阀；通知氯化氢工段停送氯化氢气，同时关闭氯化氢切断阀。

② 关闭乙炔调节阀及其前后手阀；关闭氯化氢气总管上的总阀。

③ 立即通知压缩精馏岗位，转化紧急停车，并报告调度。

④ 打开水洗塔后排空阀，关闭碱洗塔 VCM 气相进口阀，根据实际情况停水洗和泡沫脱酸塔闭路循环。

⑤ 排空一段时间后，关闭水洗塔后排空阀。

⑥ 关闭热水预热器混合气进口阀、除汞器 VCM 出口阀，保持转化系统正压，以防空气漏入。

（2）含游离氯过高使混合器温度超温

① 因混合气中含游离氯，导致混合器温度达到设定值时，微机自控连锁系统会自动切断乙炔切断阀、氯化氢切断阀；自动打开氮气阀，对系统进行充氮，防止爆炸。

② 立即通知乙炔工段、氯化氢工段及压缩精馏岗位，转化紧急停车，并报告调度。

③ 打开水洗塔后排空阀，关闭碱洗塔 VCM 气相进口阀，停水洗和泡沫脱酸塔闭路循环。

④ 充氮一段时间后，关闭水洗塔后排空阀；关闭氮气阀。

⑤ 关闭热水预热器混合气进口阀、除汞器 VCM 出口阀，保持转化系统正压，以防空气漏入。

（3）冷凝酸打酸操作　待盐酸贮罐液位达到 50% 以上时，进行打酸操作，将盐酸输送至盐酸脱吸系统或盐酸罐区。

① 联系氯碱分厂并开启至盐酸罐区盐酸进口阀或开启进盐酸脱吸系统的盐酸进口阀。

② 打开冷凝酸泵进酸阀。

③ 启动凝酸泵，待运转正常后开启泵出口阀，将冷凝酸输送至罐区或盐酸脱吸系统。

④ 盐酸贮罐内冷凝酸液位下降至 10% 时，关闭冷凝酸泵出口阀，停泵。

⑤ 关闭冷凝酸泵进酸阀。

⑥ 通知氯碱分厂并关闭至盐酸罐区盐酸进口阀或关闭进盐酸脱吸系统的盐酸进口阀。

（4）转化器投用、隔离操作

① 需要投用转化器时，必须执行《转化器阀门投入/退出工作票》，首先打开转化器上回水及蒸汽阀门，然后打开出气阀门，根据装置专工和主操的指示，将进气阀门开到指定阀门刻度，新装催化剂的转化器初期小流量运行，保证转化器床层温度不高于 120℃。正常生产时保证原料气纯度符合要求，合理调整流量配比。后期随着转化器的反应温度变化，可根据转化器进气流量控制转化器温度在 180℃以内。各班组与转化专工严格记录转化器使用记录，包括干燥时间与周期、活化时间、投用时间、转化率、翻倒时间等。

② 转化器需要切出系统进行隔离时，必须执行《转化器阀门投入/退出工作票》，如表 3-2 所示。

表 3-2　转化器阀门投入/退出工作票形式表

转化器阀门投入/退出工作票					
转化器编号		操作日期		班次	
投入/退出原因				指令人	
阀门记录	原有状态	即将状态	唱票人	操作人	操作时间
工艺气体进口阀	开/关	开/关			
工艺气体出口阀	开/关	开/关			
循环热水上水阀	开/关	开/关			
循环热水回水阀	开/关	开/关			
循环上水导淋阀	开/关	开/关			

其操作程序是首先关闭转化器进出气阀门、上回水阀门、蒸汽阀门，然后进行置换工作，充氮置换前，主操要对停运的转化器进行检查，查看阀门开关是否正确；如转化器内热水需要排放干净，必须开启转化器筒体上部的排气阀门，接胶管从转化器上水导淋处排出循环热水，确保热水放净。从转化器排污阀处接胶管，胶管引入水桶中，然后将转化器内混合气泄压进入水中吸收。泄压完毕后，从氮气阀门处接软管至转化器冲氮口处，打开氮气阀门进行置换，主操要检查排污阀是否有气体排出。置换时，需做好防范措施（拉警戒线、挂标识牌），置换1h后，通知分析人员检测可燃气体含量，从排污口取单台转化器气样，易燃易爆气体含量＜0.2％后，由分析人员和安全员共同签字确认后，方可进行其他作业，如不合格需继续进行置换。

二、触媒岗位的生产操作

1. 转化器新催化剂的装载

① 封堵转化器装热电偶的列管。

② 将新催化剂均匀装入列管内，并在花板上均匀布一层30mm厚的新活性炭。

③ 上好转化器上盖，由手孔将封堵装热电偶列管疏通，插入热电偶套管，并由手孔仔细装入新催化剂。

2. 催化剂污水处理操作

（1）开车前准备工作　检查各个设备、仪表、管道、阀门是否正常。

（2）开车操作

① 打开污水池入口阀门。

② 打开废气缓冲罐废气进出口阀。

③ 打开水环真空泵进出口阀、加水阀。

④ 打开气水分离器排空阀。

⑤ 打开锯末过滤器进出口阀、排气阀；打开活性炭过滤器的进出口阀。

⑥ 启动污水泵、清水泵，分别打开污水泵、清水泵出口阀门。

（3）停车操作

① 停水环真空泵、清水泵、污水泵。

② 关闭水环真空泵进出口阀；关闭清水泵、污水泵出口阀。

③ 待高位槽，锯末过滤器，活性炭过滤内的存水自流到清水池后，关闭锯末过滤器，活性炭过滤器进出口阀及排气阀。

三、主要设备的操作与使用

1. 压缩机的操作

（1）开车前的准备工作

① 检查各零部件的连接是否有松动，如有松动，必须拧紧，以免工作中有漏油、漏气或其他事故发生。

② 检查各测量仪表是否有松动或损坏。

③ 检查压缩机的油是否足够（不低于下视镜）。

④ 开启冷却水系统，检查水路应畅通无阻，水量满足要求。

（2）压缩机正常开车

① 开启油分离器与进气过滤器间的气相平衡阀（3/4开度）和进气过滤器与压缩机组

间的气相平衡阀（全开），进气阀保持关闭。

② 点动压缩机仔细观察电动机旋转方向是否正确（压缩机刚开始转动，立即停机，同时观察压缩机的旋转方向是否正确）。

③ 转向正确后，在启动压缩机电机。若有不正常响声，必须消除。此时油压应该为0.08～0.2MPa。

④ 缓慢打开进气阀，使压缩机进入正常运行，然后关闭油分离器与进气过滤器间的气相平衡阀，进气过滤器与压缩机间的气相平衡阀保持打开。

（3）压缩机正常操作及巡回检查

① 每 30min～1h 巡回检查一次。

② 检查压缩机压力、温度是否正常，电机温升情况、机器有无振动、有无异常响声。

③ 冷却水系统压力、水温是否正常。

④ 油液面是否符合要求。

（4）压缩机的停车操作

① 打油分离器与进气过滤器间的气相平衡阀（3/4 开度），缓慢关闭压缩机进气阀，再按下停机键，机组停机，关闭进气过滤器与压缩机间的气相平衡阀及机组出口阀门。

② 停机后油罐内压力通过油分离器与进气过滤器间的气相平衡阀放气至低压侧卸压，待放气完毕后拉下供电电源开关，关闭油分离器与进气过滤器间的气相平衡阀。

③ 冬季停车时，应将冷却器内冷却水放干，以免结冰涨坏冷却器。

（5）备用压缩机的切换操作　应先开备用压缩机至正常运转后，再停运转压缩机，备用机开机前的准备和检查同前。

（6）压缩机的紧急停车　在压缩机本身或精馏系统出现事故或突然停电时，需要进行紧急停车，其操作程序如下。

① 迅速切断电源。

② 关闭压缩机的进口蝶阀和关闭油分离器与进气过滤器间的气相平衡阀，打开油分离器与进气过滤器间的气相平衡阀。

③ 按动电机操作按钮至停运位置（突然停电时）。

④ 事故处理完毕，检查无误，可按单机开车程序进行开车。

2. 单体泵送料操作法

（1）试运转前准备工作

① 确认 VCM 储罐内液体是否充足，以免泵打空，气体进入。

② 完全打开 VCM 储罐的出液阀；打开泵的吸入管路阀及泵吸入阀，检查过滤器是否畅通不堵。

③ 打开 VCM 输送泵后回流阀及与 VCM 储罐内连接阀，把管路内气体放进 VCM 储罐内后，调整分配台上回流阀到稍微打开状态。

④ 检查泵虹吸罐油液位。

⑤ 通知聚合工段做好接料的准备工作。

（2）试运行　启动电泵，测定以下数值后，停泵。根据测的数值，判定电泵是否正常运转。并查明原因，排除故障。

① 排出压力和吸入压力

$$压力 \approx 排出压力 - 吸入压力 \approx 扬程 \times 密度 / 10$$

压差过小时，泵有可能为逆转，压差与扬程对应值吻合属于正常运转。

② 电压和电流：按铭牌额定电压和电流进行检测。

③ 运转声音和振动：检测有无混入异物产生的异常声音和振动等。

（3）运转

① 启动 VCM 输送泵，观察泵的出口压力缓慢打开泵的出口阀。

② 关闭泵后回流阀。

③ 运行时要巡检如下数据并记录好，这对异常情况的尽早发现有好处。如有异常情况应立即停止运转，查找原因，采取对策，在查明原因，排除故障后，方可运转，以免损坏泵。

a. 泵入口压力、泵出口压力、压差。

b. 电压、电流。

c. 有无异常声音、振动。

（4）停泵

① 聚合工段收完料停 VCM 输送泵后，关闭 VCM 输送泵的出口阀。

② 关闭 VCM 输送泵吸入管路上的所有阀门。

（5）使用单体泵时，注意以下事项。

① 严禁空转。

② 运行前应彻底清除装置内的固体异物。

③ 断流运转不得持续 1min。

④ 不得持续逆运转。

⑤ 在发生汽蚀的状态下，不要运转。

⑥ 运转时发现异常声音和振动等，需迅速查清原因，采取对策。

⑦ 泵的进口压力启动前与启动后压差在 0.05MPa 以上时，就需清理泵的过滤器。

四、副产品及三废处理

（1）用装有活性炭的汞吸附器（脱汞器）除汞　合成气进入净化系统之前，需先经活性炭吸附器处理。这是因为转化器均在 $80 \sim 180 \, ^\circ\text{C}$ 高温下操作，势必造成活性炭上的氯化高汞升华，并随合成气带走，进一步污染净化，压缩乃至精馏系统，因此宜在进入下一步工序之前，进行气相吸附除汞。

方法采用活性炭吸附器（脱汞器）内装有活性炭，与合成气接触对汞蒸汽选择性吸附，脱除合成气中的汞。要求脱汞器定期更换新活性炭，含汞活性炭可经处理回收，供催化剂制备，从而减轻 HgCl_2 的污染。

（2）合成过量氯化氢制酸，使酸性废水获得综合利用　利用氯化氢吸水强的性质，采用泡沫塔除合成气过量 5%～10% 的氯化氢，以 20%～25% 的盐酸形式脱除，送至酸贮槽（对外销售）。采用水洗闭路循环，革除稀酸水外排现象，确保 PVC 总下水 COD 及汞含量指标合格，同时也增加废酸回收量，从中获得一定的经济效益。

（3）吸附法回收精馏尾气氯乙烯　方法是采用装有活性炭的尾气吸附器，对 VCM 选择性吸附，达到回收氯乙烯气体的目的，降低了消耗和减少环境污染。

（4）采用间歇加热回收治理高沸残液　将高沸残液间歇压入精馏三塔，脱除氯乙烯回收至 VCM 气柜，蒸馏残液装桶回收对外销售。

（5）废汞催化剂管理　统一回收再处理。

（6）变压吸附法提氢　本方法是采用装有吸附剂的吸附器，对氢气选择性吸附，达到回收氢气的目的，降低消耗和减少了对氢气的浪费。

五、氯乙烯工段有毒有害物质的操作安全与防护

1. 生产过程中的主要职业危害种类

生产过程中的主要职业危害是燃烧、爆炸、中毒和化学灼伤以及噪声、机械伤害和触电等。

2. 产生职业危害的原因

① 原、辅材料，中间体、产品和副产品均属有毒、有害、易燃或助燃、易爆类物质，当设备、管线发生泄漏，停车检修或操作失误时，这些物料有可能进入环境、人体有可能与这些物料接触，而导致火灾、爆炸、中毒、冻伤、灼伤等事故。

② 生产过程涉及高温，中压操作条件，操作失误时存在燃烧、爆炸的潜在危险性和烫伤可能。

③ 生产装置中有较多的转动设备和电气设备，如压缩机、泵等，它们有可能产生噪声和振动，甚至机械伤害、触电等危害。

3. 有害物质的特性

（1）液体氢氧化钠　俗称液体烧碱，又名苛性钠，相对分子质量 40.01；纯品为无色透明晶体，易潮解，易溶于水、乙醇、甘油，相当密度（水＝1）2.12。液体浓度为 $30\%\sim35\%$。

具强腐蚀性，烧碱溶液落在皮肤上，会引起皮肤表皮的灼伤，溅入眼中会引起失明或视力衰退，若吸入碱雾或浓度高的碱蒸汽可能使气管和肺部受到严重损害。

如遇到碱液落到皮肤或溅入眼睛，应立即用大量清水冲洗，然后用 $2\%\sim5\%$ 的硼酸水冲洗，皮肤上涂上硼酸软膏，严重者送医务室或医院治疗；操作工巡检要戴防护眼镜，在拆缺陷或检修烧碱管道设备时戴上防护面罩、身着耐碱服。扑救方法是用水或沙土，但防止物品遇水发生飞溅造成灼伤。

（2）盐酸　相对分子质量 36.6，浓度 30% 左右，腐蚀性很强能腐蚀皮肤和织物，较长时间接触会引起严重溃烂。

如不慎接触应立即用大量清水冲洗，用 0.5% 的 $NaHCO_3$ 中和，情况严重者送医院治疗。

（3）氯乙烯　相对分子质量 62.51。通常由呼吸道进入人体内，较高浓度能引起急性轻度中毒，呈现麻醉前期症状，有晕眩、头痛、恶心、胸闷现象，严重中毒可致昏迷。慢性中毒主要为肝脏损害、神经衰弱等综合征。

当皮肤或眼睛受到液体氯乙烯污染时，应尽快用大量水冲洗。急性中毒时应立即移离现场，使呼吸新鲜空气，必要时施以人工呼吸或输氧。装置操作区空气中氯乙烯最高允许浓度为 $30mg/m^3$，而人体凭嗅觉发现氯乙烯有味时，其浓度约在 $1290mg/m^3$，比标准高出 40 多倍，因此凭嗅觉检查是极不可靠的，应定期检测车间操作区氯乙烯含量，发现超标时，应采取有效防治措施，减少污染改善劳动环境。

（4）氯化汞（升汞）　对人体皮肤、衣服等均有吸附作用。通常呈升华蒸气状态经呼吸道进入人体，能引起口腔发炎、牙根松弛、齿龈糜烂，又能作用于中枢神经系统，引起肌肉、眼球震颤、胆怯、多疑、记忆减退、失眠。

应勤洗手、洗澡。操作区常用水冲洗汞尘污染物，以减少二次污染。

（5）乙炔（原料）　乙炔是无色、有毒、有异味的气体。相对密度 0.9，微溶于水。乙炔极易燃、易爆。乙炔遇热分解很多反应都能发生着火和爆炸，与空气混合时，其爆炸极限为 $2.3\% \sim 81\%$，乙炔为强还原剂，能与氧化剂强烈反应。乙炔能使中枢神经受损，导致神经迟钝昏迷。

六、氯乙烯生产安全注意事项

① 生产区域内外，严禁烟火。

② 生产厂房和气柜必须安装避雷器，乙炔和氯乙烯管道应设有消除静电的装置，为防静电的接地电阻值 $<100\Omega$。

③ 所有电器、仪表，均采用防爆型。

④ 生产现场严禁用铁器敲、砸设备及管道，易燃、易爆气体放空管必须有阻火器。

⑤ 易燃、易爆、有毒的原料、化学物质及分析所用药品等，必须有安全的专用存放地点，专人保管，不准随意乱扔乱放。

⑥ 严防 C_2H_2、VCM 与空气混合达到爆炸范围，上述气体与空气混合的爆炸极限为：C_2H_2 $2.3\% \sim 81\%$，VCM $4\% \sim 22\%$。

⑦ 各岗位必须具有足够的消防用具和器材，专人负责管理，定期检查，使用性能保证完好，随时能用。

⑧ 发生电器着火，用 CO_2、四氯化碳灭火器扑救；发生油类、VCM 着火，用泡沫、CO_2 灭火器，氮气或砂子扑救；发生乙炔着火，用氮气、干粉灭火器、CO_2 扑救。

⑨ 生产岗位动火，必须严格执行"安全动火规定"和有关制度。

⑩ 控制气体流速，乙炔气在管道中的流速小于 8m/s，气体氯乙烯在管道中的流速为 $10 \sim 15$m/s，液体氯乙烯在管道中的流速为 $2 \sim 3$m/s。

⑪ 所有传动设备安装防护罩，定期检查、加油，保持润滑。

⑫ 新系统投运，应按有关规定试压和试漏合格并经过验收。

⑬ 所有与乙炔、氯乙烯接触的设备、管道，在开车前及检修后必须用氮气将空气置换达到合格后，方可投料开车。

⑭ 氯乙烯气柜高度控制在 $30\% \sim 75\%$，大风天气要小于 60%。

⑮ 系统长期停车，要把一切用水设备，管道内的水放尽，以防冰冻管道设备。

⑯ 生产岗位操作人员，凡未经三级教育、不了解岗位操作法及安全技术规程、未获得"安全作业证"者，不准上岗操作。若调往另一岗位时，也必须经过技术学习后，方可上岗操作。

⑰ 岗位操作人员有权制止与生产无关人员进入生产现场，有权谢绝未经厂有关部门及分厂同意外来参观学习人员进入生产现场。

⑱ 操作人员必须严格执行"生产工艺规程"、"安全技术规程"、"岗位操作法"及有关岗位安全注意事项。

⑲ 进入生产现场，要穿戴好劳动保护用品。

⑳ 严禁班前、班中饮酒、脱岗、串岗或干与生产无关的事。

㉑ 发生 C_2H_2、HCl、VCM 中毒，应立即移到空气新鲜处进行人工呼吸和其他抢救措施。发生酸、碱烧伤、立即用大量清水冲洗后，随即送医院治疗。发生触电事故，应立即切断电源，进行人工呼吸，通知医务人员到现场抢救处理。凡皮肤接触到氯化汞时，必须马上

用水洗干净，以防毒性侵害身体。

七、消防措施

① 所有人员都必须提高警惕，遵守有关制度和规定，防止各种火灾发生。

② 所有人员都必须熟知工房内的灭火器、报警器、消火栓、水炮和其他消防器材的放置地点和使用方法，加强消防设备的日常管理，车间要指定专人负责。

③ 所有消防用具必须放在规定地点，不许任何人乱动，通常消防器材放置处的走道和工房出口必须畅通。

八、有毒气体泄漏处理

① 有毒气体的泄漏指乙炔、氯化氢和氯乙烯的泄漏，当发现或怀疑有毒气体泄漏时，发现者应立即通知主操，由主操指挥进行检查和处理。

② 事故区域主操负责现场处理泄漏，检查和处理时应二人以上同行（包括主操），去现场的人员必须佩戴隔离式防毒面具。

③ 有毒气体泄漏时，与生产无关人员应迅速离开事故现场，撤离到安全上风向区域，如有必要应佩戴个人呼吸器。

④ 如果发生有毒气体（液体）的大量泄漏时，应进行报警，并及时向公司总调度室和有关部门报告，采取相应的撤离措施。

⑤ 如果有毒气体的泄漏危及控制室时，除生产主管或主操决定应坚守岗位的人佩戴隔离式防毒面具坚守外，其余人员一律撤离到安全地带。

⑥ 泄漏排除后，防毒面具只有在确信空气中有毒气体浓度低于规定标准时才能去掉，在现场停留过的所有人员，都必须到急救站或医院职防科接受检查和治疗。

⑦ 在高浓度有毒气体环境中暴露的人员，工作服和个人防护用品脱下后应清洗干净方可带入室内，如有必要应及时冲洗更衣。

【任务训练】

（1）能够在老师的指导下与同学分工作小组进行氯乙烯合成工段的开停车操作。

（2）能够进行转化器新催化剂的装载操作、催化剂污水处理操作。

（3）模拟工厂实际，能够对氯乙烯工段有毒有害物质进行操作安全与防护，做好消防措施，对有毒气体泄漏可以及时正确的处理。

任务五　常见故障分析及处理

【任务描述】

能处理氯乙烯合成工段的常见故障。

【任务指导】

一、不正常现象原因及处理

表 3-3 列举了氯乙烯合成工段常见异常现象及处理对策。

表 3-3 氯乙烯合成工段常见异常现象及处理对策

现象	异常原因	处理对策
混合器温度突然上升超过 40℃	HCl 内游离氯过多与乙炔激烈反应放热	降低乙炔流量,与氯化氢工序联系,当温度超过 40℃时紧急停车
混合器和酸雾捕集器之间压差大	石墨冷却器过冷结冰堵塞列管	停止通冷冻盐水,升温
石墨冷却器下酸量突然增大	石墨冷却器石墨块漏或密封垫漏	停车检修
预热器下部放酸多	预热器漏	停车检修或更换
流量无法提高	原料气体压力不足	与氯化氢或乙炔工段联系提压
	流量计孔板或引压管堵塞	清洗孔板或引压管
	混合脱水石墨温度过低	关小盐水解冻
	转化器上部催化剂结块	翻倒催化剂
	转化器出口处有 HgCl$_2$、FeCl$_3$ 堵塞	停车清理堵塞出口
	水洗塔阻力大	调节塔循环流量
反应带窄,反应温度高并有下降趋势	循环水温太低,上层催化剂未充分活化	提高水温或降低流量
转化器温度急剧上升	循环水断流,反应热不能及时移出	立即加大循环水量
	新催化剂流量过大,反应过于剧烈	降低混合气流量
转化后气体温度低且分析不含 HCl 气体	转化合成反应温度突然下降或生成大量的副产物或乙炔过量	降低乙炔流量或提高 HCl 流量,控制温度和分子配比的稳定
转化器底部放酸多	催化剂装填时吸潮或未活化干燥	多次排放废酸,直至排出气体
	转化器列管漏,循环水渗入列管内	停该转化器,放掉循环水后检修
转化率低	反应温度过低	提高水温或加大流量
	流量超过负荷	调节单台流量
	催化剂未能充分活化或催化剂失效	更换或翻倒催化剂
	原料气纯度低	提高原料气纯度
	乙炔过量	增大分子配比
系统阻力突然上升	水洗塔淹塔或封住进气口	及时调节塔流量
	碱洗塔循环量过大或封住进气口	调节碱液循环量
循环热水泵不上水	水管或转化器内有大量蒸汽	排汽
	水泵故障	修理水泵
	管道堵塞	清理管道

二、突发事故处理案例

1. 盐酸、液体烧碱管路或法兰口突然泄漏

① 立即停止相关操作程序,具体操作程序见技术操作规程。

② 通知负责氯乙烯界区的工人,并进行泄漏管路管段的处置或更换准备工作。

③ 关闭相关盐酸和液体烧碱来源总阀门。

④ 立即按相关规程处理泄漏物，处理完毕后安规程进行正常用酸用碱进行程序操作。

2. 过氯导致混合器温度突升或防爆膜爆破

① 进行紧急停车操作。

② 通知乙炔工段停送乙炔气。

③ 关闭乙炔切断阀、关闭乙炔流量调节阀。

④ 通知氯化氢工段停送氯化氢气。

⑤ 关闭氯化氢总阀。

⑥ 其他停车程序按操作规定执行。

⑦ 紧急停车后，通知调度。

⑧ 拆防爆膜口法兰。

⑨ 打开氯化氢总阀，与调度联系通知氯化氢工段准备送合格的氯化氢气进行置换。

⑩ 取样分析，排空气体中不含游离氯，停止置换。

⑪ 置换完毕后，上新的防爆膜。

⑫ 按操作规程做好开车前的准备工作，准备开车。

3. 氯化氢总管突然断裂泄漏氯化氢气

① 进行紧急停车操作，操作程序同上。

② 通知调度并进行氯化氢总管置换的准备工作。

③ 打开一级石墨冷却器前排污阀；关闭一级石墨冷却器混合气进口阀，并在阀前加盲板。

④ 打开氯化氢总阀后通知氯化氢工段送合格的氯化氢气进行置换。

⑤ 取样分析，排空气体中含 $C_2H_2 < 0.4\%$，停止置换。

⑥ 置换完毕后，即可处理断裂的氯化氢气总管。

⑦ 漏点处理完毕后，关闭一级石墨冷却器前排污阀；打开一级石墨冷却器混合气进口阀，并拆除阀前盲板。

⑧ 按操作规程进行正常开车操作。

4. 氯乙烯贮罐泄漏

（1）氯乙烯贮罐液位计泄漏

① 迅速关闭液位计上、下根部阀。

② 拆泄漏液位计修理或更换。

③ 安装液位计。

④ 打开液位计上、下根部阀。

（2）氯乙烯贮罐法兰泄漏

① 微漏时需通风并拧紧螺栓或打卡。

② 如泄漏较大又无法切断时，应立即封闭泄漏区，杜绝并切断一切火源，用高压水冲洗泄漏部分及周围环境防止静电起火，同时可尽量稀释空气中的氯乙烯单体，并做如下处理。

a. 打开备用单体贮槽下料阀、平衡阀。

b. 关闭该泄漏单体贮槽与系统相通的下料阀、平衡阀。

c. 若单体贮槽内料多，视实际情况送料或倒槽，之后打开回收阀回收单体。

d. 若单体贮槽内料少，则直接打开回收阀回收单体。

e. 待单体贮槽内单体回收完毕后，打开单体贮槽排污阀排污后，关闭排污阀。

f. 进行漏点处理工作。

g. 漏点处理完毕后，该单体贮槽可随时带入系统运行。

5. 盐酸贮罐漏盐酸

① 操作人员应穿戴好劳动防护用品。

② 关闭盐酸贮罐盐酸进口阀。

③ 通知氯碱厂盐酸罐区工段打开废盐酸罐进口阀。

④ 打开冷凝酸泵进口阀。

⑤ 启动冷凝酸泵。

⑥ 打开冷凝酸泵出口阀。

⑦ 打完酸后，停冷凝酸泵，关泵前后进、出口阀。

⑧ 打开盐酸贮罐底部排污口。

⑨ 打开盐酸贮罐罐顶备用口，从备用口通入水，冲洗酸罐。冲洗干净后，再根据具体情况进行处理。

6. 突发停水停电

① 按操作规程进行紧急停车。

② 立即汇报氯乙烯工段装置长，并通知分厂调度。

③ 联系相关部门进行故障排查，并进行事故原因分析，提出解决办法、预防措施。

7. 氯乙烯气柜泄漏

假设氯乙烯气柜钟罩顶部焊缝处内部有缺陷，长时间腐蚀，造成焊缝缺陷处产生裂变，形成一道 3cm 长裂口，气柜内单体急剧向外泄漏。

① 现场巡检工发现气柜泄漏，及时向分厂调度及班长汇报情况。

② 接到调度停车通知后，班长立即与氯化氢工段、乙炔工段联系，并组织氯乙烯转化岗操作人员停车。压缩精馏岗停车处理；班长做好停车准备。

③ 待氯乙烯气柜拉至最低后，压缩精馏岗操作人员停压缩机，停精馏。

④ 关气柜进口总阀（或氯乙烯气水分离器进气阀）并在气柜进口总管法兰处打盲板（或在氯乙烯气水分离进气阀前打盲板），切断与气柜相连的设备及管线。

⑤ 打开气柜放空阀，将气柜钟罩放到底部，拆开气柜顶部人孔盖，并向气柜通氮气置换（从气柜进口总管上的排污口或氯乙烯气水分离器上氮气进口处通氮气），取样分析气柜内部含 $C_2H_3Cl < 0.2\%$ 为合格。

⑥ 置换合格后，综合维修人员对裂缝处进行焊接处理。

⑦ 关闭放空阀，上好气柜顶部人孔盖进行打压、置换。

⑧ 打压、置换合格后，拆除盲板，打开气柜总阀。通知调度单体气柜焊缝裂口已经处理完毕，可以正常开车。

【任务训练】

（1）对氯乙烯合成工段不正常工况能及时有效处理。

（2）可以正确有序地处理盐酸泄漏、氯乙烯气柜泄漏的具体情况，保障工段的安全运行。

项目二　氯乙烯的清净

任务一　粗氯乙烯净化和压缩

【任务描述】

（1）能够描述粗氯乙烯净化和压缩的基本工艺流程及生产原理。

（2）能够熟记重要的工艺控制指标和净化压缩的主要设备。

【任务指导】

一、粗氯乙烯净化和压缩工艺流程叙述

粗氯乙烯净化和压缩工艺流程如图 3-5 所示。含有未反应完的氯化氢、乙炔、升华汞蒸气和副反应产物高沸物的粗氯乙烯气体，由二段合成气总管进入除汞器，脱除合成气中的汞后进入合成气石墨冷却器，以循环水降温后进入串联的水洗泡沫塔。与上部经流量计加入的水在塔板上充分接触后，合成气中大部分氯化氢被水吸收形成 20％～30％的盐酸送至浓盐酸贮槽。

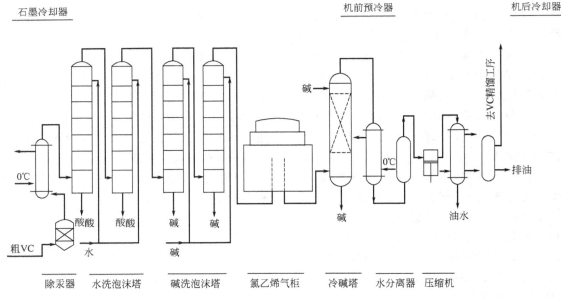

图 3-5　粗氯乙烯净化和压缩工艺流程

经水洗泡沫塔脱氯化氢后含有少量氯化氢的合成气由水洗泡沫塔顶部出来至第二个水洗泡沫塔，进一步与塔顶经流量计加入的水吸收除去氯化氢后，送入碱洗泡沫塔，与塔顶加入的 12％左右的碱液进行中和，中性粗氯乙烯合成气依次进入机前冷却器，以 0℃水冷却后进入水分离器脱水，以正压低温状态进入压缩机。经压缩后的高温高压 VCM 气体经机后油水

分离器除去夹带机油后，进入机后冷却器以循环水冷却降温，送至精馏工序。

从水洗泡沫塔吸收的 20％～30％的浓酸以一定流量连续溢流到浓盐酸贮槽，罐底用浓酸泵向脱吸塔提供 28％～32％的浓酸，泵出口用流量计和调节阀控制一定流量，同时保证浓盐酸贮槽液位相对稳定在 40％～70％处，若液位小于此范围时，回流阀自动打开浓酸回流到浓盐酸贮槽，若液位大于此范围时，回流阀关闭加大去解析塔中浓酸量，保证了浓盐酸贮槽液位在一定的范围之内。解吸塔靠塔底再沸器用蒸汽加热，塔顶靠自然冷却作为部分回流，在填料段进行传质传热交换过程，塔顶精馏出纯度≥99％的氯化氢气体，塔底排出 20％～22％恒沸酸。塔顶氯化氢气体经氯化氢一级冷却器、氯化氢二级冷却器冷却至常温，经气水分离器除去酸滴后，送往合成氯化氢总管作为转化的原料气。塔底的恒沸酸经浓酸预热器（与浓酸泵打来的浓酸进行热交换）、稀酸一级冷却器、稀酸二级冷却器冷却至 15℃左右、进入稀盐酸罐，后用稀酸泵向泡沫塔顶提供吸收液并且打向废盐酸罐；用稀酸调节阀调节给酸量并保证稀酸罐液位不满罐、不空罐。塔底再沸器用的蒸汽冷凝水用冷凝水泵送至氯化氢合成。

二、粗氯乙烯净化和压缩工艺原理

1. 粗氯乙烯的净化

（1）净化（水洗、碱洗）的目的　转化反应后的气体，除氯乙烯外，尚有过量的氯化氢，未反应的乙炔和氮气、二氧化碳等气体，以及副反应生成的乙醛、二氯乙烷、二氯乙烯、三氯乙烯、乙烯基乙炔等杂气。氯化氢和二氧化碳在有微量水存在时会形成盐酸和碳酸，腐蚀设备管路、促进氯乙烯的自聚，其他杂质则会影响树脂的质量。为了生产适于聚合的高纯度单体，应彻底将这些杂质除掉。水洗是粗氯乙烯净化的第一步，即利用水洗泡沫塔除去氯化氢、乙醛等。此外，水洗还具有冷却合成气的作用。经水洗后合成气中的氯化氢虽大部分被除去，但仍有部分残留在合成气中，所以需要用碱洗将残余 HCl 及 CO_2 彻底除去。从而使粗氯乙烯得到净化。

（2）净化（水洗、碱洗）原理　水是最常用易得的吸收剂，水洗是属于一种气体的吸收操作，亦即利用适当的液体吸收剂处理气体混合物，氯化氢在水中的溶解度极大而氯乙烯在水中的溶解度较小，水洗可使两者分离。泡沫塔利用所形成的泡沫层，强化了氯化氢与水的接触，能较有效地除去氯化氢。填料水洗塔也是利用规整填料来增大气体和水的接触面，进一步除去残余氯化氢。水洗是一简单的溶解过程，通称为简单吸收或物理吸收，而碱洗却不同，用碱液吸收氯化氢、二氧化碳的过程，则起了化学反应，称为化学吸收，所用碱液为 12％左右的 NaOH 溶液，其反应式为：

$$NaOH + HCl \longrightarrow NaCl + H_2O + 热量$$
$$2NaOH + CO_2 \longrightarrow Na_2CO_3 + H_2O + 热量$$

实际上 NaOH 吸收 CO_2 是存在以下两个反应的：

$$NaOH + CO_2 \longrightarrow NaHCO_3$$
$$NaHCO_3 + NaOH \longrightarrow Na_2CO_3 + H_2O$$

以上两个反应进行是很快的，在过量 NaOH 存在时，反应一直向右进行，生成的碳酸氢钠可以全部生成碳酸钠。但是如果溶液中的氢氧化钠已经全部生成碳酸钠，这时，碳酸钠虽然还有吸收 CO_2 的能力，但反应进行相当缓慢，反应为：

$$Na_2CO_3 + CO_2 + H_2O \longrightarrow 2NaHCO_3$$

由于溶液中没有氢氧化钠，生成的碳酸氢钠就不再消失，因碳酸氢钠在水中溶解度很小，易沉淀下来，堵塞管道设备，使生产不能正常进行。所以溶液中必须保持一定量的氢氧化钠。

（3）副产盐酸脱吸　副产盐酸脱吸是将水洗脱酸塔产出的含有杂质的废酸进行脱吸，可以回收其中的氯化氢，并返回前部继续生产氯乙烯。由浓酸槽来的 31％以上的浓盐酸进入脱吸塔顶部，在塔内与经再沸器加热而沸腾上升的气液混合物充分接触，进行传质、传热，利用水蒸气冷凝时释放出的冷凝热将浓盐酸中的氯化氢气体脱吸出来，直至达到沸腾状态平衡为止。塔顶脱吸出来的氯化氢气体经冷却使温度降低至 $-10 \sim -5℃$、除去水分和酸雾后，其纯度可达 99.9％以上，送往氯乙烯合成前部；塔底排出的稀酸经冷却后送往水洗塔，作为水洗剂循环使用。

2. 粗氯乙烯的压缩

（1）压缩的目的　转化后的合成气体如采用加压分馏，则合成气的压缩是一道不可缺少的工序。通过气体的压缩，提高了气体的压力，亦即相应提高了物料的沸点，才有可能在常温下进行分馏操作，这样分馏过程中的冷量的消耗减少，操作方便，生产能力也得到了提高。

（2）压缩机的工作原理　在压缩过程中，气体的温度、压力和体积的变化遵循以下方程式：

$$p_1 V_1 / T_1 = p_2 V_2 / T_2$$

经压缩后的气体温度和压力是升高的，而体积则缩小。

三、粗氯乙烯净化和压缩工艺控制指标

（1）碱洗塔出口总管：$VC \geqslant 90％$，$C_2 H_2 \leqslant 2％$，含 $O_2 < 0.3％$ 以下。

（2）除汞器切换时间：水洗塔下水含 $Hg > 0.05 mg/L$ 时间切换。

（3）泡沫脱酸塔下酸浓度：$28％ \sim 31％$。

（4）水洗塔循环酸浓度：$\leqslant 2％$。

（5）水洗塔喷淋量：$18 \sim 22 m^3/h$。

（6）石墨冷却器下酸温度：常温。

（7）各种酸贮槽液位：$1/2 \sim 2/3$。

（8）碱洗塔循环碱（新配制碱液）浓度：$NaOH\ 10％ \sim 15％$，$Na_2 CO_3 \leqslant 2％$。

（9）换碱浓度：$NaOH\ 5％ \sim 8％$，$Na_2 CO_3 \geqslant 10％$（冬季 $\geqslant 8％$）。

（10）碱洗塔出口气相：$pH \geqslant 7$。

（11）盐酸脱吸。

① 脱吸塔内酸温：$100 \sim 120℃$。

② 出界区稀酸浓度：$\leqslant 21％$（质量），稀酸温度：$\leqslant 15℃$。

③ 脱吸塔塔内液位控制在（200 ± 50）mm。

④ 蒸汽压力：（0.25 ± 0.05）MPa。

（12）VC 气柜纯度：$VC \geqslant 90％$，$C_2 H_2 \leqslant 2％$，氧 $\leqslant 3％$，贮气量：气柜高度的 $20％ \sim 80％$。

（13）氯乙烯气水分离器及进气管放水：1 次/h。

（14）压缩机进气压力：正压（$\leqslant 3.3 kPa$），不允许负压。

（15）机前冷却器出口温度：$5 \sim 10℃$，放水 1 次/h，冷凝水 $pH \approx 7$。

（16）压缩机出口压力：≤0.75MPa（G）。

（17）压缩机出口温度：≤100℃。

（18）压缩机润滑油温度：≤60℃。

（19）机后冷却器出口温度：40～45℃。

（20）机后油分离器放油：1次/班。

四、粗氯乙烯净化和压缩的主要设备

1. 水洗泡沫塔

水洗泡沫塔一般为筛板塔，如图3-6。为防止盐酸的腐蚀和氯乙烯的溶胀（聚合物因吸收液体或气体而发生体积膨胀）作用，采用衬一层橡胶作为底衬，再衬两层石墨砖，包括衬胶泥厚度在内其衬里总厚度为33mm左右。筛板采用厚度6～8mm的耐酸酚醛玻璃布层压板，经钻孔加工而成。筛板共4～6块，均夹于塔身大法兰之间，这种不加支撑环的筛板结构有利于增加整个塔截面积的利用率。溢流管可由硬聚氯乙烯焊制（呈山字形）外包耐酸树脂玻璃布增强，再借硬聚氯乙烯套环夹焊固定于筛板上，上管端伸出筛板的高度自下而上逐渐减小。泡沫过程是使气体以细微的泡沫状态分散在液相中，以增加气液两相接触表面积的过程。泡沫水洗塔的工作原理是原料气从塔底部进入，吸收水从塔顶分布管进入第一块塔板，在该筛板上与上升的泡沫层内气液进行质量传递过程，使气相中的氯化氢被水吸收为盐酸，经由溢流管借位差流入下一层筛板。在下面塔板上重复上述的质量传递过程。通过视镜可以观察到筛板上泡沫层的高度及气液湍动接触的情况。借助塔顶加入水量的调节可以控制吸收过程的气液比，控制液体在筛板上泡沫层的停留时间，以使塔底排出稀酸的质量分数达到20%～25%范围。该浓度盐酸对设备腐蚀严重，因此，在氯乙烯生产中选适用的防腐蚀材料及合理结构，是设备设计的关键。

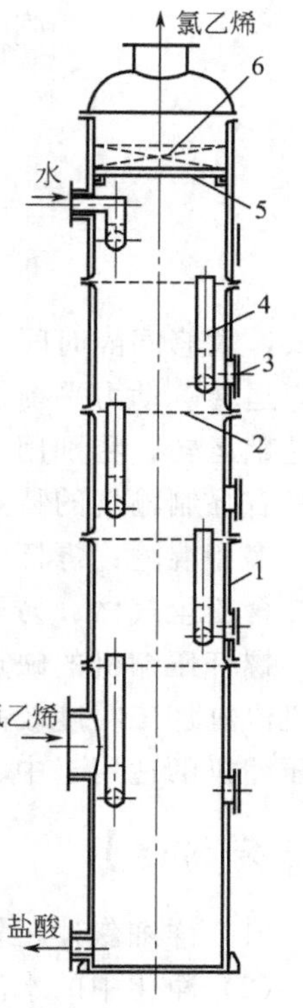

一般，在水洗泡沫塔中可形成良好泡沫层的操作条件是：空塔气速0.8～1.4m/s；筛板孔速7.5～13m/s；溢流管液体流速<0.1 m/s。

图3-6　水洗泡沫塔结构

1—塔体；2—筛板；3—视镜；
4—溢流管；5—花板；6—滤网

2. 螺杆压缩机

在氯乙烯的压缩过程中，大多数企业已逐渐用螺杆压缩机代替往复式压缩机。螺杆压缩机属于容积型压缩机。螺杆式压缩机的基本结构如图3-7所示。在机体内平行地配置着一对相互啮合的螺旋形转子，通常对节圆外具有凸齿的转子，称为阳转子或阳螺杆，在节圆内具有凹齿的转子，称为阴转子或者阴螺杆。阳转子与原动机连接，由阳转子带动阴转子转动。

在压缩机机体两端，分别开设一定形状的孔口供吸气与排气用，分别称作吸气口与排气口。

螺杆压缩机的工作原理：螺杆压缩机的工作循环可分为吸气、压缩和排气三个过程。随着转子旋转，每对相互啮合的齿相继完成相同的工作循环。

螺杆压缩机的特点：可靠性高；螺杆压缩机零部件少，几乎没有易损件，运转可靠，寿

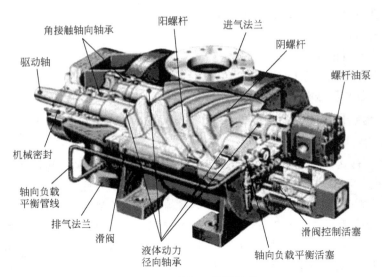

角接触轴向轴承　阳螺杆　进气法兰　阴螺杆　螺杆油泵　驱动轴　机械密封　轴向负载平衡管线　排气法兰　滑阀　液体动力径向轴承　滑阀控制活塞　轴向负载平衡活塞

图 3-7　螺杆压缩机结构

命长，大修间隔时间长。操作维护方便；操作人员不必经过长时间的专业培训，可实现无人值守运转。动力平衡性好；螺杆压缩机没有不平衡惯性力，机器可平稳的高速工作，可实现无基础运转，特别用于移动式压缩机，体积小，重量轻，占地面积少。适应性强；螺杆压缩机具有强制输气的特点，排气量几乎不受排气压力的影响，在宽广的范围内能保持较高的效率。多相混输；螺杆压缩机的转子齿面间实际上留有间隙，因而能耐液体冲击，可压含液气体、含粉尘气体、易聚合气体等。

螺杆压缩机的缺点；造价高；由于螺杆压缩机转子是空间曲面，需专用刀具加工，且压缩机汽缸加工精度较高。不能用于高压场所；由于受到转子刚度与轴承寿命方面等限制，螺杆压缩机的适用于中、低压范围，排气压力一般不超过 3MPa。

【任务训练】

（1）详细叙述粗氯乙烯净化和压缩工艺流程并画出不带控制点的流程简图。
（2）净化中的水洗和碱洗的作用。
（3）叙述螺杆压缩机的工作原理。
（4）水洗泡沫塔如何能生成良好的泡沫层。

任务二　氯乙烯的精馏

【任务描述】

能够描述氯乙烯精馏的基本工艺流程及生产原理；能够熟记重要的工艺控制指标和精馏的主要设备。

【任务指导】

一、氯乙烯精馏工艺流程叙述

氯乙烯精馏的工艺流程如图 3-8 所示。由机后冷却器而来的氯乙烯气体，分别进入一段全凝器以 0℃冷冻水进行间接冷却，使大部分氯乙烯气体冷凝液化，未冷凝的部分气体再进入二段全凝器进一步液化，二段 0℃冷冻水的流量根据氯乙烯流量的变化和冷凝温度由自动调节系统调节，使一段未冷凝的氯乙烯几乎全部冷凝液化。不凝性气体（主要为惰性气体）进入尾气冷凝器，用－35℃冷冻盐水进一步降温冷凝回收氯乙烯。一、二段全凝器和尾气冷凝器的冷凝液体氯乙烯借位差进入水分离器，利用水和氯乙烯的密度差连续分层除水后，进入低沸塔。低沸塔再沸器由热水泵送来的循环热水进行间接加热，将氯乙烯液体中的低沸物蒸出，沿逐层塔板而上，在逐块塔板上与下流的液体接触进行热量及质量交换，使液相中的低沸点组分得以汽化蒸出，气相中高沸点组分氯乙烯得以冷凝，二相流体均得到逐级提纯。最后进入塔顶冷凝器以 0℃冷冻水冷凝回流至低塔内，塔顶出来的不凝性气体及低沸物去尾气冷凝器回收氯乙烯单体由底部回至水分离器。尾气冷凝器排出的不凝性气体，经调节阀进入变压吸附工序回收尾气中的氯乙烯。低塔底的氯乙烯液经自动过料阀连续送至高沸塔。

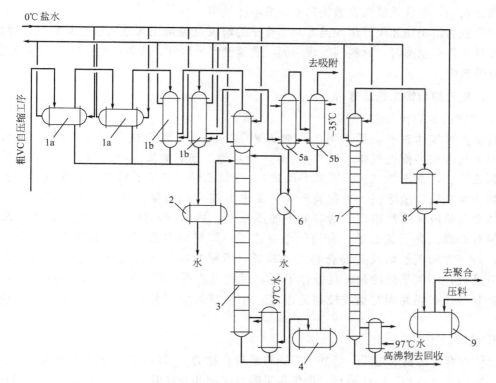

图 3-8　氯乙烯精馏工艺流程

1a，1b—全凝器；2—水分离器；3—低沸塔；4—中间槽；5a，5b—尾气冷凝器；
6—聚结器；7—高沸塔；8—成品冷凝器；9—单体贮槽

含有高沸物的氯乙烯液体连续进入高沸塔中部，塔釜内液体中的轻组分氯乙烯，被再沸器以 97℃热水加热汽化而上升，与下降的液体在逐层塔板上充分接触，进行传热和传质过程，上升气相中的重组分被液化，下降液相的轻组分被气化上升。进入精馏段再与塔顶冷凝器部分冷凝下来的轻组分在精馏段塔板上进行冷凝和蒸发，使物料得以充分地分离提纯，直至在塔顶冷凝器出口获得纯度极高的氯乙烯气体。再经成品冷凝器以 0℃冷冻水液化为液体后，经固碱干燥器脱水后，送至单体贮罐。再由单体泵送至聚合。

高沸塔底以1,1-二氯乙烷为主的高沸点物质间歇排入高沸物贮罐至一定液位后进入精馏三塔，经三塔蒸馏，经塔顶冷凝器由0℃水控制回流比后，液相进入二氯乙烷贮罐可外销，气相回收至气柜。

变压吸附：精馏放空尾气作为氯乙烯尾气净化装置的原料气进入本装置界区，通过管道经原料气加热器加热至20～40℃，通过流量计计量后经管道和程控阀进入吸附塔。尾气中的氯乙烯和乙炔气体被吸附剂吸留下来，净化气则从阀排出，通过管道、吸附压力调节阀、流量计计量后输出界外进入放空总管。

解吸气作为产品气分两部分排出，第一部分是吸附塔逆向放压排出的排出气体，该部分气体经程控阀排出吸附塔，通过管道、程控阀进入解吸气缓冲罐，解吸气缓冲罐A内气体经调节阀进入解吸气缓冲罐B和抽空气混匀后进入鼓风机升压后输出到后续系统；另一部分为真空解吸气，经程控阀及管道由真空泵抽出，经真空泵后冷却器冷却后进入解吸气缓冲罐B，和来自解吸气缓冲罐A的逆放气混合后进入鼓风机升压，升压后气体经管道、止回阀、截止阀输出界区外进入合成转化系统或单体气柜。

在装置启动初期和生产出现异常，不合格的解吸气经截止阀进入放空总管输出界区外；当装置处于停车状态时，原料气经程控阀、管道输出界区外；或者经截止阀进入放空总管输送至界外放空。

二、氯乙烯精馏工艺原理

1. 精馏的目的和方法

粗氯乙烯气体含有杂质，纯度一般为89％～91％，所含杂质有未参加反应的乙炔，有由原料气带来的惰性气体，如N_2、H_2、CO_2等。还有副反应产物如乙醛、乙烯基乙炔和二氯乙烷、二氯乙烯（包括顺式和反式）、三氯乙烯、三氯乙烷等多氯化物，因此，粗氯乙烯中杂质应尽量除去，达到满足聚合要求的纯度和质量。气体混合物的分离方法是将气体混合物液化进行精馏，精馏采用加压精馏。因为氯乙烯与杂质的沸点虽然相差较大，但有的沸点高于氯乙烯，有的低于氯乙烯，用简单蒸馏不能达到聚合要求的高纯度单体，另一方面氯乙烯及其混合物沸点较低，常温常压下多是气体，常压下精馏需要在低温下进行，不但消耗冷量大且操作不便，因此氯乙烯生产中一般在0.5MPa的压力下，使混合物的沸点提高到常温或较高的温度，使精馏得以在常温下进行，是比较合理和经济的。

2. 精馏的原理

液体混合物的精馏过程，是基于不同组成混合物的不同物质具有不同的挥发度，也就是具有不同的蒸汽压和不同的沸点，借恒压下降低温度和升高温度时，各物质在气相里的组成和液相里的组成之差异，来获得分离的。此精馏过程必须依据：由塔底加热釜（或称再沸器）使物料产生上升的蒸汽和由塔顶冷凝器使部分蒸汽冷凝为向下流的液体（又称回流）这两个条件。在连续精馏的每一块理论塔板上，均发生部分气化和部分冷凝，即传热和传质过程。塔顶部的液体所含易挥发组分（低沸点组分）较多，温度也较低些；塔底部的液体所含难挥发组分（高沸点组分）较多，温度也较高些。以低沸塔为例，当上层塔板向下流的液体（含有较多的易挥发组分乙炔），在该塔板上与下层上升的蒸汽（含有较少的易挥发组分乙炔）接触时，两者发生气液相间的传质传热过程，使易挥发组分乙炔以扩散方式逸入上升蒸汽中，而难挥发组分氯乙烯则同时以相反方向扩散方式进入向下流的液体中。气体通过接触一次，上升蒸汽中易挥发组分乙炔的含量，将因液体的部分气化而增多；向下流的液体中难挥发组分氯乙烯的含量，则因蒸汽的部分冷凝而增多。通过许多块塔板上气液相间的热量和质量传递平衡过程，使上升的蒸汽到达塔顶部时，含有较浓的易挥发组分乙炔，而向下流的液体到达塔底时，则含有较浓的难挥发组分氯乙烯（几乎不含乙炔），从而实现完全的分离。高沸塔的分离原理亦如此，只是对高沸塔来说易挥发组分为氯乙烯，难挥发组分为高沸点杂质。

3. 影响精馏的主要因素

（1）压力　氯乙烯常压下沸点为 $-13.9℃$，压力升高，沸点相应上升，因此提高压力，沸点升高，可使制冷剂温度也相应升高，减少制冷动力消耗，因此精馏操作宜在加压条件下进行。当然压力太高，由于要达到同样的分离程度则理论塔板数增加，对于 C_2H_2 的分离反而不利。一般生产低沸塔压力控制在 $0.5\sim0.6MPa$（表压），高沸塔压力控制在 $0.25\sim0.45MPa$（表压）。

（2）温度　低沸塔和高沸塔的塔顶、塔釜温度是影响精馏质量的主要因素。当低沸塔塔顶温度或塔底温度过低时，易使塔顶馏分（C_2H_2）组分冷凝或塔底液 C_2H_2 蒸出不完全，使塔底馏分（作为低沸塔加料液）C_2H_2 含量增加，影响 VCM 质量。过高时则使塔顶馏分中 VCM 浓度增加，势必增加尾气冷凝器的负荷，以至降低液化率，影响精馏收率。若高沸塔塔釜温度过高，不但易使塔底馏份中的高沸点物（二氯乙烷）蒸出，使顶馏分（作为高纯度单体）高沸点物含量增加影响氯乙烯质量，还会导致蒸出釜列管中的多氯烃分解、炭化、结焦、影响传热效果，甚至影响塔的连续正常运转。

（3）回流比　回流比是指精馏段内液体回流量与塔顶馏出液量之比，也是表征精馏塔效率的主要参数之一。在氯乙烯精馏过程中，由于大部分采用塔顶冷凝器的内回流形式，不能直接按最佳回流比来操作控制，但在实际操作中发现质量差而增加塔顶冷凝量时，实质上就是提高回流比和降低塔顶温度、增加理论板数的过程。但若冷凝量和回流比增加太多，势必是塔釜温度下降而影响塔底混合物组成，因此又必须相应地增加塔釜加热增发量，使塔顶和塔底温度维持原有水平，所不同的是向下流的液体和上升的蒸汽量增加了能量消耗也相应增加。虽然氯乙烯精馏用的热量是利用转化反应余热，但所需冷量却是要成本的。因此在一般情况下，不宜采用过大的回流比。对于回流式系统，也可以通过冷盐水的通入量和温差测定获得总换热量，再由气体冷凝热估算冷凝回流量。一般低沸塔的回流比在 $5\sim10$ 范围，高沸塔在 $0.2\sim0.6$ 范围，当单体质量相同时，回流比小则说明塔的效率高。

（4）惰性气体和水分对精馏的影响　由于氯乙烯合成反应的原料氯化氢气体是由氢气和氯气合成制得的，纯度一般只有 $90\%\sim96\%$，余下组分为氢气、乙炔等不凝气体。这些不凝性气体含量虽低，但却能在精馏系统的冷凝设备中产生不良后果。它犹如空气存在于水蒸气冷凝系统中一样，使冷凝壁面上存在一层不凝气体膜，导致给热系数显著下降。提高氯化氢气体纯度，不仅对减少氯乙烯精馏尾气放空损失，而且对于提高精馏效率具有重要意义。水分能够水解由氧与氯乙烯生成的低分子过氧化物，产生氯化氢（遇水变为盐酸）、甲酸、甲醛等酸性物质，从而使设备腐蚀。生成的铁离子又促进系统中氧与氯乙烯生成过氧化物，过氧化物能够引发氯乙烯聚合，生成聚合度较低的聚氯乙烯，造成塔盘部件的堵塞，被迫停车处理，因此水分必须降到尽可能低的程度。

氯乙烯单体的脱水可借以下几种方法进行：

① 机前冷凝器冷凝脱水；

② 压缩前气态氯乙烯借吸附法脱水干燥；

③ 全凝器后的水分离器借重度差分层脱水；

④ 中间槽和尾气冷凝器后的水分离器借重度差分层脱水；

⑤ 液态氯乙烯固碱脱水；

⑥ 单体贮槽静置分离水。

三、氯乙烯精馏尾气变压吸附

1. 尾气变压吸附的目的

电石法 PVC 生产中的废气主要是氯乙烯精馏塔尾气。在氯乙烯精馏尾气中含有 N_2、H_2、O_2 等不凝性气体，必须放空，于是部分氯乙烯及未反应完的乙炔会随不凝性气体排空，若精馏塔尾气不回收，按照 10 万吨 PVC/年的产能，每年排放掉的 VCM>1000t，排放掉的标态乙炔气>120000m³ 既严重污染环境，又造成了巨大的浪费。

2. 尾气变压吸附的原理

变压吸附是一项用于分离气体混合物的新型技术。变压吸附技术是利用气体组分在固体吸附剂上吸附特性的差异以及吸附量随压力变化而变化的特性，通过周期性的压力变换过程来实现气体分离和提纯。多孔固体物在相同压力下易吸附高沸点组分、不易吸附低沸点组分和高压下吸附组分的吸附量增加、减压下吸附量减少的特性，将原料气在一定压力下通过吸附剂床层，原料气中的高沸点组分如乙炔、氯乙烯和二氧化碳等被选择性吸附，低沸点组分如氮气、氢气等不被吸附，由吸附塔出口排出，进一步回收。然后在减压下解吸被吸附的组分，被解吸的气体回收利用，同时使吸附剂获得再生。变压吸附专用吸附剂可分为硅胶、活性炭、活性氧化铝、分子筛等几大类，在这些吸附剂中，由于吸附剂的表面极性、表面电化学性质以及孔径分布和吸附剂比表面积的差异，造成了对气体吸附和解吸性质具有较大的差别。这种在压力下吸附、减压下解吸并使吸附剂再生的循环过程即是变压吸附过程。

变压吸附回收氯乙烯一般采用多塔流程，各塔交替循环工作，以达到连续工作的目的。氯乙烯尾气经变压吸附处理后，氯乙烯和乙炔的回收率可达到 99.5% 以上，放空气体中氯乙烯≤36mg/m³、乙炔≤120mg/m³，可达到国家排放标准。

变压吸附的优点：工艺流程简单、操作方便、自动化程度高；净化度高、氯乙烯和乙炔回收率高；安全可靠性高；吸附剂使用寿命长；运行成本低；操作弹性大等。

3. 影响吸附效果的因素

(1) 原料气的温度　本工艺中，原料气温度为 20～30℃。原料气温度过高或过低，均不利于吸附剂的解吸和再生，对装置运行是不利的。

(2) 原料气的压力　原料气压力降低，对吸附有不利影响。本工艺设计要求原料气的压力为 0.5～0.55MPa。

(3) 原料气的流量　原料气流量稳定，波动范围不大时，装置运行比较稳定。但原料气波动范围大，对吸附效果有一定影响。

(4) 原料气的组成　设计要求原料气中含氯乙烯在 1.5%～13%、乙炔在 2%～11%，在这个浓度范围内装置可以正常运行，但原料气含氯乙烯和乙炔量超过指标范围，对吸附效果有影响，所以要严格控制尾气中氯乙烯和乙炔在 7% 以下。

四、氯乙烯精馏工艺控制指标

(1) 全凝器下料温度：≤25℃。

（2）全凝器气相出口温度：≤40℃。

（3）低沸塔：塔顶压力 0.5～0.54MPa；塔釜压力 0.52～0.55MPa。

（4）低沸塔塔釜温度：38～43℃。

（5）低沸塔塔釜液面控制：1/2～2/3。

（6）低沸塔塔顶温度：30～-38℃。

（7）低沸塔塔顶、塔釜压差：0.01～0.02MPa。

（8）-35℃盐水温度：-32～-35℃；压力：≥0.4MPa。

（9）5℃水温度：0～5℃；压力≥0.4MPa。

（10）尾排压力：0.5～0.55MPa。

（11）尾气冷凝器气相出口温度：-10～-18℃（1次/周）。

（12）水分离器压力：0.5～0.6MPa，放水1小时1次。

（13）高沸塔：塔顶压力 0.25～0.35MPa；塔釜压力 0.30～0.45MPa。

（14）高沸塔塔顶、塔釜压差：0.01～0.02MPa。

（15）高沸塔塔顶温度：20～35℃。

（16）高沸塔塔釜温度：25～45℃。

（17）高沸塔液面控制：1/2～2/3。

（18）成品冷凝器：下料温度 18～33℃；压力 0.25～0.35MPa。

（19）单体贮罐贮量：20%～85%，放水 1h1 次。

（20）VC 纯度≥99.99%，乙炔≤10 mg/L，高沸物≤30mg/L。

（21）单体泵送料压力：0.8～1.0MPa。

（22）仪表气源压力：≥0.4MPa。

（23）三塔釜温度：60℃。

（24）三塔釜压力：≤0.4MPa。

（25）变压吸附

① 氯乙烯精馏尾气输入压力：0.52～0.55MPa。

② 原料气温度：20～40℃。

③ 产品气压力：≥0.05MPa。

④ 产品气温度：60～80℃。

⑤ 产品气回收率：（氯乙烯+乙炔）回收率≥99.9%。

⑥ 净化气中：VC ≤36mg/m³；C_2H_2≤120mg/m³，达到国家环保排放标准。

五、氯乙烯精馏的主要设备

1. 聚结器（水分离器）

在氯乙烯中，少量的水呈分散相——大小不等的液滴存在，在水分离器中只能将≥2μm的水滴静置、沉降、分层后排出。而≤2μm的微水滴在氯乙烯中形成了稳定的油包水型乳状液，无论静置多长时间都不会沉降，无法将其从水分离器中分离出来。氯乙烯的高效脱水一直是业内的棘手问题，能否有效脱除氯乙烯单体中的水分，直接关系到聚氯乙烯树脂产品质量，也直接影响企业的经济效益。从水分离器出来的含有乳状微水滴的氯乙烯单体进入固碱干燥器，理论上利用固碱的强吸水性将氯乙烯单体所含的乳状微水滴除去。但在固碱床层中除水是不均匀的，由于固碱床层的堆积密度差和粘连效应，其床层的阻力不均匀，该床层的局部很快被大量的液体所穿透，形成沟流使含水氯乙烯短路穿过，除水效率大幅降低。经固碱干燥器除水后，氯乙烯中水分仍达到 $500 \sim 600mg/kg$，显然还不能满足高质量聚氯乙烯生产的需要。

聚结器（如图3-9）工作原理：含有乳化水、游离水及自聚物等杂质颗粒的粗氯乙烯物料，先经聚结器前端外置的预过滤固体杂质，被预过滤后的含水氯乙烯进入聚结滤床，聚结滤芯由不同表而活性性质的微米级超细纤维在特殊条件下制成，孔径逐层递增。当氯乙烯液体穿过滤床时，夹带的乳化状水滴微粒（分散相）依靠流体表而张力、相对密度、黏度等物理性质的差异，在超细纤维层碰撞、拦截、热运动等综合效能的作用下，先被捕集，然后借助氯乙烯物料的推动在逐层流动中渐渐聚结变大，最终依靠自身的重力沉降到卧式容器的沉降集水罐中。该滤芯具有良好的憎水性，只允许氯乙烯物料通过，不允许水通过，从而可达到高效率、大流量、连续分离除水的目的。聚结器的聚结滤芯使用寿命较长，操作简单，运行费用较低。

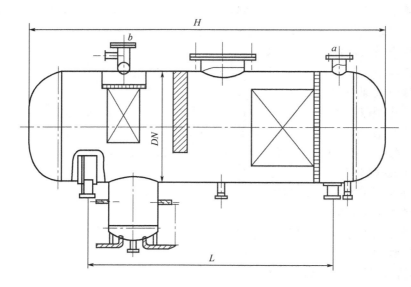

图 3-9　聚结器结构图

2. 低沸塔

低沸塔又称乙炔塔或初馏塔，是从粗氯乙烯中分离乙炔和其他低沸点馏分（如不凝性气体）的精馏塔。电石法氯乙烯的精馏塔若采用泡罩塔、浮阀塔等，分离效率较低、抗氯乙烯自聚能力较差，相同塔径的精馏塔处理气体的能力较小，操作弹性小，总体效果较差。在大型装置中，低沸塔多见用板式塔，目前使用的大多数是垂直筛板塔，能收到良好的效果。小型装置则以填料塔为主。

低沸塔主要由三部分组成：塔顶冷凝器、塔节和加热釜，如图3-10。为便于清理换热器列管及塔盘等部件，均采用可拆的法兰结构。

3. 高沸塔

高沸塔又称为二氯乙烷塔，或精馏塔，是从粗氯乙烯中分离出1,1-二氯乙烷等高沸物的精馏塔。在大型装置中，高沸塔多见用板式塔，小型装置则常用填料塔。

高沸塔要除去的高沸物的沸点与氯乙烯的沸点相差不大，不太容易除去，除去了高沸物的精氯乙烯由塔顶排出，塔釜则排出高沸物残液。高沸塔结构如图3-11，设备结构与低沸塔相类似，仅因其处理的上升气量大，高沸塔比低沸塔的塔顶冷凝器、加热釜换热面积和塔径都要大。

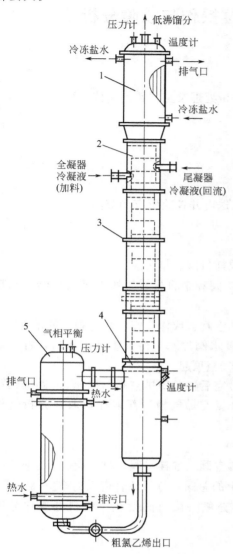

图 3-10　低沸塔结构

1—塔顶冷凝器；2—塔盘；3—塔节；

4—塔底；5—加热釜

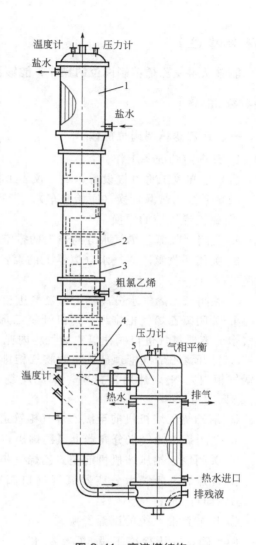

图 3-11　高沸塔结构

1—塔顶冷凝器；2—塔盘；3—塔节；

4—塔底；5—加热釜

【任务训练】

（1）详细叙述粗氯乙烯精馏工艺流程并画出不带控制点的流程简图。

（2）在处理氯乙烯精馏尾气时为何要采用变压吸附。

（3）简述影响精馏的主要因素。

（4）说出重要的工艺控制指标。

（5）简述高沸塔与低沸塔的结构区别。

任务三 氯乙烯精制岗位操作与故障分析

【任务描述】

能够从事氯乙烯精制岗位的操作;能够及时分析处理常见的精制岗位故障。

【任务指导】

一、氯乙烯精制岗位操作

1. 开车前的准备工作

(1) 通知电工将电气设备送电,仪表工将微机送电并校验所有调节阀。

(2) 系统的试漏置换(原始开车)。

① 氯乙烯气柜的置换

a. 关闭回收氯乙烯气水分离器上的排空阀、取样口阀、排污阀。

b. 关闭回收氯乙烯气水分离器上的氯乙烯出口阀和来自聚合工段、氯乙烯储存和精馏的所有阀门。

c. 关闭氯乙烯气水分离器上氯乙烯进口阀、排空阀、取样口阀、排污阀、补水阀。

d. 关闭氯乙烯气柜排污阀;打开氯乙烯气柜补水阀加水。待气柜加满水后,打开氯乙烯气水分离器氮气进口阀往氯乙烯气柜内充 N₂ 将气柜顶起。

e. 打开氯乙烯气柜顶部排空阀将气柜排空。排完后再关闭排空阀,打开 N₂ 阀继续往氯乙烯气柜内充 N₂,然后再排空,如此反复直至自氯乙烯气柜顶部取样口取样分析气柜含 $O_2 \leqslant 3\%$ 即可。

② 氯乙烯压缩机机前至氯乙烯气柜管道的置换

a. 关闭氯乙烯气水分离器上氯乙烯出口阀、排空阀、取样口阀、排污阀、补水阀。

b. 关闭氯乙烯压缩机机前至氯乙烯气柜管道上的总阀,打开该管道上的排空阀。

c. 打开氯乙烯气水分离器氮气进口阀充氮,充氮一段时间后从排空口处取样分析含 $O_2 \leqslant 3\%$ 即可。

③ 压缩精馏系统的试漏置换

(3) 确认空压冷冻工段 5℃冷冻水、-35℃冷冻水供水正常,打开所有换热设备(冷却设备)的夹套上水阀、排气阀,待各设备夹套充满水并自排气口流出水为止,关闭夹套排气阀,打开设备回水阀,并检查设备、管道有无漏点,然后停 5℃冷冻水、-35℃冷冻盐水,临近开车前通知冷冻进行降温(注意:开车前所有换热设备回水阀全部开启,进水阀应适当开启。冬季应适当开启 5℃冷冻水上水和回水阀,保证水系统循环,防止冻裂管道)。

(4) 打开低沸塔再沸器、高沸塔再沸器热水上水阀,通知氯乙烯转化岗位往精馏系统送热水,向低沸塔再沸器、高沸塔再沸器夹套内通入热水直至夹套排气口流出水为止,关闭排气阀打开回水阀,检查设备、管道有无漏点,然后关闭两台再沸器热水上水和回水阀(注意:冬季适当开启打循环,以防冻裂管道)。

(5) 正常开车前阀门状态的确认。

① 碱洗塔出口总管上的排空阀呈关闭状态。

② 氯乙烯气水分离器上排空阀、取样口阀、排污阀、补水阀呈关闭状态；氯乙烯气水分离器去氯乙烯气柜的氯乙烯出口阀呈开启状态。

③ 氯乙烯气柜上的手动排空阀呈关闭状态。

④ 回收氯乙烯气水分离器进气管道上的排空手阀呈关闭状态；进气阀及其进气总管道上来自聚合工段、精馏系统（含氯乙烯储存）的氯乙烯回收总阀均呈开启状态（注意：聚合工段至气柜的回收阀待聚合通知再开；精馏系统及氯乙烯贮罐至气柜的回收支管上的回收阀根据生产情况再开）。

⑤ 机后冷却器、机后油分离器的底部排污阀呈关闭状态。

⑥ 机前预冷器、机前除雾器的排污阀呈关闭状态。

⑦ 废水收集槽废水出口阀、排空阀、气相平衡阀（放废水时开启此阀）呈关闭状态。

⑧ 废碱罐的碱液进口阀、排污阀、回收阀、热水上水和回水阀均呈关闭状态（注意：冬季应适当开启热水上水和回水阀保持循环，以防管道冻裂）。

⑨ 压缩精馏系统各设备及管路放水阀、排空阀应呈关闭状态。

⑩ 尾排调节阀前后阀门及旁路阀应呈开启状态；尾排至变压吸附系统的尾气进气阀应呈开启状态。

⑪ 机后冷却器的氯乙烯进口、出口手阀应呈开启状态。

⑫ 全凝器的氯乙烯气进口手阀、下液阀、全凝至尾气冷凝器氯乙烯气相手阀应呈开启状态。

⑬ 尾气冷凝器（并联使用时）手动回收阀应呈关闭状态；氯乙烯进气阀、下液阀、不凝气出口阀呈开启状态。

⑭ 水分离器进液阀、气相平衡阀呈开启状态；出液阀呈关闭状态。

⑮ 低沸塔的氯乙烯进液阀呈关闭状态；至低沸塔冷凝器气相出口阀呈开启状态。

⑯ 低沸塔冷凝器的氯乙烯气相出口、下液阀呈开启状态。

⑰ 低沸塔回流罐的进液阀、气相平衡阀呈开启状态；出液阀呈关闭状态。

⑱ 高塔进料罐的气相阀呈开启状态；进液阀、出液阀呈关闭状态。

⑲ 高沸塔的氯乙烯进液阀呈关闭状态；至高沸塔冷凝器的氯乙烯气相阀呈开启状态。

⑳ 高沸塔冷凝器的氯乙烯回收阀呈关闭状态；下液阀呈开启状态。

㉑ 高沸塔回流罐的氯乙烯气相平衡阀呈开启状态；出液阀、回收阀呈关闭状态。

㉒ 高沸物储罐的进液阀、出液阀、回收阀呈关闭状态。

㉓ 精馏三塔气相阀、二氯乙烷液出口阀、来自三塔冷凝器的冷凝液回流阀呈关闭状态。

㉔ 二氯乙烷储罐的回收阀、进液阀、氮气进口阀呈关闭状态。

㉕ 成品冷凝器的氯乙烯进口阀、下液阀、与氯乙烯储槽的气相平衡阀呈开启状态。

㉖ 固碱干燥器的氯乙烯进液阀、出液阀呈开启状态；回收阀及固碱干燥器旁路阀、至废碱罐的碱液出口阀呈关闭状态。

㉗ 氯乙烯储罐的进液阀、平衡阀气相阀呈开启状态；出液阀、回收阀、N_2 气进口阀呈关闭状态。

㉘ 做好压缩机启动前的准备工作：打开氯乙烯压缩机循环水上水、回水阀（注意：冬季应适当开启，保证水系统循环，以防冻裂水管）；打开氯乙烯压缩机出口阀；关闭压缩机

回流阀旁路阀；打开压缩机回流阀前后手阀。

㉙ 将所有调节阀切换为手动关闭状态；将所有安全阀和调节阀前后手阀打开；将所有调节阀的旁通阀关闭。

注意：原始开车可先开低沸塔系统，让氯乙烯气不进低沸塔冷凝器，而直接进入尾气冷凝器，以便低沸塔系统尽快完成置换。然后开高沸塔等后续系统，从氯乙烯储罐不断打回收，将系统中的大量氮气置换干净，使精馏系统短时间内能正常运行，故可根据实际情况将各种阀门进行灵活使用。

（6）等待氯乙烯转化通知开车。

2. 压缩精馏岗位正常开车操作

① 确认冷冻5℃冷冻水、−35℃冷冻水供水正常，确认机前冷却器、机后冷却器、全凝器、成品冷凝器、低沸塔冷凝器、高沸塔冷凝器、尾气冷凝器冷却水阀开启度，适当小流量循环。

② 接到氯乙烯转化开车通知后，打开送氯乙烯气柜的总阀，观察氯乙烯气柜高度及上升速度。

③ 待氯乙烯气柜升3000mm，启动压缩机正常运转后，打开压缩机进气阀往系统送气（注意：应根据氯乙烯转化岗位氯化氢和乙炔流量决定压缩机开启数量）。

④ 当水分离器液位上升至50%时，打开出液阀，启动低沸塔进料泵运转正常后，开启泵后出液阀、低塔进液阀向低沸塔塔内进料。

⑤ 低沸塔液位达到20%时，逐渐开启低沸塔再沸器热水进水阀；适当调节尾冷−35℃冷冻盐水调节阀进行尾冷降温，保持低塔系统压力均匀提高。

⑥ 待低塔系统压力升至0.52MPa左右时，打开尾排调节阀并手动调节尾排压力维持在0.52MPa。

⑦ 调整低沸塔冷凝器的5℃冷冻水阀和低沸塔再沸器热水阀，保持低塔压力缓慢均匀提高。待低塔釜液面达到50%时，适当调整开大低塔热水循环量及低沸塔冷凝器5℃冷冻水循环量。当低沸塔回流罐液位上升至20%～30%时，打开低沸塔回流泵的氯乙烯液进口阀，启动低沸塔回流泵运转正常后开启泵后出液阀向低塔内进料。调整回流量，保证低塔压差。

⑧ 待低沸塔液位达到50%时，打开低塔再沸器的过料阀，向高沸塔进料罐进料。待高沸塔进料罐液位上升至50%时，打开过料阀稳定手动向高塔过料，将低塔液位控制在总液面的1/2～2/3，并通知分析工取过料样。

⑨ 当高沸塔有20%液面后，适当开启高沸塔再沸器的热水阀和开大高沸塔冷凝器的5℃冷冻水阀。当高沸塔回流罐液位上升至20%～30%时，打开高沸塔回流泵进液阀，启动高沸塔回流泵运转正常后开启泵后出液阀，向高塔内稳定进料。维持高塔液面在总液面的1/2～2/3，并调整成品冷凝器的冷却水阀开启度，维持高塔压力在规定的范围内（0.3～0.35MPa）。待成品冷凝器有液化氯乙烯液体时，会由成品下液阀及管道将氯乙烯液体输送到固碱干燥器脱水，脱水后的氯乙烯液体靠位差输送至氯乙烯贮罐。

⑩ 根据氯乙烯压缩机机后温度逐步调整机后冷却器冷却水自动调节阀的开启度，使机后温度达标。

⑪ 打开氯乙烯贮罐上至氯乙烯气柜的回收阀，将氯乙烯贮罐、成品冷凝器及高塔内的不凝性气体回收至氯乙烯气柜，维持系统压力在操作范围内；也可自成品冷凝器顶部或高沸塔顶部适当排空。

⑫ 根据系统稳定情况，逐步将尾排阀、低塔釜过料阀、低塔回流阀、低塔冷凝器冷却水阀、高塔回流阀、高塔冷凝器冷却水阀、全凝器冷却水阀、低塔釜热水阀、高塔釜热水阀、尾冷冷冻水调节阀、成品冷凝器水阀、机后冷却器水阀、氯乙烯压缩机回流阀逐步切换为自动操作，并观察各工艺指标稳定情况。

⑬ 待生产正常后，及时作好原始记录。

3. 压缩精馏临时停车操作

① 接氯乙烯转化停车通知后，根据氯乙烯气柜高度将气柜抽至 800～1000mm 时，停压缩机。

② 将微机上变压吸附原料气调节阀切换为手动关闭状态，并关闭尾气调节阀及前后手阀，以防自控阀内漏泄压。

③ 停低沸塔进料泵，关闭泵进出液阀。将过料阀切换为手动操作，在保证低塔顶温度的前提下手动过料将低塔内料过空，然后关闭过料调节阀及现场低塔过料的第一道阀门。

④ 停低沸塔回流泵、高沸塔回流泵，并关闭泵进出液阀。关闭高低塔再沸器热水阀。

⑤ 根据停车时间长短决定是否停热水泵。

⑥ 将精馏的其余调节阀切换为手动关闭状态。

⑦ 停 5℃冷冻水及－35℃冷冻盐水。

⑧ 仍要巡回检查，并对氯乙烯贮罐放水。

⑨ 通知有关系统及调度，压缩精馏已停车。

4. 压缩精馏岗位紧急停车

① 迅速切断压缩机电源。

② 将压缩机负荷卸下，关闭压缩机进出口阀。

③ 同其他岗位联系，精馏紧急停车。

④ 关闭尾排调节阀及前后手阀，保持系统内压力。

⑤ 关闭低塔往高塔过料第一道阀门。

⑥ 关小低塔、高塔再沸器热水调节阀。

⑦ 将其他所有调节阀切换为手动关闭状态。

⑧ 汇报调度，等待通知开车。

5. 压缩精馏系统正常长期停车操作

① 接氯乙烯转化停车通知后，将气柜抽至 800～1000mm 时，停压缩机。

② 视系统压力将尾排切换为手动控制。

③ 关闭机后冷却器出口阀，以及机后冷却器冷却水上水、回水阀。

④ 低塔过料阀切换为手动，在保证低塔顶温度的情况下手动将低塔料过空，关闭低塔过料调节阀。根据需要，高塔热水阀切换为手动操作将高塔内单体蒸空回收至气柜内。塔内料少时，将高塔内单体排空。

⑤ 停 5℃冷冻水及－35℃冷冻水，通知热水泵房关闭往压缩精馏去的热水阀。

⑥ 将微机所有调节阀切换为手动关闭状态。

⑦ 将全器、尾冷、水分离器、机后内水放净，根据需要可分段将精馏系统内液相氯乙烯回收至废碱罐进行回收，气相回收至气柜。

⑧ 视情况与聚合联系，送空氯乙烯贮罐内单体。

6．正常操作

① 及时进行现场与微机压力、液面的对照。

② 根据单体质量及时调整低塔顶温度，并保证精馏塔回流量。

③ 接班应详细检查系统温度、压力，各自控仪表及尾排指标、单体质量等情况，班中应对上述情况定期进行巡回检查。

④ 及时对精馏系统进行放水，包括机前、机后、气柜、水分离器、单体贮罐等设备。

⑤ 低沸塔系统的压力必须保持稳定，若发现自控仪表故障而有较大波动时，及时找仪表工处理，先切换为手动操作，处理好后再切换为自动操作。

⑥ 当低塔过料取样含乙炔超标时，应先开大低塔釜热水阀，提高低塔顶温度，同时手动减小过料量，待塔顶温度升高至规定范围后，再缓慢关小塔釜的加热阀，并开大过料至液面正常后切换为自动。

⑦ 控制好高塔釜温度，及时排放高沸物残液，放残液时切忌猛开猛关。

⑧ 在切换单体贮罐时，尽量不使系统压力波动，可将单体贮罐平衡阀缓慢打开一部分，使贮罐压力缓慢与系统压力平衡后，方可开足平衡阀，并打开单体贮罐上的成品进料阀投入运转。

⑨ 单体泵的过滤器应定期清理和更换滤网。

⑩ 加强压缩机的巡检，保证压缩机的正常运行。

⑪ 注意作好原始记录。

二、氯乙烯精制设备操作

1．水洗闭路循环酸泵、碱泵、热水泵、单体泵（精馏）操作

（1）开车前的准备工作

① 检查设备、管道、阀门、仪表是否齐全，符合要求。

② 检查各泵的地脚螺栓是否松动，各阀门有无泄漏。

③ 盘动联轴器，试电机运转方向，运转有无杂音。

④ 启动酸泵使水洗闭路循环系统试循环，并查漏。

⑤ 检查各泵油液面，清洁泵上杂物。

⑥ 检查冷却水路是否畅通，水量是否满足要求。

⑦ 浓碱槽打碱，循环槽加碱、加水配置碱液为：水：碱＝1：1。

⑧ 打开碱循环槽出口阀及碱泵进口阀，启动碱泵，并打开泵的出口阀，碱洗塔的进碱阀，试循环、查漏，正常时停碱泵待开车。

⑨ 向闭路循环稀酸石墨冷却器送5℃冷冻水，检查循环情况。

⑩ 将生产水送至闭路循环调节阀组。

（2）水洗闭路循环酸泵、碱泵、热水泵、单体泵开车操作

① 检查泵的油位。

② 盘动联轴器。

③ 点泵检查电机运转方向。

④ 打开泵的机械密封冷却水阀。

⑤ 打开泵的进口阀。

⑥ 启动电机。

⑦ 打开泵的出口阀（必须在电机启动后 3min 之内打开）。

⑧ 观察电流、压力是否正常。

（3）水洗闭路循环开车操作

① 确定送 5℃ 冷冻水，开启闭路循环稀酸石墨冷却器夹套的上水、回水阀。

② 接氯化氢工段送 HCl 通知后，开如下阀门：水洗塔流量计进水阀、出水阀、水洗闭路循环稀酸石墨冷却器的进出口阀、稀酸入分配台的阀门、酸泵入口阀、水洗直排阀、现场水洗塔液位调节阀的前后手阀，并将微机上水洗液位调节阀切换为自动状态。

③ 启动酸泵，缓慢打开泵的出口阀，调节系统压力 ≤0.3MPa。

根据水洗酸水温度调节直排阀开启度，将酸性水回收。

④ 转化主控通知配乙炔后，打开泡沫塔流量计出水阀，缓慢打开泡沫塔流量计的进水阀，开始进行分流，并根据氯乙烯合成流量适当进行调整后，关闭直排阀。

⑤ 调整水洗塔流量，与主控联系使闭路循环正常运行。

（4）正常操作　热水泵正常操作如下。

① 经常查泵运行情况，冷却水、压力、电流、热水温度、油液面等情况。

② 及时与转化、精馏主控联系，保持热水供应。

③ 控制泵的出口压力 0.15～0.45MPa，注意轴承温度不允许超过极限温度 85℃。

（5）碱泵正常操作

① 经常查泵运行情况，冷却水、盘根、油液面等情况。

② 控制压力 0.15～0.3MPa。

③ 注意调整碱循环量，以防液封和断流。

④ 根据碱样及时洗槽、配碱，防止结晶、过酸、减少碱的浪费。

酸泵正常操作：注意检查电机温度、异常响声、冷却水等情况。

水洗闭路循环正常操作如下。

① 注意观察石墨冷却器 5℃ 冷冻水循环情况，经常检查泵出口管、流量计发热情况以及水洗塔液面，判断系统补水及冷却情况是否正常。

② 根据流量大小，反应后 HCl 含量，及时调整泡沫脱酸塔分流量，保证水洗指标及泡沫塔下酸浓度。

③ 经常自测检查，保证系统正常运行。

单体泵正常操作如下。

① 经常查泵运行情况，冷却水、油液面等情况。

② 控制压力 0.6～0.8MPa。

③ 注意调整单体循环量，以防淹塔和断流。

（6）停车操作　热水泵、碱泵、酸泵、单体泵停泵操作如下。

① 关闭泵出口阀。

② 停电机。

③ 关闭泵的进口阀，视情况停冷却水。

④ 冬季若停车时间长，应从泵的放净口将泵内积水排空，以免结冻损坏设备。

（7）水洗闭路循环停车操作

① 接氯乙烯合成通知后（指停乙炔后），关闭泡沫塔的分流阀（即流量计的上水、出水阀），打开水洗直排阀，使水洗酸性水回收。

② 接主控通知停 HCl 后，关闭酸泵的出口阀，停泵，再关闭泵的入口阀，关闭水洗的直排阀。

③ 转化主控将水洗液位调节阀切换为手动关闭状态，转化巡检关闭现场水洗补水调节阀前后阀门，以防内漏。

（8）碱洗塔换碱操作　当分析数据 Na_2CO_3 接近 10%（冬季接近 8%），NaOH 接近 5% 时，需洗槽换碱。

① 将碱泵出口分配台往污水池的分流阀打开。

② 打开另一台备用碱液循环罐碱液气相平衡阀、碱液出口阀，关闭停用碱液循环罐碱液出口阀。

③ 关闭碱泵出口分配台往污水的分流阀。

2. 无油立式真空泵开、停机操作

（1）开机前的准备工作

① 检查真空泵进气管路上法兰、接头、阀门，不得漏气。

② 曲轴箱内加入足够的清洁润滑油，油位应在上、下油位线之间。

③ 关真空泵进气管阀。

④ 开真空泵循环阀。

⑤ 打开真空泵出口排气阀。

⑥ 打开真空泵冷却水进、出口阀。

⑦ 手盘皮带轮数转，无异常后启动。

⑧ 打开氮气进、出口阀，保持真空泵内氮气压力在 0.02～0.035MPa 之间。

（2）开机操作

① 启动真空泵，检查真空泵的旋向必须与皮带罩上所标一致。

② 缓慢开启真空泵进气阀，然后关闭循环阀。

③ 泵运转中若有冲击声，应停机检查、调整和修理。

④ 泵在运行中，应注意是否有油压。

⑤ 冷却水出水温度不超过 40℃。

（3）停机操作

① 关闭泵进气阀。

② 打开泵循环阀。

③ 停真空泵。

④ 关闭真空泵循环阀、出口阀。

⑤ 在停机 10min 后，关闭冷却水进、出水阀。

⑥ 冬季若长时间停机，应关冷却水进、出口阀，并将泵内的冷却水放净，以防冻裂汽缸、填料箱、水管等；若短时间停车，应只将泵冷却水进口阀关小即可。

⑦ 真空泵若长期停止使用，在停机时趁热放净润滑油、冷却水，并用洁净的润滑油冲洗曲轴箱后将油放出，再注入新油用手动转皮带轮几转，泵的各孔口用塑料布包扎好，防雨水、灰尘等物进入，放松皮带，将泵放在通风、干燥和无腐蚀性气体的遮盖场所。

3. 固碱干燥器排污、废碱罐回收操作

① 微开废碱罐回收阀，使得气体能通过即可。

② 适当开启固碱干燥器底部排污阀。

③ 排 2～5min 后，关闭固碱干燥器底部排污阀。

④ 打开废碱罐夹套热水出口阀。

⑤ 打开废碱罐夹套热水进口阀。

⑥ 废碱罐内无压力时，关闭废碱罐夹套热水进、出口阀（注：冬季应关小废碱罐夹套热水进、出口阀，以防冻裂管道）。

⑦ 关闭废碱罐回收阀。

4. 固碱干燥器的换碱操作

① 打开固碱干燥器氯乙烯进、出口的旁路阀。

② 关闭固碱干燥器氯乙烯进口阀。

③ 关闭固碱干燥器氯乙烯出口阀。

④ 打开固碱干燥器上的回收阀。

⑤ 打开固碱干燥器上的热水回水阀、热水上水阀。

⑥ 固碱干燥器内无压力时，关闭固碱干燥器夹套热水进、出口阀（注：冬季应关小集碱罐夹套热水进、出口阀，以防冻裂管道）。

⑦ 关闭固碱干燥器回收阀。

⑧ 打开固碱干燥器放空阀。

⑨ 给固碱干燥器内充氮气置换 10～20min 后，停止充氮。

⑩ 充氮合格后，可打开人孔盖加碱。开人孔盖前，首先对容器进行检查，物料的进出口阀门确认处于关闭状态，排污阀必须处于开启状态，不得关闭。开人孔盖时，确认容器的压力表显示为"0"或者微正压，然后进行人孔盖螺丝拆除，首先拆除人孔固定轴两边的螺丝（如果人孔盖没有固定轴，则拆除螺丝时对角各留 1～2 道螺丝），固定轴对角必须剩余 1～2 道螺丝先不拆除，先将对角的螺丝松开一半左右，用撬棍轻轻将人孔盖撬起，使人孔盖与容器有一定间隙，确保容器内气体与大气相通，确认容器内无压力后，拆除对角螺丝，将人孔盖完全打开。打开人孔盖后，通知分析人员分析容器内是否置换合格，如有易燃易爆有毒有害气体超标，必须检查各阀门关闭情况进行处理，并进一步置换，确认无误合格后，方可通知有关人员进行作业。合人孔盖时，再次进行分析，确认容器内没有有毒有害易燃易爆气体超标，检查容器的排污阀处于开启状态，确认无误后方可合人孔盖。人孔盖拆装必须由当班人员负责。

⑪ 装入固碱。

⑫ 上好固碱干燥器上封头的人孔法兰备用。

5. 废碱罐的排污操作

① 打开废碱罐上氮气进口阀充氮，待罐内压力升至 0.2～0.3MPa 时，关闭氮气阀。

② 打开废碱罐底部排污阀进行排污，废碱罐内碱液排放至液位的 1/5 时关闭排污阀。

6. 高沸物的操作处理

高沸物（主要成分二氯乙烷）理化性质及防范措施：无色透明；相对分子质量 98.97；相对密度：1.25；难溶于水，溶于乙醚和乙醇，加热可分解光和气。对人体影响，对眼和呼吸道有刺激作用，吸入可引起肺水肿，并能抑制中枢神经系统，刺激肠胃道并引起肝、肾和肾上腺损害。慢性中毒表现为中枢神经系统，肠胃道、肝、肾损害。

为了确保高沸物在盛装、拉运、焚烧三个环节的安全工作，特制定以下措施：高沸物的盛装、拉运、焚烧必须有所属装置统一进行管理。

① 盛装高沸物时必须指定专人负责，并且佩戴相应的防护用品。

② 在盛装高沸物时，必须禁止周围车辆通行，并且在周围 50m 以内严禁动火。

③ 盛装高沸物不得超过容器的 80％，盛装完毕后立即拉出去，不允许在场长时间存放。

④ 拉运车辆必须符合化学危险品贮运相关的要求，否则不允许拉运。

⑤ 拉运人员必须要进行安全教育，了解高沸物的特性并懂得使用劳保用品和防火器材。

⑥ 拉运过程中，要指定具备一定安全知识和经验的人员随车监护，拉运途中要远离有明火存在的地方。

⑦ 对每次盛装、拉运、工作有详细的记录。

三、精制岗位不正常现象原因及处理

精馏岗位异常现象较多，具体原因和应对策略见表 3-4 所示。

表 3-4　精馏岗位常见异常现象及处理对策

现　象	异常原因	处理对策
碱塔温度升高	转化流量配比不好,HCl 过量太多	与转化及时联系调节排比,控制转化后氯化氢在 7％～11％
	水碱洗水量偏小	调节水量
	水碱洗封塔	减小水量、关小循环量
	酸浓度过高	及时打酸
一级进口压力低或负压	合成系统流量下降	减少排气量
	气柜或水分离器集水	排除集水
	碱塔堵塞	洗塔
	精馏回收带液	与精馏检查塔回收情况
二级出口压力波动或偏高	机后设备集液	排除集水
	精馏尾排放空波动,低沸塔压力波动	与精馏联系,是否低塔有憋压的现象
一级出口压力升高	一级活塞环弹性下降 二级进口簧片或弹簧损坏	停机联系维修人员进行检维修处理
压缩机温度升高	冷却水量小或断水	调整水量或停车
	机内润滑不好	补加润滑油
	中间冷却器换热效果差	停机清理中间冷却器
	循环水温高	停车检修
压缩机声音异常	管道安装不稳;机内零件松动 汽缸内有簧片 汽缸磨损,簧片或弹簧损坏	立即停机 联系维修进行检维修处理
单体含乙炔高	合成乙炔过量或转化率差	与合成系统联系,控制好转化后总管样
	低塔顶温度低	调整温度
	压缩机送气量剧增	与压缩联系,平衡送气量
	低塔釜温度过低	调节热水量
	氯化氢纯度低	与调度联系

现　象	异常原因	处理对策
低塔压力突然升高	尾气放空阀故障	开旁路 联系仪表处理
	−35℃盐水泵跳闸	联系调度
	切换吸附器时未打开阀门	检查吸附器阀门
	切换尾冷时开错阀门	到现场检查尾冷阀门
低塔系统压力突然下降	尾排自控阀故障	联系仪表处理尾排自控阀
	压缩机跳闸	核实压缩机是否跳闸
尾气放空量增大	压缩机送气量剧增	通知压均匀送气
	氯化氢纯度低,转化率差	与合成转化系统联系,原料气压力、纯度是否有波动
	尾排自控阀结冻或尾气冷凝器结冻	联系调度升高盐水温度
	低塔蒸发量过大	调节低塔釜温度设定值
	尾气放空阀故障	联系仪表处理
尾排带液或吸附器带液	尾冷下料管堵	用蒸汽吹扫或检修
	尾冷冻结	切换化冰
	切换尾冷时未开下料阀	检查阀门
	低塔蒸发量过大	调节低塔釜温度设定值
高塔压力突然升高	下料单体槽满	切换下料槽
	未开成品下料或平衡	检查阀门
	塔内有不凝气体	开成品回收
	盐水跳闸或自控阀故障	联系调度或仪表
高塔液位难蒸	再沸器传热效果差	停车检修
	回流量大	调整回流量
	塔釜温度低	调整热水设定值
	成品冷凝效果差	调整盐水温度、压力及流量
塔釜液面不稳	循环水量、水温不够	控制一定进水量和稳定温度
	尾气排空量不够	连续排空,保持压力平稳
	塔顶冷凝器温度不稳	控制冷冻水量和温度平稳
塔釜液面稳定,但单体质量差	物料在塔中回流量小	加大回流量
	物料在塔中蒸发量小	提高塔釜温度
	塔釜温度低	提高塔釜温度
	低沸塔进料温度低	适当减少全凝器的冷冻水量
	低沸塔塔顶或尾气冷凝器温度太低	提高温度
	循环水温低,循环量不稳	提高水温,加大循环
	乙炔转化率低	加强合成控制
尾气冷凝器温度低,但氯乙烯排空量增大	尾气凝器结冰堵塞	倒换尾气冷凝器
	粗氯乙烯纯度低	通知转化岗位找原因
	全凝器温度高	降低全凝器温度
	低塔蒸发量过大	调整塔釜蒸发量

续表

现　象	异常原因	处理对策
成品冷凝器下料不均匀或间断下料	下料平衡管堵塞、失灵	检查并疏通堵塞
	下料管有堵塞现象	停车检查并处理
	成品冷凝器压力波动大	调整系统压力,严格控制压力稳定
低沸塔积料	塔内自聚物堵塞	停车处理
全凝器温度高	5℃冷冻水温度高或压力低	通知空压冷冻工段调整盐水温度或提高压力
	盐水进出口不畅通	检查进出口阀门
盐水内漏入氯乙烯	冷凝器设备列管渗漏	各台冷凝器排查确认后,更换冷凝器或堵管
吸附塔吸附压力突然降低	进装置的原料气体流量突然变小	因流量变小,则不需处理
吸附塔吸附压力曲线长时间无变化	开车后,"暂停"状态未解除	"暂停"设置为"运行"状态
鼓风机出口压力低	鼓风机后冷却器出口排空阀未关闭	关闭鼓风机后冷却器出口排空总阀
变压吸附装置运行过程中净化气无法排出系统	净化气排空总管上的总阀未开启或止回阀芯脱落	开启净化气排空总管上的总阀或停车处理止回阀
变压吸附装置运行过程中突然自动停车	原料气温度低	原料气先排空,(待原料气温度稳定回升后再开车);检查原料气加热器热水上水、回水阀及热水管道,并按实际情况具体处理;检查热水供水量、热水温度,根据实际情况增加热水供给量或提升温度
	鼓风机停运行	检查鼓风机停运原因;排除鼓风机故障;根据实际情况开启鼓风机
	"连续抽空"时,真空泵停运行	检查真空泵停运原因;排除真空泵故障;根据实际情况开启真空泵

四、精制岗位事故及处理

1. 开停压缩机时缸盖垫子冲破,压缩机氯乙烯泄漏

(1) 操作工迅速戴好防毒面具切断电源,关闭压缩机出口阀,打开回流阀,待压力泄完后关闭压缩机进口阀及回流阀。

(2) 其他操作人员迅速戴好防毒面具,打开窗户进行通风。班长负责现场监护,制止周围动火,同时向调度汇报,并通知班长及装置相关人员。

(3) 待压缩房空间含氯乙烯浓度合格后,由维修人员进行设备检修。

2. 压缩机正常运转时缸盖垫子冲破,压缩机氯乙烯泄漏

(1) 迅速切断电源,通知岗位人员。

(2) 迅速戴好面具关闭出口阀。

(3) 班长和其他人员得知后,班员负责打开窗户通风,班长负责现场监护,制止周围动火,同时向调度汇报,并通知班长及装置相关人员。

(4) 待压缩房空间含氯乙烯浓度合格后,由维修人员进行设备检修。

3. 压缩机机后管道泄漏

（1）压缩人员通知调度该系统转化停车。

（2）操作工迅速戴好防毒面具切断电源，停压缩机，关闭压缩机出口阀，打开压缩机机后回收迅速泄压。

（3）待压缩机停止运行后，精馏操作人员将进全凝器阀门关闭，系统互串阀关闭与其他系统隔绝。

（4）其他操作人员迅速戴好防毒面具，打开窗户进行通风。班长负责现场监护，制止周围动火，同时向调度汇报，并通知班长及装置相关人员。

（5）其他人员接消防水向泄漏源冲水，区域戒严。

（6）待管线压力泄完后，压缩房空间含氯乙烯浓度合格后，由维修人员进行设备检修。

4. 单体储槽精单体大量泄漏

（1）事故发生后，操作工立即到就近岗位打电话通知调度（要求调度通知消防科进行全厂戒严）及装置相关人员，汇报清楚事故点，所有人员得到通知后赶到现场，按事故预案进行处理。

（2）当班班长佩戴好防护用品切断泄漏源（开大过料阀、关闭下料阀、气相平衡阀、开回收阀，待槽压泄至 0.2MPa 时关闭过料阀），将泄漏储槽与系统断开，同时人员要迅速佩戴好防护用品到现场，在罐区外监护班长操作。

（3）如十万吨单体槽泄漏，联系聚合二装置确认单体计量槽液位，启动送料泵倒槽，向泄漏源冲水。

（4）同时做好戒严工作，戒严人员及时制止现场动火，作业，禁止车辆通行，现场作业人员关闭手机。待泄漏得到控制以后，关闭回收阀，更换阀门，清理现场，同时要佩戴好相应的防毒面具。

（5）清理完毕后分析空间浓度，氯乙烯含量小于 1% 后通知调度戒严结束，联系开车恢复生产。

五、精制岗位的安全注意事项

1. 生产过程中的主要职业危害种类及原因

生产过程中的主要职业危害有燃烧、爆炸、中毒和化学灼伤以及噪声、机械伤害和触电等。

职业危害原因如下。

（1）原、辅材料，中间体、产品和副产品均属有毒、有害、易燃或助燃、易爆类物质，当设备、管线发生泄漏，停车检修或操作失误时，这些物料有可能进入环境、人体有可能与这些物料接触，而导致火灾、爆炸、中毒、冻伤、灼伤等事故。

（2）生产过程涉及高温，中压操作条件，操作失误时存在燃烧，爆炸的潜在危险性和烫伤可能。

（3）生产装置中有较多的转动设备和电气设备，如压缩机、泵等，它们有可能产生噪声和振动，甚至机械伤害、触电等危害。

2. 有害物质的特性

主要物料危害特性如表 3-5 所示。

表 3-5　主要物料危害特性表

序号	物质名称	主要危害	爆炸极限/%	最高容许浓度/(mg/m³)	接触毒物分级
1	二氯乙烷	易燃、易爆、有毒	6.2～15.9	25	Ⅱ级(高度危害)
2	氯乙烯	易燃、易爆、有毒	3.6～22	30	Ⅰ级(极度危害)
3	烧碱	腐蚀、灼伤	—	0.5	Ⅳ级(轻度危害)

（1）氯乙烯（VCM、产品）　氯乙烯通常由呼吸道进入人体内，较高浓度能引起急性中毒，呈现麻醉前期症状，有眩晕、头痛、恶心、胸闷、步态蹒跚和丧失定向能力，严重时可致昏迷。慢性中毒主要为肝脏损害、神经衰弱症、肠胃道及肢端溶骨症等综合征。急性中毒时应立即移离现场，呼吸新鲜空气，必要时进行人工呼吸或输氧。当皮肤或眼睛受到液体氯乙烯污染时，应尽快用大量水冲洗。

车间操作区空气中氯乙烯最高允许浓度为 $30mg/m^3$，而人体凭嗅觉发现氯乙烯有味时，其浓度约在 $1290mg/m^3$，比标准高出 40 多倍，因此凭嗅觉检查是极不可靠的，应定期检测车间操作区氯乙烯含量，发现超标时，应采取有效防治措施，减少污染改善劳动环境。

（2）烧碱　固体烧碱（NaOH）易溶于水而形成烧碱溶液，烧碱溶液有强腐蚀性，并引起灼伤。

（3）二氯乙烷（副产物）　二氯乙烷为无色或浅黄色透明中性液体，易挥发，有毒，闪点 21℃，易燃，易爆，其蒸气与空气的爆炸极限为 6.2%～15%（体积）二氯乙烷对黏膜有刺激作用。可引起角膜混浊、肺水肿、肝、肾等疾病，皮肤接触能引起皮炎。

3. 氯乙烯的爆炸性能及防范措施

（1）氯乙烯的燃烧爆炸性能　氯乙烯在常温常压下为无色气体，比空气重一倍，有一种麻醉性的芳香气味。氯乙烯的沸点 −13.9℃，凝固点 −159.7℃，纯的氯乙烯加压到 0.49MPa（5kgf/cm²）以上时，可用工业水冷却，得到比水略轻的液体氯乙烯。由于氯乙烯分子中氯原子与双键之间产生电子结构上的共轭作用，增加了 C−C 键和整个氯乙烯分子的化学稳定性。

表 3-6　充氮、二氧化碳后氯乙烯爆炸浓度范围　　　　　　　　　　单位:%

项目	充入氮		充入二氧化碳	
混合物冲入	20	40	20	30
氯乙烯混合爆炸	4.2～17.1	4.7～8.2	4.5～11.8	5～8.2

但氯乙烯在易燃易爆性质上仍然是比较活泼的。氯乙烯与空气形成爆炸混合物范围 4%～22%。氯乙烯与氧气形成爆炸混合物范围是 3.6%～72%。在氯乙烯与空气混合物中冲入氮气或二氧化碳可缩小其爆炸浓度范围，如表 3-6 所示。

当氮气>48.8%和二氧化碳>36.4%时，不会产生氯乙烯与空气爆炸混合物。

液态氯乙烯不论是从设备或从管道向外泄漏，都是十分危险的，一方面它遇到外界火源会引起爆炸起火；另一方面由于它是一种高绝缘性液体，在压力下快速喷射会产生静电集聚而自发起火爆炸，因此防止氯乙烯泄漏十分重要，在输送液态氯乙烯时宜选用低流速，并将设备及管道进行防静电接地。

（2）氯乙烯防火防爆措施　氯乙烯在空气的爆炸范围下限较低，因此氯乙烯泄漏在空气中形成混合爆炸性气体危险性很大。造成氯乙烯空间爆炸主要原因是氯乙烯泄漏到空气中形成混合爆炸性气体，由于打火或静电等因素所致。

氯乙烯泄漏原因及预防措施如下。

① 氯乙烯合成分馏尾气排空氯乙烯含量过高或发生夹带液体氯乙烯（简称尾气带料），产生尾气带料主要原因如下。

a. 分馏操作控制不当，或尾凝器下料冻结或堵塞。

b. 尾凝器冻结堵塞冷却效率降低。

预防措施如下。

a. 严格控制操作，坚持巡回检查，及时发现问题及时处理。

b. 尾凝器定期停用化冰，以防影响冷却效果。

② 氯乙烯压缩机泄漏

氯乙烯压缩机主要是拉杆及轴头漏气造成污染，易发生危险。其预防措施为：坚持氯乙烯压缩机定期检修，并注意检修质量。

③ 分馏系统压力过大，设备及管路垫裂泄漏氯乙烯。其预防措施如下。

a. 定期检查及更换设备及管路垫，严禁使用胶垫。

b. 坚持巡回检查制，发现问题及时处理。

c. 严格操作保持分馏压力平稳。

【任务训练】

（1）对常见故障能及时有效处理，保障工段的安全运行。

（2）能够进行主要设备的操作，如水洗闭路循环酸泵、碱泵、热水泵、单体泵的操作。

（3）高沸物有何种危害？工厂中如何处理高沸物？

（4）如何处理氯乙烯泄漏的各种情况？

（5）对于氯乙烯的燃烧爆炸性质，应该采取的预防措施。

案例分析

乙炔与氯化氢合成氯乙烯及其净化压缩过程中，如操作不当会产生各种安全事故。

【案例1】 事故名称：转化器管道着火

发生日期：1992年4月。

事故经过：某厂转化器因扩建而临时停车。拆出口总管盲板时，法兰橡皮垫床被吸入管道内，一时无法取出，操作工即焊接一根长钩插入总管内，结果遇到管内氯乙烯气体，立即着火。后来及时从转化器上盖充入氮气，排出了乙炔和氯乙烯，才将火焰扑灭，未造成更大事故。

原因分析：转化器停车温度下降产生负压，将盲板橡皮床吸入管道内。因未排出管道内的氯乙烯气，焊接长钩子也未冷却，故遇到氯乙烯气体，立即燃烧。

教训：焊后物件需冷却，管道内取异物时也需用氮气进行排气。

【案例2】 事故名称：氯乙烯气柜抽瘪

发生日期：2004年5月1日。

事故经过：某厂氯乙烯压缩机操作工在岗上睡觉，使300m³气柜严重抽瘪，造成停车检修。

原因分析：操作工违反劳动纪律，上班"睡岗"。

教训：氯乙烯气柜高度应控制在 15%～85%。当班工人应严格遵守劳动纪律。

【案例 3】事故名称：混合器爆炸

发生日期：1982 年 2 月 15 日。

发生单位：柳州某厂。

事故经过：因氯化氢中含游离氯过高，引起混合器爆炸燃烧。

原因分析：氯化氢气体中含游离氯过高，其中氯与乙炔气发生反应产生氯乙炔，引起爆炸。

教训：(1) 混合器装自动测温仪和报警仪；

(2) 加强操作人员责任心。

【案例 4】事故名称：乙炔调节阀爆炸

发生日期：1998 年 10 月 18 日。

发生单位：湖南某厂。

事故经过：15 时 14 分左右，10 号氢气泵因外线电压波动引起跳闸，此时氢气压力由 7.7178×10^4 Pa 下降至 1.6965×10^4 Pa 氢气流量由 2240m³/h 下降至 1000m³/h。当班工人立即关闭 10 号泵入口、出口阀门，并启动 1 号泵。此时，氯化氢流量由 1200m³/h 突然降至 500m³/h，氯化氢压力由 4.4129×10^4 Pa 降至 $1.9613 \times 10^4 \sim 2.141 \times 10^4$ Pa，随即将乙炔流量由 1000m³/h 调至 300m³/h。约 2min 后，氯化氢流量上升到 1100m³/h 左右，于是一名操作工将乙炔流量调至 900m³/h 左右，此时，合成控制室外的乙炔调节阀爆炸着火，事故前后只有 4min。这次爆炸事故死亡 3 人，重伤 2 人。

原因分析：(1) 在氢气泵跳闸引起氯化氢流量突然性降、升波动过程中，造成氯化氢合成炉的氯、氢比例失调，含游离氯过量的氯化氢送往聚氯乙烯合成工序，聚氯乙烯合成控制室操作工在调整乙炔流量的降升时，引起含游离氯过量的氯化氢气体经混合器反窜到乙炔调节阀管段，当乙炔流量调到 900m³/h 时，大量乙炔与游离氯接触，进行急剧化学反应，生成氯乙炔，致使乙炔管内压力剧增而发生爆炸着火。

(2) 自 1982 年以来在聚氯乙烯生产装置改、扩建设计安装工作中，只考虑到集中控制调节的方便，对乙炔调节阀在突然情况下破裂和泄漏着火的危险因素认识不够，错误地将乙炔调节阀设计安装在控制室窗口处，在 1986 年 1 月 23 日此处阀门因混合器爆炸被震撕裂，造成重大火灾事故后，仍未考虑将阀门位置调整，致使这次事故大量乙炔火焰集中喷入控制室内。

(3) 目前对氯化氢含游离氯量的控制仍采用看炉内火焰颜色的人工操作方法和间歇式化学分析方法，在氯、氢比例突然失调情况下，操作工难以做到准确、及时调节，加之又无自动调节氯、氢比例的安全防护技术措施。

教训：(1) 应根据新工程技术人员和新工人的技术素质差的实际情况，迅速加强技术培训和安全观念的教育，全面加强工艺、设备、安全等技术管理工作；

(2) 在生产系统安装必要的声、光等自动报警装置，超压爆破膜和排空等安全装置。将合成工序控制室与乙炔调节阀等爆炸区隔离。

小　结

1. 电石乙炔法生产氯乙烯的工艺主要由混合冷冻脱水和氯乙烯的转化两部分组成。混合冷冻方法脱水，是利用盐酸冰点低，盐酸上水蒸气分压低的原理，将混合气体冷冻脱酸，以降低混合气体中水蒸气分压来降低气相中水的分压（含量），达到进一步降低混合气体中的水分至所必需的工艺指标的要求。氯乙烯的转化是指一定纯度的乙炔气体和氯化氢气体按照 $1:(1.05\sim1.1)$ 的比例混合后，在负载 $HgCl_2$ 的活性炭催化剂的作用下，在 $100\sim180℃$ 温度下产生气相加成反应，生成氯乙烯。

2. 副反应是既消耗原料乙炔，又给氯乙烯精馏增加了负荷，减少副反应的关键是催化剂的选择、反应温度和压力的控制、原料的摩尔配比、空间流速的确定和对原料气的纯度要求。

3. 生产氯乙烯的工艺主要有煤化工路线的电石乙炔法和石油化工路线的乙烯平衡氧氯化法。采用电石乙炔法工艺过程中使用的主要设备有酸雾过滤器和氯乙烯合成转化器等。

4. 氯乙烯合成的岗位操作主要有：开停车操作、转化器新催化剂的装载操作、催化剂污水处理操作、主要设备的操作与使用、氯乙烯工段有毒有害物质的操作安全与防护、消防措施、有毒气体泄漏处理。

5. 氯乙烯合成工段的常见故障及处理方法。

6. 氯乙烯的清净包括粗氯乙烯净化压缩和精馏。净化有两部分，即水洗和碱洗，将转化反应后的气体中的杂质除掉，以生产适于聚合的高纯度单体。压缩提高了物料的沸点，在常温下进行分馏操作，过程中的冷量的消耗减少，操作方便，生产能力得到提高。精馏过程先后除去了低沸物和高沸物。为避免污染环境和浪费，对氯乙烯精馏尾气进行变压吸附。

7. 氯乙烯的清净的岗位开停车操作。

8. 氯乙烯的清净岗位中常见的故障及处理方法。

知识拓展：电石法氯乙烯生产技术新进展

目前，我国 PVC 生产主要有 3 种路线：电石法、乙烯法及进口 VCM 与 EDC 法。电石法需要耗费大量的煤炭、电力，并且一度污染程度很大，所以国外在 20 世纪 60～70 年代已经淘汰，乙烯法成为主要生产工艺，走氯碱工业与石化工业相结合发展大型乙烯氧氯化法 PVC 装置的路线。国外能够淘汰电石法 PVC 是因为乙烯供应有保证。但我国石脑油资源短缺，也由于石油、化工分属不同的行业，行业之间长期缺乏协调，可供生产 PVC 的乙烯量极少，无法满足国内 PVC 生产的需求，而生产电石的石灰石资源非常丰富，电石法 PVC 生产在我国具有资源优势，同时工艺成熟，设备投资少；所以，电石法原料路线成为近几年来国内建设 PVC 项目的首选工艺路线。中国在"十五"规划中曾提出逐步削减电石法 PVC 比例，发展乙烯路线的要求，并在 2007 年实行行业准入制度，提高进入门槛，要求新建电石法 PVC 装置一期规模达到 30 万吨每年以上（搬迁企业达到 20 万吨每年以上），但仍无法阻挡 PVC 扩产的脚步，电石法 PVC 在持续不断的争议声中呈现爆发式增长，2010 年，产能达到每年 1586 万吨，占国内 PVC 产能的 80%。

2011 年 1～5 月，我国原油表观消费量为 1.91 亿吨，同比增长 8.5%，对外依存度达 55.2%，已超过美国（53.5%），这是我国原油对外依存度连年打破历史纪录后，首次超过美国，严重威胁我国能源安全；因此，立足本国资源，大力发展以煤、石灰石为基础的电石法 PVC 成为必然。在目前以及今后较长的时期内，我国电石法 PVC 生产与乙烯法 PVC 生产将长期并存。

经过几十年的不断发展，在挑战中不断前行，我国电石法 PVC 生产技术不断迈上新的台阶，废水、废渣、废水逐步得到了循环利用，高能耗、高污染、高排放的落后面貌得到改观，已经不再是"低水平重复建设"，特别是近几年在从电石生产至氯乙烯生产与精制这一系列工序中，推出了许多新技术。新技术具体表现在以下几个方面。

一、电石生产

1. 氧热法电石生产技术

目前，国内电石生产全部采用电热法，这是一条非环境友好的工艺路线，而且生产 1t 电石一般耗电 3440 kW·h。随着国内电价的不断上涨以及为节能减排而限产，从 2010 年下半年开始，电石价格疯涨，电石一度成为"疯狂的石头"，对 PVC 行业的冲击很大，一些 PVC 企业甚至因此而彻底退出 PVC 行业。在电价高涨的形势下，电热法工艺的特点决定了电石生产成本持续增高。如能降低电石的生产成本，将解救一些处于困境的电石 PVC 企业。为了减轻环境污染，也应找到一条绿色的电石生产工艺路线。

近期，氧热法电石生产技术因其耗电少、生产成本低而备受关注。与电热法相比，氧热法电石生产技术可以使反应温度大幅度降低（由电热法的 2000℃ 以上降到 1750℃），反应时间大幅度缩短（由电热法的数小时缩短至 10 min 以内），因此可大幅度降低电石生产成本和能耗。另外，氧热法还副产高质量煤气，从而扩大利润。

2. 密闭电石炉气净化

《电石行业"十二五"发展规划》中指出：大型密闭式电石炉的比例要提高到 80% 以上。密闭电石炉生产 1t 电石排放炉气 400~500m³，温度正常为 400~800℃，瞬时可达 1000℃，热值高达 11290~11715kJ/m³。其主要成分是 CO，还含有少量氧气、焦油及粉尘。电石炉气的利用通常指热能利用和化工利用（作化工原料气）。热能利用的最大困难是必须干法除尘，化工利用的难题在于气体净化。但含有的焦油使电石炉气的净化、输送成为行业性的难题。新疆天业（集团）有限公司走出了国内单一的干法或湿法净化炉气的老路，采用干法除尘和湿法净化的组合技术，净化后的炉气达到化工及燃料标准，全部实现综合利用。在干法除尘过程中，该公司在除尘器内设置特殊材质的耐温过滤袋，不但运行温度高于焦油结焦温度，而且运行可靠；在湿法净化阶段，使炉气中的二氧化碳、氰根生成钙盐，在沉降池中沉降为"炭泥"，与干法除尘阶段得到的粉尘混合压滤后进入电厂燃烧，氰钙盐分解为无害的物质。该公司将净化后炉气用于烘干电石炭材，替代天然气熬制粒碱，替代部分燃煤发电、烧石灰，并准备将其作为化工原料生产化工产品。

二、乙炔发生

1. 干法乙炔

干法乙炔发生是相对于湿法乙炔发生用水量而言的。干法乙炔发生技术于 2007 年 5 月被国家环保总局列入《国家先进污染防治示范技术名录》和《国家鼓励发展的环境保护技术目录》，2007 年国家颁布的《氯碱（烧碱、聚氯乙烯）行业准入条件》中也提出鼓励干式电石法制乙炔装置。尽管如此，对于是否采用干法乙炔装置，一直存在争议，主要是针对其安全性问题和装置的连续运行问题。

与湿法乙炔生产工艺相比，干法乙炔工艺在占地面积、设备投资、乙炔收率、运行费用、人工费用、电石渣处理、水处理等几个方面均有优势。①乙炔收率高。干法乙炔发生器电石水解率达 99.85%，可做到没有生电石排出，而湿法工艺发生器必须定期排渣，排渣时不可避免地会有生电石带出；干法工艺中，乙炔基本没有溶解损失，湿法工艺渣浆温度低、渣浆数量大，而干法工艺可做到无渣水排出（即使洗涤塔有少许电石渣水排出，也较湿法工艺少很多）。②水耗少。干法乙炔工艺生产 1t 电石需水 1.2～1.3 t，湿法为 7～10 t。③电石渣处理费用低。干法工艺送出的电石渣含水质量分数 4%～10%，可直接用于水泥生产，而湿法为 80%～95%，压滤后为 35% 左右，用于生产水泥前还须烘干处理。④安全。湿法产物中乙炔与水蒸气的体积比为 1:1，而干法为 1:3，蒸汽含量高，安全性高；干法中电石连续、密闭地加入发生器中，密封可靠，无需置换，无泄漏，安全可靠；当系统突然停电或重要设备出现故障时，反应几乎立即停止，无需作任何处理。

干法乙炔技术推出后，是否应该推广采用，行业内存在争议。争议的内容主要为：破碎装置生产能力低，使用寿命短；振动筛网堵塞；发生器一层耙黏料；洗涤塔喷嘴易堵；气相管道易结垢；乙炔气由出渣系统泄漏；电石渣中存在"生电石"；渣排出机螺旋磨损；除铁器容易卡；粉状电石渣的安全输送与储存；动力消耗较高；能否连续长期运行。

针对上述问题，各生产企业和科研机构在经过不断的努力，已经取得了很大的进展。

干法乙炔生产技术作为国内一种较新的技术，存在一些问题是不可避免的，这是一种技术从推出到成熟必然经过的阶段。目前需要做的是相关行业、企业打破技术封锁，携手解决生产中存在的问题，使工艺早日完善，使其尽早完全取代湿法工艺。

2. 次氯酸钠乙炔清净废液循环

在湿法乙炔发生系统中，由于乙炔清净废液（废次氯酸钠）的量大于系统正常带出废水的量，因此存在水平衡问题。与废次氯酸钠相比，电石渣上清液中的杂质更多，且其中的硫化物遇到酸性物质易使上清液变成黑色，且产生臭味，污染环境，因此一般将废次氯酸钠外排。为了实现乙炔生产中的废水零排放，杭州电化集团有限公司将废次氯酸钠全部循环回用，废次氯酸钠代替部分新鲜水与新鲜的浓次氯酸钠混合配制清净用次氯酸钠。

3. 浓硫酸清净乙炔工艺

浓硫酸清净法针对的是次氯酸钠清净法中水量不易平衡问题，使电石渣浆清液全部得到回用。浓硫酸清净成本比次氯酸钠法低。但该法存在瓶颈问题——废硫酸处理，如能解决这个问题，可采用浓硫酸法。

4. 电石浆渣中乙炔回收

随着电石价格的增高和环境污染治理责任感的增强，越来越多的企业意识到从电石渣浆中回收乙炔降低电石消耗的必要性。电石渣浆中的乙炔以 3 种状态存在：未反应完全的小颗粒电石；溶解在水中；吸附于细微 $Ca(OH)_2$。由于细微 $Ca(OH)_2$ 的强烈吸附作用，电石渣浆中的乙炔含量一般为 300～400 mg/kg，远远大于其在水中的饱和溶解度。回收这些乙炔，相当于生产 1t PVC 减少电石消耗 11～13 kg。回收原理为：在真空状态下，溶解及吸附在电石渣浆中的乙炔闪蒸出来，冷却回收，回收乙炔的纯度达到 95%（体积分数），可直接送入气柜。该系统为真空操作，必须注意氧含量。该系统没有回收以未反应完全的小颗粒电石即所谓的"碳化钙核"形式存在的乙炔。

三、乙炔变压吸附脱水

新疆天业（集团）有限公司采用变压吸附技术对乙炔进行脱水，以活性炭和硅胶为组合吸附剂，在较低压力（小于 0.1 MPa）下进行吸附干燥，整个干燥过程基本在常温下进行，温度变化不大，再生不使用氮气，干燥后乙炔含水分 ≤0.01%（质量），乙炔气的回收率在

99.99％以上，该工艺已实现全自动化操作控制。

四、氯化汞污染治理

汞污染问题是电石法 PVC 的顽症。从 2003 年开始，我国 PVC 行业快速发展了 8 年，但汞污染问题一直未得到解决，甚至可以说，汞污染问题在很多企业未得到真正的重视。随着国内汞资源接近枯竭、《国际汞公约》要求禁止汞产品的进出口和国内汞污染防治政策的出台，汞的问题在 2010 年爆发了，在 2011 年则是彻底爆发了。汞的问题已经不只是污染环境的问题，也是企业履行社会责任的问题，如果这个问题不得到解决，按照当前的技术路线和工艺水平，将决定电石法 PVC 还能存在多久，这个问题覆盖所有的电石法 PVC 企业，不论企业位于哪个地区，不论企业是否有盐、煤等资源优势，这是企业为发展甚至生存必须直接面对、无法回避的问题，减少汞的消耗势在必行。

减少汞消耗可从使用低汞催化剂、优化工艺控制降低汞消耗、回收汞 3 个方面入手。

1. 低汞催化剂

传统的氯化汞催化剂是以活性炭为载体，浸渍吸附质量分数 10％～12％的氯化汞。但在催化剂使用过程中活性组分氯化汞的损失速度是不均匀的，在最初数百小时内，其质量分数迅速由 10％～12％下降到 7％～8％，即相当数量的汞并没有发挥出催化效能。研究表明，催化剂的稳定性与所用载体的结构特性有关。催化剂表面分为没有吸附氯化汞的自由表面区、覆盖有单分子层氯化汞的表面区和覆盖有两层或多层氯化汞的表面区。单层氯化汞的稳定性大，而存在于大孔内的氯化汞易升华，微孔内的氯化汞易积炭，难以发挥催化效能。为最大限度地在催化剂表面形成单层氯化汞，应该选择中孔（过渡型孔隙）多的活性炭作为载体。分布于活性炭中孔区域的氯化汞所占比例越大，催化剂使用寿命越长。这就为低汞催化剂的研制提供了理论基础。一些金属氯化物也对乙炔氧氯化反应有一定的催化活性，可在一定程度上起到替代氯化汞的作用。目前开发和应用的低汞催化剂，其实质是将氯化汞固定在活性炭有效孔隙中，并借助其他氯化物替代氯化汞发挥催化作用的复合型催化剂。目前工业化应用的低汞催化剂中氯化汞质量分数为 4.0％～6.5％。

使用低汞催化剂是无汞化前的过渡手段，是目前最现实的措施，也是国家产业政策强制要求采取的措施。越来越多的企业开始使用低汞催化剂。但也有企业反映，国内的氯化汞催化剂质量参差不齐，进一步加剧了 PVC 行业的汞污染，这是必须高度关注的问题。

无汞催化剂的工业化应用还遥遥无期，每个 PVC 企业都应为行业、为自己节省一些汞。

2. 优化工艺控制

国外生产 1t 电石法 PVC 消耗氯化汞催化剂 0.6～0.8kg，国内绝大多数厂家与此相比还有很大差距。改进工艺并加强控制可以在使用过程中减少汞消耗，具体的包括催化剂的装填、活化、翻倒，原料质量、流量控制，反应温度控制（不超过 160℃），保证转化器制造质量等。目前国内文献报道的催化剂使用周期最长的是陕西金泰氯碱化工有限公司，为 13000～15000h，生产 1t PVC 平均消耗催化剂 0.72～0.85kg。该公司的 10 万吨每年 PVC 装置（2010 年产量 11.05 万吨）采用 40 台转化器，每台转化器装填催化剂 5.7m³，正常生产氯乙烯 16t/h，36 台运行，另外 4 台处于翻倒催化剂的前期、中期、后期工作。该公司的体会是：严格控制生产原料的质量，避免原料气中乙炔气过量，合成反应上限温度为 160℃，控制转化器中乙炔的空速为 25～40h^{-1}，新催化剂先脱水干燥后活化等。该公司改进新催化剂活化工艺后，几年来转化器未曾出现泄漏。

3. 回收汞

电石法 PVC 生产中的涉汞环节主要有 7 个：①废汞催化剂；②抽催化剂废水；③除汞器及转化器中含汞废活性炭；④含汞盐酸；⑤含汞废碱；⑥含汞装置处理后废水；⑦后续系统。此外，还应包括现场撒落流失的催化剂，1 粒 $\phi3.5 \text{ mm} \times 6 \text{ mm}$ 的催化剂的质量约为 0.11 g，按氯化汞质量分数 10% 计算，含汞约 8 mg，国家标准为水中排放的汞质量浓度不超过 0.005 mg/L，这粒催化剂若得不到回收，将使 1.6 t 水的汞含量超标。回收汞可采取如下措施。

（1）注重发挥除汞器的作用，力争将汞污染控制在最短流程。

催化剂中的氯化汞升华后，随氯乙烯合成气首先进入除汞器。除汞器内装有活性炭，用以吸附气相中的汞。有些企业在寻求采用特殊高效吸附材料——改性活性炭或活性炭纤维，回收反应气体中的氯化汞和汞蒸气。采用改进的除汞器和除汞工艺后，预期汞的吸附效率可以达到 99% 以上，而且这些吸附在活性炭上的汞易于回收利用。

（2）含汞废酸零解吸，含汞废水闭式循环，一定量的含汞废水排出系统深度处理。

（3）含汞废水深度处理。含汞废水包括：盐酸解吸后需要排出的少量含汞废酸或废水、碱洗塔废碱、转化器下排的少量废酸、抽吸催化剂的少量废水、受汞污染的冲洗废水。这些含汞废水非常难以处理达到汞质量浓度低于 0.005 mg/L 的国家排放标准要求。目前多采用硫化剂作还原剂的化学沉淀与过滤相结合的方法，这种方法理论上可达到汞质量浓度低于 0.005 mg/L，但工艺要求极其苛刻，主要是须严格控制 pH 值、硫化剂量，HgS 沉淀太细悬浮于水中很难沉降，而且硫化物如过量则多余的 S^{2-} 即与 HgS 沉淀络合反应生成，降低汞的去除率，因此需要精细操作，一般出水中汞的质量分数最低也有 1×10^{-8}。

五、结束语

乙烯法 PVC 是世界 PVC 工业发展的潮流，但在我国，电石法 PVC 将长期占主导地位，这符合我国资源特点，能保障我国 PVC 行业长期、稳定和可持续发展，对缓解我国石油资源短缺矛盾起到关键作用。目前，电石法 PVC 生产中固体废弃物污染、电石渣上清液污染、酸污染、聚合母液水污染、尾气污染已基本得到治理，汞污染问题因低汞催化剂的使用已有所减缓，但没有彻底解决，更加有利的一种趋势是各企业均已认识到节能降耗、减轻污染的重要性。相信通过各 PVC 生产企业、相关部门的通力合作、联合攻关，电石法 PVC 生产将不断向清洁、低成本的目标迈进。

情境四　乙烯平衡氧氯化法生产氯乙烯

学习目标

知识目标

★ 掌握乙烯平衡氧氯化法生产氯乙烯工艺原理及流程。

★ 能比较分析乙烯平衡氧氯化法生产氯乙烯工艺路线优缺点。

★ 能够熟知主要设备的结构和功能并能进行设备选型。

能力目标

★ 能够绘制乙烯平衡氧氯化法生产氯乙烯段的工艺流程图。

★ 能正确操作该工艺主要设备。

★ 能根据系统工艺指标进行正常开、停车等操作。

★ 能对该生产过程中的常见故障进行分析并处理。

项目一　乙烯平衡氧氯化法的工艺流程

【任务描述】

能独自分析乙烯平衡氧氯化法工艺流程，并了解各设备的主要作用及特点。

【任务指导】

乙烯氧氯化法生产氯乙烯，包括三步反应。

（1）乙烯直接氯化　　$CH_2\!\!=\!\!CH_2 + Cl_2 \longrightarrow CH_2ClCH_2Cl$

（2）二氯乙烷裂解　$2CH_2ClCH_2Cl \longrightarrow 2CH_2\!\!=\!\!CHCl + 2HCl$

（3）乙烯氧氯化　　$2CH_2\!\!=\!\!CH_2 + 4HCl + O_2 \longrightarrow 2CH_2ClCH_2Cl + 2H_2O$

总反应式：　　$4CH_2\!\!=\!\!CH_2 + 2Cl_2 + O_2 \longrightarrow 4CH_2\!\!=\!\!CHCl + 2H_2O$

乙烯氧氯化法生产氯乙烯的工艺流程如图 4-1 所示。由此图可见，该法生产氯乙烯的原料只需乙烯、氯和空气（或氧），氯可以全部被利用，其关键是要计算好乙烯与氯加成和乙烯氧氯化两个反应的反应量，使 1,2-二氯乙烷裂解所生成的 HCl 恰好满足乙烯氧氯化所需的 HCl。这样才能使 HCl 在整个生产过程中始终保持平衡。该法是目前世界公认为技术先进、经济合理的生产方法。

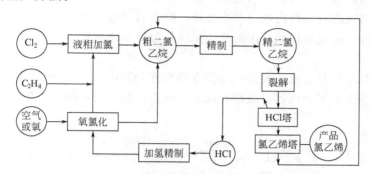

图 4-1 乙烯氧氯化法生产氯乙烯工艺流程

乙烯氧氯化法生产氯乙烯工艺主要包含 3 个单元：乙烯直接氯化生产二氯乙烷，二氯乙烷裂解生产氯乙烯单元，乙烯氧氯化二氯乙烷精制及残液焚烧废水处理单元。

一、乙烯直接氯化单元

乙烯液相氯化生产二氯乙烷，催化剂为 $FeCl_3$。早期开发的乙烯直接氯化流程，大多采用低温工艺，反应温度控制在 53℃ 左右。乙烯液相氯化生产二氯乙烷的工艺流程如图 4-2 所示。

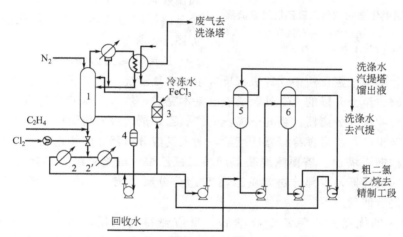

图 4-2 乙烯液相氯化生产二氯乙烷的工艺流程

1—氯化塔；2,2′—循环冷却器；3—催化剂溶解罐；

4—过滤罐；5,6—洗涤分层器

乙烯液相氯化是在气液鼓泡塔反应器中进行，氯化塔内部安装有套筒内件，内充以铁环和作为氯化液的二氯乙烷液体，乙烯和氯气从塔底进入套筒内，溶解在氯化液中而发生加成反应生成二氯乙烷。为了保证气液相的良好接触和移除反应释放出的热量，在氯化塔外连通两台循环冷却器。反应器中氯化液由内套筒溢流至反应器本体与套筒间环形空隙，再用循环泵将氯化液从氯化塔下部引出，经过滤器过滤后，把反应生成的二氯乙烷送至洗涤分层器，其余的经循环冷却器用水冷却除去反应热后，循环回氯化塔。在反应过程中损失的 $FeCl_3$ 的补充是通过将 $FeCl_3$ 溶解在循环液内，从氯化塔的上部加入，氯化液中 $FeCl_3$ 的浓度维持在 $2.5×10^4$ 左右。

随着反应的进行，产物二氯乙烷不断地在反应器内积聚，通过反应器侧壁溢流口将产生的氯化液移去，从而保证了反应器内的液面恒定。反应产物经过滤器过滤后，送入洗涤分层器，在两级串联的洗涤分层器内经过两次洗涤，除去其中包含的少量 FeCl₃ 和 HCl，所得粗二氯乙烷送去精馏。氯化塔顶部逸出的反应尾气经过冷却冷凝回收夹带的二氯乙烷后，送焚烧炉处理。

低温氯化法反应所释放出的大量热量没有得到充分利用，而且反应产物夹带出的催化剂需经水洗处理，洗涤水需经汽提，故能耗较大；反应过程中需不断补加催化剂，过程的污水还需专门处理。

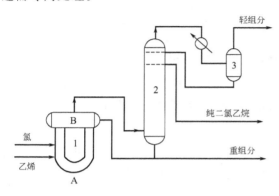

图 4-3　高温氯化法制取氯二氯乙烷工艺流程
1—反应器；2—精馏塔；3—气液分离器；
A—U 形循环管；B—分离器

为此，近年来开发出高温工艺，使反应在接近二氯乙烷沸点的条件下进行。二氯乙烷的沸点为 83.5℃，当反应压力为 0.2～0.3MPa 时，操作温度可控制在 120℃ 左右。反应热靠二氯乙烷的蒸出带出反应器外，每生成 1mol 二氯乙烷，大约可产生 6.5mol 二氯乙烷蒸气。由于在液相沸腾条件下反应，未反应的乙烯和氯会被二氯乙烷蒸气带走，而使二氯乙烷的收率下降。为解决此问题，高温氯化反应器设计成一个 U 形循环管和一个分离器的组合体。高温氯化法的工艺流程如图 4-3 所示。

乙烯和氯通过喷散器在 U 形管上升段底部进入反应器，溶解于氯化液中立即进行反应生成二氯乙烷，由于该处有足够的静压，可以防止反应液沸腾。至上升段的 2/3 处，反应已基本完成，然后液体继续上升并开始沸腾，所形成的气液混合物进入分离器。离开分离器的二氯乙烷蒸气进入精馏塔，塔顶引出包括少量未转化乙烯的轻组分，经塔顶冷凝器冷凝后，送入气液分离器。气相送尾气处理系统，液相作为回流返回精馏塔塔顶。塔顶侧线获得产品二氯乙烷；塔釜重组分中含有大量的二氯乙烷，大部分返回反应器，少部分送二氯乙烷-重组分分离系统，分离出三氯乙烷、四氯乙烷后，二氯乙烷仍返回反应器。

高温氯化法的优点是二氯乙烷收率高，反应热得到利用；由于二氯乙烷是气相出料，不会将催化剂带出，所以不需要洗涤脱除催化剂，也不需补充催化剂；过程中没有污水排放。尽管如此，这种形式的反应器要求严格控制循环速度，循环速度太低会导致反应物分散不均匀和局部浓度过高，太高则可能使反应进行的不完全，导致原料转化率下降。

与低温氯化法相比，高温氯化法可使能耗大大降低，原料利用率接近 99%，二氯乙烷纯度可超过 99.99%。

二、二氯乙烷裂解制氯乙烯单元

由乙烯液相氯化和氧氯化获得的二氯乙烷，在管式炉中进行裂解得产物氯乙烯。管式炉的对流段设置有原料二氯乙烷的预热管，反应管设置在辐射段。二氯乙烷裂解制氯乙烯的工艺流程如图 4-4 所示。

用定量泵将精二氯乙烷从贮槽送入裂解炉的预热段，借助裂解炉烟气将二氯乙烷物

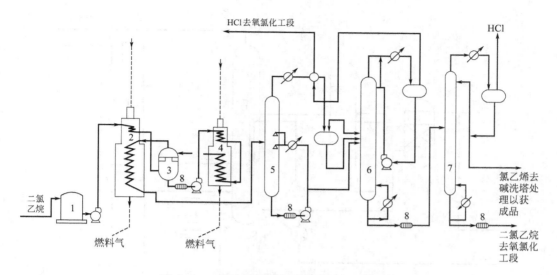

图 4-4　二氯乙烷裂解制取氯乙烯的工艺流程
1—二氯乙烷贮槽；2—裂解反应炉；3—气液分离器；4—二氯乙烷蒸发器；
5—骤冷塔；6—氯化氢塔；7—氯乙烯塔；8—过滤器

料加热并达到一定温度，此时有一小部分物料未气化。将所形成的气-液混合物送入分离器，未气化的二氯乙烷经过滤器过滤后，送至蒸发器的预热段，然后进该炉的气化段气化。气化后的二氯乙烷经分离器顶部进入裂解炉辐射段。在 0.558MPa 和 500～550℃ 条件下，进行裂解获得氯乙烯和氯化氢。裂解气出炉后，在骤冷塔中迅速降温并除炭。为了防止盐酸对设备的腐蚀，急冷剂不用水而用二氯乙烷，在此未反应的二氯乙烷会部分冷凝。出塔气体再经冷却冷凝，然后气液混合物一并进入氯化氢塔，塔顶采出主要为氯化氢，经制冷剂冷冻冷凝后送入贮罐，部分作为塔顶回流，其余送至氧氯化部分作为乙烯氧氯化的原料。

骤冷塔塔底液相主要含二氯乙烷，还含有少量的冷凝氯乙烯和溶解氯化氢。这股物料经冷却后，部分送入氯化氢塔进行分离，其余返回骤冷塔作为喷淋液。氯化氢塔的塔釜出料，主要组成为氯乙烯和二氯乙烷，其中含有微量氯化氢，该混合液送入氯乙烯塔，塔顶馏出的氯乙烯经用固碱脱除微量氯化氢后，即得纯度为 99.9% 的成品氯乙烯。塔釜流出的二氯乙烷经冷却后送至氧氯化工段，一并进行精制后，再返回裂解装置。

三、乙烯氧氯化制二氯乙烷单元

乙烯氧氯化反应部分的工艺流程如图 4-5 所示。来自二氯乙烷裂解装置的氯化氢预热至170℃ 左右，与 H_2 一起进入加氢反应器，在载于氧化铝上的钯催化剂存在下，进行加氢精制，使其中所含有害杂质乙炔选择加氢为乙烯。原料乙烯也预热到一定温度，然后与氯化氢混合后一起进入反应器。氧化剂空气则由空气压缩机送入反应器，三者在分布器中混合后进入催化床层发生氧氯化反应。放出的热量借冷却管中热水的汽化而移走。反应温度则由调节汽水分离器的压力进行控制。在反应过程中需不断向反应器内补加催化剂，以抵偿催化剂的损失。

氯乙烷的分离和精制部分的工艺流程如图 4-6 所示。自氧氯化反应器顶部出来的反应气含有反应生成的二氯乙烷，副产物 CO_2、CO 和其他少量的氯代衍生物，以及未转化的乙

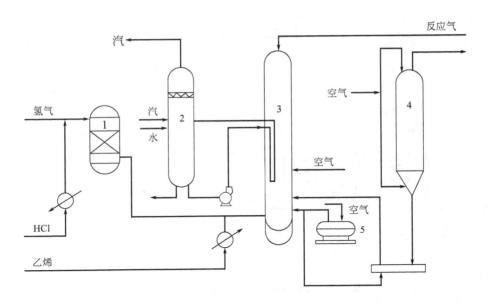

图 4-5　流化床乙烯氧氯化制二氯乙烷反应部分工艺流程

1—加氢反应器；2—汽水分离器；3—流化床反应器；4—催化剂贮槽；5—空气压缩机

烯、氧、氯化氢及惰性气体，还有主、副反应生成的水。此反应混合气进入骤冷塔用水喷淋骤冷至90℃并吸收气体中氯化氢，洗去夹带出来的催化剂粉末。产物二氯乙烷以及其他氯代衍生物仍留在气相，从骤冷塔顶逸出，在冷却冷凝器中冷凝后流入分层器，与水分层分离后即得粗二氯乙烷，分出的水循环回骤冷塔。

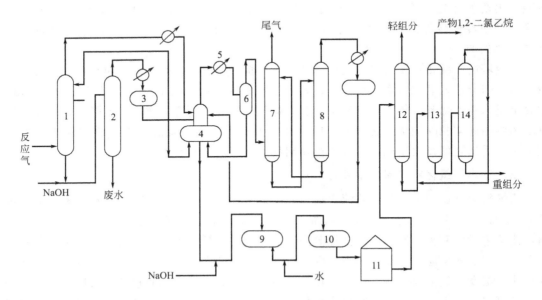

图 4-6　二氯乙烷分离和精制部分工艺流程

1—骤冷塔；2—废水汽提塔；3—受液槽；4—分层器；5—低温冷凝器；6—汽液分离器；
7—吸收塔；8—解吸塔；9—碱洗罐；10—水洗罐；11—粗二氯乙烷贮槽；
12—脱轻组分塔；13—二氯乙烷塔；14—脱重组分塔

从分层器出来的气体再经低温冷凝器冷凝，回收二氯乙烷及其他氯代衍生物，不凝气体进入吸收塔，用溶剂吸收其中尚存的二氯乙烷等后，含乙烯1％左右的尾气排出系统。溶有二氯乙烷等组分的吸收液在解吸塔中进行解吸。在低温冷凝器和解吸塔回收的二氯乙烷，一并送至分层器。自分层器出来的粗二氯乙烷经碱洗罐、水洗罐后进入贮槽，然后在3个精馏塔中实现分离精制。第一塔为脱轻组分塔，以分离出轻组分；第二塔为二氯乙烷塔，主要得成品二氯乙烷；第三塔是脱重组分塔，在减压下操作，对高沸物进行减压蒸馏，从中回收部分二氯乙烷。精制的二氯乙烷，送去作裂解制氯乙烯的原料。骤冷塔塔底排出的水吸收液中含有盐酸和少量二氯乙烷等氯代衍生物，经碱中和后进入汽提塔进行水蒸气汽提，回收其中的二氯乙烷等氯代衍生物，冷凝后进入分层器。空气氧化法排放的气体中尚含有1％左右的乙烯，不再循环使用，故乙烯消耗定额较高，且有大量排放废气污染空气，需经处理。

【任务训练】

（1）简述乙烯氧氯化法工艺中有哪几个单元其作用分别是什么？

（2）比较乙烯氧氯化法工艺的优缺点？

（3）讨论今后我国氯乙烯生产的转型方向。

项目二　乙烯直接氯化

任务一　乙烯氯化的工艺原理

【任务描述】

能理解乙烯氯化的基本原理；能分析乙烯直接氯化反应的工艺条件。

【任务指导】

一、乙烯直接氯化原理

1. 乙烯氯化反应

乙烯直接氯化主反应为：　　　　$C_2H_4 + Cl_2 \longrightarrow C_2H_4Cl_2 + 171.7kJ/mol$

该反应可以在气相中进行，也可以在溶剂中进行。气相反应由于放热大，散热困难而不易控制，因此工业上采用在极性溶剂存在下的液相反应，溶剂为二氯乙烷。

现代工业中常采用$FeCl_3$为催化剂，以生成的1,2-二氯乙烷为反应液进行气液相反应。

主反应：　　　　　　　$C_2H_4 + Cl_2 \xrightarrow{FeCl_3} C_2H_4Cl_2 + 180.26kJ/mol$

副反应：　　　　　　　$C_2H_4Cl_2 + 2Cl_2 \longrightarrow C_2H_3Cl_3 + HCl$

　　　　　　　　　　　$C_2H_4 + HCl \longrightarrow C_2H_5Cl$

2. 乙烯氯化反应机理

乙烯的氯化反应主要有取代氯化和加成氯化两种方式。取代氯化是以光能或热能激发氯分子，使其分解成为活泼的氯自由基，进而取代烃类分子中的氢原子，而生成各种氯衍生物。加成氯化多属离子型反应，在离子型催化剂的作用下，氯分子发生极化，其带正电荷的一端进攻乙烯分子，并互相结合完成反应。

一般来讲，乙烯和氯气的反应存在着加成反应和取代反应的竞争。处于常温或稍高温度时以加成氯化为主，当处于较高温度时，则发生取代氯化。另外，乙烯气相氯化的反应机理以自由基型为主，乙烯液相氯化的反应机理以离子型加成为主。

乙烯与氯以三氯化铁为催化剂在二氯乙烷介质中的反应，主要以离子型加成为主，同时存在着氯自由基的取代副反应。在三氯化铁存在下，乙烯液相氯化的机理如下：

$$FeCl_3 + Cl_2 \rightleftharpoons FeCl_4^- + Cl^+$$

二、乙烯直接氯化工艺条件

1. 原料气组成

乙烯与氯气的摩尔比常采用 1.1：1.0，略过量的乙烯可以保证氯气反应完全，使氯化液中游离氯含量降低，减轻对设备的腐蚀并有利于后处理。同时，可以避免氯气和原料气中的氢气直接接触而引起的爆炸危险。过量的乙烯随尾气进入氧氯化反应循环气，作为一部分原料气可充分利用。生产中控制尾气中氯含量不大于 0.5%，乙烯含量小于 1.5%。

原料气中若含有惰性气体，无论从化学反应还是动力消耗，都是不利的，而要维持较低的惰性气体含量需要大量地排放循环气，因此造成了 EDC 产品基乙烯原料气的损失。同时原料气中也不希望含有不饱和烃，否则副反应增加，产物分离更加困难。

2. 反应温度

乙烯液相氯化是放热反应，反应温度过高，会使甲烷氯化等反应加剧，对主反应不利；反应温度降低，反应速度相应变慢，也不利于反应。一般反应温度控制在 53℃ 左右。

3. 反应压力

从乙烯氯化反应式可看出，加压对反应是有利的。但在生产实际中，若采用加压氯化，必须用液化氯气的办法，由于原料氯加压困难，故反应一般在常压下进行。

三、乙烯直接氯化的生产方法

根据操作温度的不同，乙烯直接氯化工艺分为三种，分别为：低温法、中温法及高温法。

1. 低温法（液相出料）工艺

低温法反应温度约为 50℃，产物二氯乙烷以液相出料。该方法的主要缺点有：产品二氯乙烷中带有催化剂，因此需不断补充催化剂；为了除去二氯乙烷产品中的催化剂，还需对生成的二氯乙烷进行二次洗涤，产生大量的废水需处理；反应热需通过庞大的外循环冷却设备导出。

2. 中温法

中温法反应温度约 90℃。由于该工艺采用在沸点温度反应，二氯乙烷气相出料，反应热被蒸发出的生成物二氯乙烷带走，所以具有以下特点：催化剂留在反应液中，不需补充催化剂；二氯乙烷不需水洗，无废水产生；由于产物二氯乙烷未经水洗，故不含水，因此不需要脱水，只需经脱轻、重组分即可供裂解使用，可简化流程、降低能耗。另外，该工艺的尾气可作氧氯化反应原料气，有利于降低物耗、减少废气。

3. 高温法

高温法采用新型催化刘，也就是三氯化铁加添加剂，使反应温度控制在 120～125℃ 的工艺，具有较显著的优点：没有低温法液相出料带来的弊病多；产品纯度高，无需脱水、脱轻、重组分，可直接供裂解使用，流程简单，耗能低；反应热利用来产生蒸汽，节约能源。该方法是乙烯直接氯化反应的主要发展方向。

【任务训练】

（1）简述乙烯直接氯化的基本原理。

（2）简述乙烯氯化的生产方法及各自的优缺点。

（3）简单分析影响乙烯氯化的工艺条件。

任务二　乙烯直接氯化的主要设备

【任务描述】

能理解乙烯氯化生产设备的结构、特点及控制方法。

【任务指导】

本装置工艺为氯气经压缩机压缩加压后在低温氯化反应器中与乙烯在二氯乙烷液流中发生反应生成二氯乙烷，包括低温氯化反应器、二氯乙烷的酸碱洗设备、废水汽提和二氯乙烷的精制设备。

一、直接氯化系统

1. 直接氯化反应器

来自电解装置的氯气首先进入氯气压缩机压缩加压至 0.2 MPa，然后进入低温氯化反应器底部。氯气与乙烯在二氯乙烷液流中发生加成反应生成二氯乙烷，通过控制反应器顶部液位的方式将生成的二氯乙烷送至二氯乙烷洗涤系统。低温氯化反应器如图 4-7 所示。

直接氯化反应属气液相反应。反应物乙烯和氯气均为气相，它们一起被送到溶有催化剂的二氯乙烷中去。反应器为鼓泡式塔式反应器，结构较为简单。反应器底部有气体分布器。进料气体经梳形分布器进入拉西环组成的填料层。气体在分布器中鼓成小泡，经填料层充分混合并与溶有催化剂的二氯乙烷接触，使反应充分完成。

2. 气体压缩机

直接氯化的尾气内含有少量未反应的氯气，带有一定的氧化性和酸度，并具有一定的腐蚀性。要把这种气体升压并输送到氧氯化单元，选用液环式压缩机，并采用反应液二氯乙烷作为循环液是十分合适的。

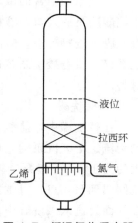

图 4-7　低温氯化反应器

其结构如图 4-8，液环式压缩机是由略似椭圆形的外壳和一旋转叶轮所组成。壳中贮有适量的液体，当叶轮旋转时，叶轮带动液体运动，由于离心力的作用，液体被抛向外壳，形成液环，在椭圆形的长轴两端显出两个月牙形的空间。当叶轮旋转一周，液体轮流地趋向和离开叶轮的中心，其作用就像许多液体活塞，将气体及部分液体由 3 处吸入而由 4 处压出。

在液环式压缩机中，被压缩的气体仅与叶轮而不与外壳接触，对于有腐蚀性的气体输送采用液环式压缩机是非常合适的。

在氯乙烯装置中也使用罗茨鼓风机。酸性废气经碱洗后要送往氯化氢回收单元焚烧，装置中采用罗茨鼓风机输送废气进焚烧炉。罗茨鼓风机的结构如图4-9，罗茨鼓风机主要由机壳和两个特殊形状的转子组成。依靠两个转子不断旋转，使机壳内形成两个密封空间，即吸入腔和排出腔，因而可将气体从低压部分吸入，并从高压部分压出。其特点是结构较简单，无活塞与活门装置，排气连续而均匀。缺点是制造安装不易，效率较低。适用于流量大而压力不高的场合。

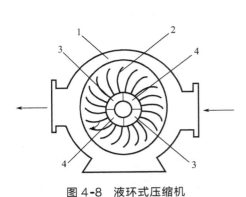

图4-8　液环式压缩机

1—外壳；2—叶轮；3—吸入口；4—排出口

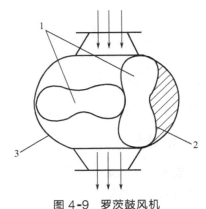

图4-9　罗茨鼓风机

1—工作叶轮；2—输送气体体积；3—机壳

二、二氯乙烷洗涤系统

1. 酸洗罐

二氯乙烷中含的微量三氯化铁可以通过水洗去除。所有需要酸洗处理的物料被送至二氯乙烷酸洗泵的入口。液体混合物在界面处进入酸洗罐。酸洗罐的水相依靠位差在重力作用下流至废水进料罐中，酸洗过的二氯乙烷由容器的底层进入到碱洗泵的入口，然后由泵送至碱洗系统。所有酸洗系统的设备必须具有耐酸腐蚀性，容器、配管、泵都推荐使用衬四氟的材料。

2. 碱洗罐

在碱洗罐中，盐酸、三氯乙醛、氯乙醇等酸性物质用碱液中和。所有要在碱洗系统处理的物流送至碱洗泵的入口。浓度为20%的碱液加到循环回路中，以维持罐中水相的碱浓度大约为1%，通过泵叶轮作用，水相和有机相充分混合。混合后被泵排出，50%碱水通过回流阀回到泵入口，以维持在泵出口水相和二氯乙烷相体积比为1∶1。而另外50%泵出口液在界面处进入碱洗罐中，并流过罐中的长度达到分离的目的。中和后的二氯乙烷从罐的底部由泵送至新的粗湿二氯乙烷储罐中。水相溢流到废水储罐中。碱液的加入量由流量控制，而流量给定值的调节由碱洗罐中水相的定期分析决定。碱洗罐可由具有高腐蚀裕度的碳钢制成。循环泵和配管应采用衬四氟的材料。

三、蒸汽汽提系统

工艺过程中各地方产生废液都收集到蒸汽汽提进料储罐中，该罐既是蒸汽汽提进料储罐，又是气液相分离罐。二氯乙烷相沉积到罐底部，它由泵间歇地打到酸洗灌，以回收二氯乙烷。蒸汽汽提塔进料罐的水相由泵通过蒸汽汽提塔进料换热器和汽提塔水/蒸汽混合器送至汽提塔的顶部进料。调节进入到混合器的蒸汽流量，以维持从混合器出来的废水温度大约在97℃。在流量控制下，蒸汽加入到塔底。塔顶蒸气通过汽提塔冷凝器冷凝，回到碱洗灌中。汽提后的废水由泵从塔底通过汽提塔进料换热器然后经过水冷却器将温度降低到40℃，再排至界外进一步处理。罐、泵和附属设备耐全pH范围，罐本身衬耐酸砖薄层，泵和配管应采用碳钢衬PTFE材质。

塔常用的材料为钛，7级（含2%Pd，增加稳定性），采用纯Ti-Pd或复合Ti-Pd材料。碳钢衬PTFE也可以代替使用。填料则采用陶瓷和塑料。

填料塔结构如图4-10所示。它由塔体、填料、填料支撑板、喷淋装置、中间再分布器和气液进口接管等组成。塔顶喷淋的液体沿填料表面下流，由塔底引出，气体由塔底引入，自下而上地在整个填料表面上进行接触，因此整个填料表面上被液体润湿，从而使气液两相有效的接触，来完成传质。氯乙烯生产中废物处理单元尾气洗涤塔采用填料塔，各单元排放的酸性尾气，在送焚烧炉前需将尾气

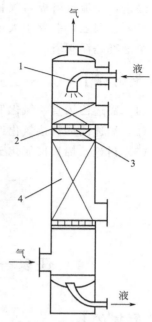

图4-10 填料塔示意

1—喷淋装置；2—填料支撑板；
3—中间再分布器；4—填料

中的酸性物质处理掉，采用填料塔将酸性尾气经碱液洗涤后送往焚烧炉。填料塔还用于汽提操作。在氯乙烯生产中，氯乙烯精制单元的氯化氢汽提塔和废物处理单元二氯乙烷汽提塔都是填料塔。

四、轻组分塔

粗湿二氯乙烷由泵从粗湿二氯乙烷贮罐送至轻组分塔中。塔顶气经碱循环泵通过转子流量计来的再循环碱液喷淋，并在水冷凝器中冷凝，冷凝后物料在重力作用下流至轻组分塔回流罐中，在回流罐中水相和有机相分离。有机相作为回流由泵打回到塔中，调节回流量以维持贮罐的总液位稳定。部分20%的碱液经转子流量计加入碱循环泵入口，同时手动加入无离子水，以避免钙镁离子的结垢。水相的采出在液位控制下由泵打至碱洗罐中。来自轻组分塔底部的二氯乙烷由轻组分塔底泵送至循环二氯乙烷塔去除重组分。塔顶轻组分采出送至轻组分贮罐中。

在氯乙烯生产的精馏操作中，大多采用浮阀塔。浮阀塔由于它的生产能力大、结构简单、塔板效率高、操作弹性大等优点，是广泛使用的传质设备。它综合了泡罩塔和筛板塔的特点，其浮阀代替了升气管和泡罩，操作时气流自下而上吹起浮阀，从浮阀周边布，再横流水平地吹入塔板上的液相，进行两相接触。液体则由上一层塔板的降液管流

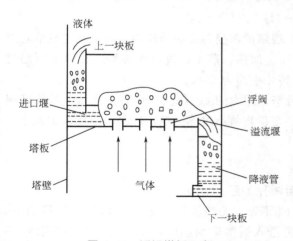

图4-11 浮阀塔板示意

出，经进口堰流过塔板与气相接触传质后，经溢流堰入降液管，流入下面一层塔板，如图4-11所示。氯乙烯装置中大量采用浮阀塔。二氯乙烷精制单元的四个塔，氯乙烯精制单元的两个塔都是浮阀塔。

【任务训练】

    (1) 简述乙烯直接氯化工段的主要设备结构。
    (2) 简述乙烯直接氯化工段主要设备功能。
    (3) 讨论乙烯直接氯化工段设备发展方向。

 # 项目三　二氯乙烷热裂解

任务一　二氯乙烷热裂解的工艺原理

【任务描述】

    能理解二氯乙烷热裂解的基本工艺原理；能简单分析热裂解过程的工艺条件。

【任务指导】

一、裂解原理

1,2-二氯乙烷裂解技术，可采用热裂解、引发裂解和催化裂解三种方式进行。裂解生成氯乙烯，该反应为吸热反应。

其主反应式为：$\quad ClCH_2CH_2Cl \Longleftrightarrow CH_2\!=\!CHCl + HCl - 67.93kJ/mol$

裂解副反应很多，副产物主要有碳、氯甲烷、丙烯等。如：

$$CH_2\!=\!CHCl \longrightarrow CH\!=\!CH + HCl$$
$$CH_2\!=\!CHCl + HCl \longrightarrow CH_3CHCl_2$$
$$CH_2ClCH_2Cl \longrightarrow H_2 + 2HCl + 2C$$

用泵将纯净的二氯乙烷送入裂解炉炉管，裂解炉两壁各有四排烧嘴，以天然气或液化石油气等为燃料进行加热。二氯乙烷在炉管内经过加热、蒸发、过热和裂解，在温度不超过550℃下，生成氯乙烯和氯化氢，二氯乙烷的转化率约为55%。

从裂解炉来的热物料进入二氯乙烷急冷塔，用大约40%的EDC为主要组分的循环液直接喷淋冷却，降温以阻止副反应继续进行。塔顶物料经过热交换、冷凝和收集后送入下一工序，塔釜物料同时进入下一工序。

二、裂解工艺条件

二氯乙烷裂解目前有双炉裂解和单炉裂解两种工艺。

双炉裂解装置主要包括裂解炉和蒸发炉两部分，无热能回收过程。其工艺过程如下。EDC首先通过蒸汽预热器被预热至120℃，再进入裂解炉预热段，加热到220℃的EDC进入闪蒸罐，闪蒸罐中的液体送入蒸发炉加热后回到闪蒸罐，气相EDC进入裂解炉进行裂解，裂解后的物料进入氯乙烯精馏单元进行分离。

单炉裂解由于裂解温度在500℃左右，节能型裂解装置利用热量回收装置代替蒸发炉，使蒸汽用量大幅降低。其工艺过程为：精EDC通过蒸汽预热至120℃后，进入裂解炉预热段，加热至220℃进入汽包，汽包下部为蒸发器，蒸发器是利用裂解出口的物料（500℃）来加热汽包下的EDC液体，汽包出口的EDC气体再经过过热器与裂解出口的物料进行换热后进入裂解炉裂解段。二氯乙烷裂解炉的热效率在90%以上。

二氯乙烷裂解工艺条件主要包括：原料气组成、裂解温度、压力、停留时间等。

1. 原料气组成及纯度

工业生产过程中，要求原料气中二氯乙烷的纯度大于99%、水含量小于10mg/kg、1,1,2-三氯乙烷小于50mg/kg、Fe含量小于0.3mg/kg，上述各项指标均应严格控制，否则裂解炉会很快结焦。同时要求四氯乙烯含量小于1000mg/kg、苯含量小于3000mg/kg、氯丁二烯含量小于100mg/kg。

在裂解原料二氯乙烷中若含有抑制剂，则会减慢裂解反应速度并促进生焦。在二氯乙烷中能起抑制作用的杂质是1,2-二氯丙烷，其含量为0.1%～0.2%时，二氯乙烷的转化率就会下降4%～10%。如果预提高裂解温度以弥补转化率的下降，则副反应和生焦量会更多，而且1,2-二氯丙烷的裂解产物氯丙烯具有更强的抑制裂解作用。杂质1,1-二氯乙烷对裂解反应也有抑制作用。其他杂质如二氯甲烷、三氯甲烷等，对反应基本无影响。铁离子会加速深度裂解副反应，故原料中含铁量要求不大于10^{-4}。水对反应虽无抑制作用，但为了防止裂解产生的氯化氢在含水量高时直接腐蚀设备，所以要严格控制，水分含量控制在5×10^{-6}以下。

2. 反应温度

二氯乙烷裂解是吸热反应，提高反应温度对反应有利。温度在450℃时，裂解反应速度很慢，转化率很低，当温度升高到500℃左右，裂解反应速度显著加快。但反应温度过高，二氯乙烷深度裂解和氯乙烯分解、聚合等副反应也相应加速。当温度高于600℃，副反应速度将显著大于主反应速度。因此，反应温度的选择应从二氯乙烷转化率和氯乙烯收率两方面综合考虑，一般为500～550℃。

3. 反应压力

二氯乙烷裂解是体积增大的反应，提高压力对反应平衡不利。但在实际生产中常采用加压操作，其原因是为了保证物流畅通，维持适当空速，使温度分布均匀，避免局部过热；加压还有利于抑制分解生炭的副反应，提高氯乙烯收率；加压还利于降低产品分离温度，节省冷量，提高设备的生产能力。目前，工业生产采用的有低压法（约0.6MPa）、中压法（1MPa）和高压法（>1.5MPa）等几种。

4. 停留时间

停留时间长，能提高转化率，但同时氯乙烯聚合、生焦等副反应增多，使氯乙烯收率降低，且炉管的运转周期缩短。工业生产采用较短的停留时间，以获得高收率并减少副反应。通常停留时间为10s左右，二氯乙烷转化率为50%～60%。

【任务训练】

（1）简述二氯乙烷裂解的基本原理。

（2）简单分析影响二氯乙烷裂解的工艺条件。

（3）分析二氯乙烷工艺条件指定的理论依据。

任务二　二氯乙烷热裂解的主要设备

【任务描述】

能理解 EDC 热裂解生产设备的结构、特点及控制方法。

【任务指导】

本单元包括二氯乙烷预热和汽化系统、二氯乙烷裂解系统、急冷和热回收系统、氯化氢和氯乙烯精制系统、循环二氯乙烷的处理系统、急冷回收系统和排放气洗涤系统。燃气型裂解炉将二氯乙烷裂解成氯乙烯和氯化氢，然后再进行分离和精制得到氯乙烯产品。液态二氯乙烷在进入裂解炉前要经过预热并且气化，炉内产品经急冷液急冷、冷凝和热回收系统冷却后再进入精制系统。原料首先进入氯化氢塔，氯化氢为塔顶产品被分离出来，然后作为进料送往氧氯化单元。在氯乙烯塔中，氯乙烯从未反应的二氯乙烷中分离出来，但是进入产品储罐前，需要在氯化氢汽提塔中分离出残存的氯化氢。未反应的二氯乙烷与二氯乙烷处理单元的二氯乙烷混合之前，需氯化其中的不饱和烃，以重组分的形式被除去。急冷回收塔中回收二氯乙烷并采出重组分。废气洗涤塔洗涤工艺排放气。

一、二氯乙烷的裂解

1. 二氯乙烷的预热和汽化

经精制后的液体二氯乙烷从干纯二氯乙烷储罐出来，首先要经过两个串联的换热器与一、二级冷凝的热裂解气进行预热。再通过裂解炉烟道气预热，温度将达到 170℃以上。预热后的二氯乙烷被送到两个平行的再沸器汽化，经汽化器罐分离汽液，然后送到裂解炉。在裂解炉单元正常操作下，同时使用两个再沸器给裂解炉进料。

2. 二氯乙烷的裂解

汽化的二氯乙烷在裂解炉的对流段预热后，在冲击段和辐射段超过 400℃的高温下发生裂解。裂解炉有两个平行的炉管，每侧炉壁上有 60 个天然气烧嘴。通过控制天然气的流量来调节裂解炉出口的温度（一般控制在 480～500℃）。也可以通过调节每个烧嘴的压力来得到理想的热量以平衡两根盘管的温度。另外，每个烧嘴可以用手工调节，从而获得最佳火焰形状和燃烧特性。

裂解炉烟道气热回收有以下两个阶段：加热废热锅炉盘管产生 1.05MPa 蒸汽；将二氯乙烷预热盘管中的二氯乙烷温度加热到大约 170℃。

裂解气（氯乙烯、氯化氢、未反应的二氯乙烷）出反应盘管，在裂解炉出口处就被来自急冷塔底的物料所急冷，被冷凝下的气体和剩余的急冷液体混合后进入急冷塔。急冷塔有 10 块塔板，碳钢材质。塔顶有一、二级热回收系统提供的用于精馏裂解炉出来气体的回流液。高沸点的副产物、少量的焦油和一些焦炭都聚集在塔底，在急冷塔底部有一个带孔的挡板，目的就是为了过滤焦炭，使其留在塔釜，相对干净的液体从挡板的孔流出。塔釜液体经过滤器后由泵送至焦油蒸馏系统以回收二氯乙烷。

裂解炉结构如图 4-12 所示。裂解炉由辐射室、对流室和烟囱三部分组成。燃料燃烧所在区域称为辐射室，在炉子的下部，对流室在辐射室上部，烟囱在对流室上部。辐射室和对流室内部排列着炉管，炉管采用耐高温、耐腐蚀的特种金属材质。裂解原料二氯乙烷由泵送入炉管，先进入裂解炉上部的对流室，在对流室内二氯乙烷进行预热，然后进入裂解炉下部的辐射室，受到燃料燃烧后的辐射热，二氯乙烷在此裂解。裂解产物再自炉顶引出，去冷却系统。在辐射室两侧炉壁上，排有燃烧燃料的烧嘴。燃料和空气在烧嘴中混合并燃烧。烧嘴不对称地分布在炉膛中，使炉膛温度均匀。燃烧燃料产生的热量，供辐射室加热炉管内物料进行裂解反应，和对流室加热炉管进行预热。出对流室的烟气最后由烟囱排至大气。

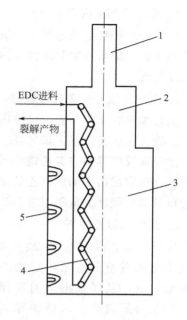

图 4-12　裂解炉示意
1—烟囱；2—对流室，3—辐射室；
4—炉管；5—烧嘴

二、冷凝（热回收）系统

急冷塔塔顶饱和的裂解气通过两级冷凝：第一级冷凝系统冷凝下的液体主要作为急冷塔的回流，而未冷凝的气体进入第二级冷凝系统进一步冷凝。在开车初期或精馏塔再沸器换热器不能使用急冷塔来裂解气时，整个急冷塔顶气可旁路掉所有的热回收换热器，最后只被第二级水冷凝系统所冷凝。来自第二级水冷凝器出口的气液混合物，进入第二级急冷塔回流罐并气液相分离。

来自第一急冷回流罐的冷凝液通过第一急冷塔回流泵在流量和液位控制下给急冷塔回流。为了维持急冷塔液位，也通过第二急冷塔回流泵由第二急冷回流罐提供额外回流。

第二急冷塔回流罐中的气相经换热器壳程与氯化氢塔去氧氯化单元的氯化氢换热后进一步冷却。冷凝液流回第二级急冷塔回流罐，气相作为氯化氢塔的气相进料，液相通过泵打入氯化氢塔作为液相进料。

1. 氯化氢塔

氯化氢塔将氯化氢与二氯乙烷、氯乙烯分离。氯化氢气体从塔顶采出，液态二氯乙烷和氯乙烯从塔底采出。

来自氯化氢塔顶的气体氯化氢经过冷凝器冷凝，从而提供塔的液体回流。该换热器是一个使用氟里昂的外部设备。制冷剂通过液位控制进入冷凝器壳程。冷凝后的氯化氢进入氯化氢储罐，它也是氯化氢塔回流罐，并有一部分作为回流经泵打入氯化氢塔。

2. 氯乙烯塔

氯乙烯塔有 70 块塔盘，精制得到的氯乙烯作为塔顶出料，塔底二氯乙烷基本上不含氯乙烯。进料中含有的氯化氢会进入塔顶产品中，其他杂质如丁二烯、氯甲烷和乙烯基乙炔最终也进入塔顶产品中，其他组分随塔底采走。

离开氯乙烯塔底部的循环二氯乙烷通过循环二氯乙烷热交换器冷却，将热量传递给循环二氯乙烷塔的进料，再进入循环二氯乙烷冷却器中进一步冷却，然后去循环二氯乙烷氯化反应器中反应除去氯丁二烯，氯化过的二氯乙烷将被贮存在循环二氯乙烷储罐中。

3. 氯乙烯产品汽提

氯乙烯塔产品中的微量氯化氢通过精馏在氯化氢汽提塔中除去，富含氯化氢的塔顶物料被返回到第二级急冷回收罐得以回收。氯化氢汽提塔底产品经氯乙烯冷却后通过液位控制去产品检验罐。

4. 循环二氯乙烷氯化反应器

裂解单元开车后，氯乙烯塔塔底流出的二氯乙烷在塔底液位控制下，经过两级换热器的冷却，进入氯化反应器，氯气按二氯乙烷的流量用流量比控制加入，调节氯气与二氯乙烷的流量比保证反应器中二氯乙烷中的游离大约过量（$100 \sim 150) \times 10^{-6}$（质量）。从循环二氯乙烷氯化反应器出来的二氯乙烷流向循环二氯乙烷储罐，其中的二氯乙烷通过循环二氯乙烷塔进料泵送到循环二氯乙烷塔。

5. 循环二氯乙烷塔

循环二氯乙烷塔有 75 块塔板，主要目的是分馏除去从氧氯化二氯乙烷和循环二氯乙烷中带来重组分。循环二氯乙烷塔底泵通过流量控制采出一小股物料送去急冷二氯乙烷回收塔。从塔顶出来的气相进入二氯乙烷塔冷凝器，冷凝液进入二氯乙烷塔回流罐。用泵将回流液打入塔顶部同时保持回流灌液位不变。同时采出一小股物流进入酸碱洗系统。

纯二氯乙烷从层塔板流出，进入循环二氯乙烷塔产品收集罐，产品用循环二氯乙烷塔产品泵送到干纯二氯乙烷储罐。

6. 急冷回收塔

急冷回收塔有 30 层塔板，与焦油蒸馏釜相连接，这个系统从各种各样进料中回收二氯乙烷。焦油蒸馏釜含有大量的重组分，然而采出它也需要同时采出一些二氯乙烷［大约 20%（质量）］以避免焦油蒸馏釜中过高的温度，因为温度过高重组分将会降解并在重组分流中形成固体。焦油蒸馏釜中的物料经釜下泵返回釜中。根据设定的时间采出一部分液体去重组分储罐。从塔顶部出来的气相被急冷回收塔冷凝后进入急冷回收塔回流罐，由回流泵给塔顶部打回流，回流罐中多余的液体被送至急冷塔以回收二氯乙烷、氯乙烯和氯化氢。

7. 排放气洗涤塔

排放气洗涤塔由玻璃钢（470 树脂）制成，顶部有一个排气管。干和湿排放气总管分别进入塔的底部，除了吸收排放气中的氯化氢和氯气，洗涤塔还接受正常的工艺排放气。洗涤塔的水从三个高度进入洗涤塔，在每层水将进入三个分布管，这些管子深入塔内并延伸到整个塔的宽度，每个分布管有几个喷雾嘴覆盖着整个底部区域。喷出的小液滴提供了足够吸收氯化氢的表面积，制造这些分布管和喷嘴的首选材料是哈氏 C，它能够耐强酸性环境。喷嘴下面的区域是聚丙烯填料，喷嘴中喷出的水落在这些填料上，这就提供了一定的表面积去吸收氯化氢，同时更有效地预防氯化氢散发到大气中。水从塔底部流出进入洗涤塔循环储罐，然后通过循环泵，把水送至塔的喷嘴。

【任务训练】

（1）简述二氯乙烷裂解工段的主要设备结构。

（2）简述二氯乙烷裂解工段主要设备功能。

（3）讨论二氯乙烷裂解工段设备发展方向。

项目四 乙烯氧氯化

任务一 乙烯氧氯化的工艺原理

【任务描述】

能理解乙烯氧氯化的基本原理；能分析乙烯氧氯化反应的工艺条件。

【任务指导】

一、乙烯氧氯化基本原理

氯化氢、氧气和乙烯在催化剂存在条件下反应生成二氯乙烷和水。乙烯氧氯化过程是在催化剂氯化铜存在下乙烯、氯化氢和氧气的气态反应。工艺反应在低压和中温下进行。乙烯、氧气和氯化氢在装填的催化剂氯化铜存在下反应生成二氯乙烷和水。反应放出的热量由产生的高压蒸汽带走。以氧气为基础的氧氯化反应在乙烯大量过量的条件下进行，这通过乙烯循环来实现。

其分步反应机理被认为如下：

$$C_2H_4 + 2CuCl_2 \longrightarrow C_2H_4Cl_2 + 2CuCl$$
$$4CuCl + O_2 \longrightarrow 2CuCl_2 \cdot CuO$$
$$CuCl_2 \cdot CuO + 2HCl \longrightarrow 2CuCl_2 + H_2O$$

其反应方程式为： $2C_2H_4 + 4HCl + O_2 \longrightarrow 2C_2H_4Cl_2 + 2H_2O$

副反应主要有一氧化碳、二氧化碳和三氯甲烷等，乙烯的分压对反应动力学性能影响很大，提高乙烯分压可以有效提高二氯乙烷的生成速率。

该装置单元由乙烯、氯化氢和氧气生成二氯乙烷。工艺反应在低压（0.7MPa）和中温（250℃）下进行。乙烯、氧气和氯化氢在装填的催化剂氯化铜存在下反应生成二氯乙烷和水。反应放出的热量由产生的高压蒸汽带走。以氧气为基础的氧氯化反应在乙烯大量过量的条件下进行，这通过乙烯循环来实现，乙烯过量主要起到两个作用，一是它降低了反应器温度最大值，因此提高了催化剂选择性和延长了催化剂寿命；二是它能使氧气的浓度保持在爆炸极限以下，从而保证反应器在爆炸区外安全地操作。

乙烯的氧氯化是在两个串联的列管式反应器中进行的，乙烯进料和来自第二级反应器出口冷凝出产品二氯乙烷和水后的循环气（包括80%以上的乙烯）一起进入第一级反应器入口。氯化氢进料按60∶40分别进入两个反应器，两股氧气进料按50∶50的比例进入反应器。如果采用过量的氧气（大约超过化学计量所需要的氯化氢3%～6%），那么可以实现氯化氢转化率达到99.6%～99.8%。未反应的乙烯从二氯乙烷和水中分离出来，经压缩后再循环到反应器系统。惰性气体从循环乙烯中去掉，通过流量控制采出一些循环气送往净化气处理系统，净化后继续送往低温氯化反应器，乙烯得到回收。

乙烯氧氯化反应是强放热反应，反应热可达251kJ/mol，因此反应温度的控制十分重要。压力的高低要根据反应器的类型而定，流化床宜于低压操作，固定床为克服流体阻力，操作压力宜高些。若氯化氢过量，则过量的氯化氢会吸附在催化剂表面，使催化剂颗粒胀大，使密度减小，如果采用流化床反应器，床层会急剧升高，甚至发生节涌现象，以至不能正常操作。乙烯稍过量可保证氯化氢完全转化。原料乙烯纯度越高，氧氯化产品中杂质就越少，这对二氯乙烷的提纯十分有利。一般原料配比为：乙烯：氯化氢：氧气：惰性气体＝1.6：2：0.63：2。要使氯化氢接近全部转化，必须有较长的停留时间，但停留时间过长会出现转化率下降的现象。

二、乙烯氧氯化生产二氯乙烷工艺条件

1. 反应温度

乙烯氧氯化反应是强放热反应，反应热可达 251kJ/mol，因此反应温度的控制十分重要。升高温度对反应有利，但温度过高，乙烯完全氧化反应加速，CO_2 和 CO 的生成量增多，副产物三氯乙烷的生成量也增加，反应的选择性下降。温度升高催化剂的活性组分 $CuCl_2$ 挥发流失快，催化剂的活性下降快，寿命短。一般在保证 HCl 的转化率接近全部转化的前提下，反应温度以低些为好。但当低于物料的露点时，HCl 气体就会与体系中生成的水形成盐酸，对设备造成严重的腐蚀。因此，反应温度一般控制在 220～300 ℃。

2. 反应压力

常压或加压反应皆可，一般在 0.1～1MPa。压力的高低要根据反应器的类型而定，流化床宜于低压操作，固定床为克服流体阻力，操作压力宜高些。当用空气进行氧氯化时，反应气体中含有大量的惰性气体，为了使反应气体保持相当的分压，常用加压操作。

3. 原料配比

按乙烯氧氯化反应方程式的计量关系：C_2H_4：HCl：O_2＝1：2：0.5（摩尔）。在正常操作情况下，C_2H_4 稍有过量，O_2 过量 50％ 左右，以使 HCl 转化完全，实际原料配比为 C_2H_4：HCl：O_2＝1.05：2：(0.75～0.85)(摩尔)。若 HCl 过量，则过量的 HCl 会吸附在催化剂表面，使催化剂颗粒胀大，使密度减小；如果采用流化床反应器，床层会急剧升高，甚至发生节涌现象，以至不能正常操作。C_2H_4 稍过量，可保证 HCl 完全转化，但过量太多，尾气中 CO 和 CO_2 的含量增加，使选择性下降。氧的用量若过多，也会发生上述现象。

4. 原料气纯度

原料乙烯纯度越高，氧氯化产品中杂质就越少，这对二氯乙烷的提纯十分有利。原料气中的乙炔、丙烯和 C_4 烯烃含量必须严格控制。因为它们都能发生氧氯化反应，而生成四氯乙烯、三氯乙烯、1,2-二氯丙烷等多氯化物，使产品的纯度降低而影响后加工。原料气 HCl 主要由二氯乙烷裂解得到，一般要进行除炔烃处理。

5. 停留时间

要使 HCl 接近全部转化，必须有较长的停留时间，但停留时间过长会出现转化率下降的现象。这可能是由于在较长的停留时间里，发生了连串副反应，二氯乙烷裂解产生 HCl 和氯乙烯。在低空速下操作时，适宜的停留时间一般为 5～10s。

【任务训练】

(1) 简述乙烯氧氯化的基本原理。

(2) 简述乙烯直接氯化与乙烯氧氯化的优缺点。

(3) 简单分析影响乙烯氧氯化的工艺条件。

任务二　乙烯氧氯化的主要设备及操作

【任务描述】

能理解乙烯氧氯化单元生产设备的结构、特点及控制方法。

【任务指导】

流化床反应器是钢制圆柱形容器，高度约为直径的 10 倍左右，其结构如图 4-13 所示。在反应器底部水平插入空气进料管，进料管上方设置具有多个喷嘴的板式分布器，用于均匀分布进入的空气。在反应段设置了一定数量的直立冷却管组，管内通入加压热水，使其汽化以移出反应热，并产生相当压力的水蒸气。在反应器上部设置三组三级旋风分离器，用以分离回收反应气体所夹带的催化剂。催化剂在流化床反应器内处于沸腾状态，床层内又装有换热器，可以有效地引出反应热，因此反应易于控制，床层温度分布均匀。这种反应器适用于大规模的生产，但缺点是催化剂损耗量大，单程转化率低。在生产中催化剂的磨损量每天约有 0.1%，故需补加催化剂。催化剂自气体分布器上方用压缩空气送入反应器内。

由于氧氯化反应过程有水产生，若反应器的某些部位保温不好，温度会下降，当温度达到露点时，水就凝结，将使设备遇到严重的腐蚀。因此，反应器各部位的温度必须保持在露点以上。

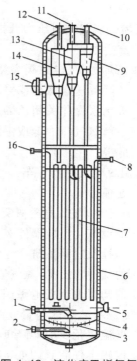

图 4-13　流化床乙烯氧氯化反应器结构

1—C_2H_4 的 HCl 出口；2—空气入口；
3—板式分布器；4—管式分布器；
5—催化剂入口；6—反应器外壳；
7—冷却管组；8—加压热水入口；
9—第三级旋风分离器；10—反应气出口；11，12—净化空气入口；
13—第二级旋风分离器；14—第一级旋风分离器；15—人孔；
16—高压水蒸气出口

【任务训练】

（1）简述乙烯氧氯化流化床反应器的结构。

（2）乙烯氧氯化流化床反应器的功能。

（3）讨论乙烯氧氯化流化床反应器的发展方向。

 # 项目五　岗位操作及常见故障处理

【任务描述】

能熟悉常见故障，并对故障进行分析和处理。

【任务指导】

一、乙烯或氯气丧失

1. 现象

乙烯、氯气进料压力低报。

2. 产生原因

① 乙烯/氯气电磁阀突然事故关闭。

② 乙烯输送量减少或停送乙烯。

③ 人为误操作关闭乙烯/氯气手阀或电磁阀。

④ 电解氯气压力低或停送氯气。

3. 危害

低温氯化反应器停车。

4. 处理方案

（1）乙烯/氯气电磁阀突然事故关闭。

① 低温氯化反应器停车，氧氯化净化气切排放。

② 内操及时向值班主任汇报，值班主任接到报告后通知调度临时调节乙烯/氯气用量。

③ 内操注意乙烯/氯气管网压力不要偏高，及时调节氯压机全循环。

④ 通知仪表查找电磁阀事故关闭原因，查明并解决后及时开车，恢复生产。

（2）减少乙烯输送量或停送乙烯

① 低温氯化反应器降负荷。

② 值班主任联系调度，确认乙烯减少量，并协调低温氯化反应器降负荷幅度。

③ 内操注意乙烯管网压力，防止因压力过低造成的氧氯化单元停车。

④ 值班主任通知调度临时调节乙烯、氯气用量。

⑤ 内操注意调节氯压机进出口压力，防止超压或压缩机喘振。

⑥ 乙烯流量恢复后，反应器及时恢复负荷。

（3）人为误操作关闭乙烯/氯气调节阀或电磁阀

① 立即纠正错误，将误关闭的手阀或电磁阀打开。

② 反应器适当降负荷，保证氯压机不喘振、不超压。

③ 注意乙烯管网压力别超压。

（4）电解氯气压力低或停送氯气

① 反应器降负荷，及时调节氯压机进出口压力，保证氯压机不喘振。

② 值班主任及时联系调度确认氯气减少量及恢复时间，并根据实际结果确定反应器降负荷幅度或是否需要停车。

③ 内操及时调节乙烯管网压力，防止超压。

二、裂解炉出口泄漏

1. 现象

保温变色，测爆不合格，物料泄漏、着火。

2. 产生原因

设备腐蚀及管路的冲刷，法兰变形等。

3. 危害性

如果不及时处理，会造成更大的腐蚀，甚至引起火灾。

4. 处理方案

① 外操发现泄漏，应立即逐级汇报。

② 内操或班长通知保全去现场维修。

③ 若紧固后仍有泄漏，视情况打卡子或紧急停车。

④ 若严重泄漏，班长或值班主任立即组织紧急停车。

⑤ 若严重泄漏，开启消防水泵，向消防队求助。

⑥ 通知现场无关人员撤离至安全区域，外操远距离关注泄漏情况，并及时汇报。

⑦ 内操将天然气切断阀关闭。

⑧ 消防人员到达现场后，协助消防人员进行抢险处理。

⑨ 泄漏点附近的机泵通过配电室拉闸。

5. 安全注意事项

① 应准备好灭火器，以备出现火情及时灭火。

② 应用氮气对着泄漏部位吹，以降低局部温度和可燃物浓度，检修人员、工艺人员站在上风口。

③ 检修人员应使用防爆工具。

三、二氯乙烷罐区二氯乙烷着火

1. 现象

二氯乙烷着火。

2. 着火原因

机泵发生故障轴承温度升高，导致密封泄漏着火。

3. 危害性

二氯乙烷燃烧产生有毒的腐蚀性气体。回火引起储罐爆炸。

4. 灭火方法

操作工发现着火时，一名员工可人工用灭火器或水喷淋直接灭火，另一名员工电话通知值班主任和分厂领导，并向消防队求助。值班主任接通知后联系水泵房开启消防水泵。立即隔离与着火源相连的物料管线、设备、运行的机泵（可立即切断电源），防止回燃引发更大的火灾事故。如人员无法靠近时，电话通知配电室直接断电。若处在火场中的容器若以变色或从安全装置中产生声音，人员必须马上撤离。

四、轻组分塔出料不合格

1. 现象

① 在线水表报警。

② 分析含水不合格。

③ 分析含铁不合格。

2. 原因

轻组分塔进料或者回流太大，再沸器蒸汽流量不足。进料含水。

3. 危害

污染干纯二氯乙烷储罐。处理不及时，导致出料不合格。

4. 处理方案

① 内操发现在线水表报警后，立即通知外操将塔釜出料切至粗湿二氯乙烷储罐。

② 通知分析确认含水。

③ 及时调整塔操作，避免因切塔出料引起塔波动。

五、裂解炉炉管漏

1. 现象

系统压力下降，炉子着火。

2. 原因

设备腐蚀及管路的冲刷。

3. 危害性

裂解炉炉管泄漏后会立即着火，不及时处理极易引起爆炸。

4. 处理方案

① 外操发现泄漏，应立即逐级汇报。

② 通知开启消放水泵向消防队求助。

③ 值班主任或班长组织紧急停车，隔离裂解炉。

④ 总控关闭天然气切断阀、停蒸汽和液相进料。

⑤ 裂解炉隔离后开灭火蒸汽。

六、氧氯化单元乙烯、氧气、氯化氢丧失

1. 原因

① 乙烯/氧气/氯化氢切断阀突然事故关闭。

② 乙烯减少乙烯输送量或停送乙烯。

③ 人为误操作关闭乙烯/氧气/氯化氢手阀或电磁阀。

2. 危害

处理不及时会造成氧氯化单元停车甚至爆炸。

3. 处理方案

① 若是电磁阀突然事故关闭，立即停车，通知仪表查找原因，解决后，恢复开车。

② 值班主任通知调度，临时调整乙烯/氧气用量，调整氯化氢平衡。

③ 若是乙烯/氧气/氯化氢流量突然减少，立即降负荷，内操注意乙烯、氯化氢和氧气的比例变化。

④ 值班主任立即联系调度，尽快协调恢复乙烯/氧气流量。

⑤ 若流量短时间内无法恢复，只有紧急停车，并由值班主任通知调度，做好乙烯/氧气/氯化氢的平衡工作。

案 例 分 析

【案例 1】事故名称：二氯乙烷裂解炉出口泄漏着火

发生日期：1999 年 11 月 5 日。

发生单位：国内某公司。

事故经过：1999 年 11 月 5 日晨 7 点 46，二氯乙烷裂解炉出口管上进激冷液的三通下方

法兰之间的密封垫片泄漏，泄出的二氯乙烷与氯乙烯着火，最后由于受热而法兰上的 8 条螺栓全部烧软脱落，火灾事态扩大，将邻近的可燃物料管道及其他管道全部烧塌爆裂，裂解炉北侧所有仪表线路全部烧毁，裂解炉炉台局部变形，造成工厂裂解单元全线停车，无人员伤亡。

原因分析：（1）在裂解炉烧焦检修过程中，激冷液进口法兰上的 8 条螺栓使用不当，未全部采用 35CrMoA 高强度螺栓，且有三条未上满扣，因此使密封圈的密封压力不足。

（2）此道法兰的密封圈采用的不锈钢带缠绕石墨垫是国产的无内外环（限制环）垫圈，在线期间因无内环而松弛，致使密封面压力不足。

（3）漏出的物料二氯乙烷与氯乙烯的引燃温度分别为 413℃和 472℃，而从裂解炉中漏出时的温度是 495℃左右远高于引燃温度，因此，一旦物料漏出遇空气就燃烧。

（4）设备检修使用物料的材质、检修后设备的验收缺乏严格的规范，有较大的随意性。

教训：（1）完善设备检修管理制度，建立检修工作票制度，规范管理；

（2）加强现场检查，及时发现事故苗头和设备隐患；

（3）选用适用性强的可燃气报警装置。

【案例 2】事故名称：焦油釜"爆沸"

发生时间：1997 年 4 月 30 日。

发生单位：国内某公司。

事故经过：4 月 30 日下午 2 点 10 分，氯乙烯工段甲班继续进行对焦油釜检修前的处理工作，即用消防水带从焦油釜人孔加冷水，同时从人孔溢流热水，夹套通蒸汽加热，因热水从人孔处不停地溢流至钢平台，又从钢平台漏至地面，给分厂干部做卫生带来不便，于是在未通知工艺处理人员的情况下，分厂领导将正在使用的消防水截门关上，而蒸汽仍开着，焦油釜底焦油渣中含蓄的二氯乙烷温度被加热到二氯乙烷的沸点（83.5℃）而大量气化，二氯乙烷蒸汽将覆盖在油渣上的大量热水顶起而喷出人孔，将等待在人孔口附近钢平台上准备检修焦油釜的王某等 5 人烫伤，其中王某个头较高达 1.78m，被气浪从 2 层推倒而坠落 1 层地面，摔成重伤，经抢救多日无效死亡，其余 4 人烫伤面积和深度都较严重。

原因分析：（1）领导违章指挥，蒸汽未停而停冷水造成加温过热，达到二氯乙烷的沸点温度而造成二氯乙烷"爆沸"。

（2）设备检修未办理检修工作票，工艺与维修之间没有统一协调。

（3）工艺处理人员没有坚守处理现场，致使现场的工艺处理处于无人监管状态。

（4）违反了原化工部颁发的安全生产禁令中的生产区十四个不准之一，即"不是自己分管的设备、工具不准动用"。

（5）二层钢平台护栏仅高 900mm 不合格。

教训：（1）设备检修，必须办理"检修工作票"，必须加强工作联系；

（2）安全护栏必须按规范设置。

【案例 3】事故名称：氯乙烯爆炸事故

1981 年 5 月 27 日位于加拿大艾伯塔萨斯喀彻温堡的道化学公司加拿大分公司的工厂中发生一起氯乙烯爆炸事故。致使 5 人受伤，楼房遭到破坏。事故原因是氯乙烯泄漏猛烈涌出，气体很快到达爆炸极限，发生了猛烈爆炸。

原因分析：（1）控制阀门泄漏，导致氯乙烯液体进入碱洗塔，并且在罐中积累；

（2）水加入减慢了洗涤塔的泄漏，但加快了氯乙烯进入排水管系统，同时也加速了氯乙烯气化，系统压力增大；

（3）氯乙烯大量涌出，氯乙烯蒸气和空气混合到一定极限后，在不明火源点燃下，发生了突然爆炸。

教训：对于管路应采取毒性物质的分析检测。

【案例4】事故名称：氯乙烯单体生产装置爆炸

1973年10月28日15时许，日本信越化学工业公司直江津工厂对单体过滤器氯乙烯泄漏并引发爆炸。事故造成死亡1人、重伤6人、轻伤17人。距爆炸点半径为2.2km范围内的公共建筑及民房约660栋由于爆炸冲击波而使门窗、屋顶、墙壁、顶棚等受损；由于燃烧产生氯化氢气体，使农作物受害面积达16万平方米；烧毁厂房、建筑物约7300m²，烧坏厂区面积约18000m²，单体工段、聚合工段、干燥工段等的塔槽、各种机、泵、仪表几乎全被烧毁，烧坏各种物料约170t。

事故原因：连接储罐和过滤器的阀轭部断裂成全开状态，致使储罐内的约4t氯乙烯以约6kg/cm²（0.59MPa）的压力流入过滤器内，喷出气流高达数米，喷了1～2min。流出液气化而成为约1500m³的气体扩散于聚氯乙烯厂区12000m²的地面上。在单体喷出后的15min后发生爆炸，火柱高达数十米。

此次事故的直接原因是由于过滤器入口阀破损引起单体喷出，扩散到厂区，并由于催化剂冷冻机的电气继电器动作而起火爆炸。

教训：（1）手动阀应限制使用手搬工具，铸铁阀及与装置的开放部分连接的阀应绝对禁用，非用不可时，要将使用的场合、方法及工具的种类等明确列入操作规程，使操作工彻底了解。

（2）装置进行部分修理、清扫时，除仪表用的特殊小型阀外，必须在法兰处加盲板，将该部分切实隔断，必要时用氮气置换。

（3）使用铸钢阀等强度大的阀门；凡泄漏会导致事故的设备，应设双重阀。

（4）凡容易发生气体泄漏、滞留的地方都要装设漏气检测报警器及事故通风防爆装置。

小　结

1. 乙烯氧氯化法制氯乙烯的总体工艺介绍：分为三个单元，分别是乙烯直接氯化制二氯乙烷单元，二氯乙烷裂解制氯乙烯单元，乙烯氧氯化制二氯乙烷单元。

2. 乙烯直接氯化工艺分为3种：低温法（50℃），中温法（90℃），高温法（120～125℃）。所使用的设备主要有乙烯直接氯化反应器、压缩机、酸洗罐、碱洗罐、汽提塔、精馏塔。

3. 二氯乙烷裂解目前有双炉裂解和单炉裂解两种工艺。双炉裂解装置主要包括裂解炉和蒸发炉两部分，无热能回收过程。单炉裂解由于裂解温度在500℃左右，节能型裂解装置利用热量回收装置代替蒸发炉，使蒸汽用量大幅降低。二氯乙烷裂解工艺条件主要包括：原料气组成、裂解温度、压力、停留时间等。该工段使用的设备主要有：裂解炉、急冷塔、精馏塔、洗涤塔等。

4. 乙烯氧氯化过程是在催化剂氯化铜存在下乙烯、氯化氢和氧气的气态反应。工艺反应在低压和中温下进行。乙烯、氧气和氯化氢在装填的催化剂氯化铜存在下反应生成二氯乙烷和水。反应放出的热量由产生的高压蒸汽带走。以氧气为基础的氧氯化反应在乙烯大量过量的条件下进行，这通过乙烯循环来实现。该工段使用的设备主要有：流化床反应器。

5. 岗位常见故障：乙烯或氯气丧失；裂解炉出口泄漏；二氯乙烷罐区二氯乙烷着火；轻组分塔出料不合格；裂解炉炉管漏、氧氯化单元乙烯、氧气、氯化氢丧失。

知识拓展：乙烯氧氯化法生产氯乙烯的研究开发进展

氯乙烯（VCM）是生产聚氯乙烯（PVC）的单体，98％VCM都用来生产PVC，其余的用于生产聚偏二氯乙烯（PVDC）和氯化溶剂等。近年来，随着PVC生产和消费的快速增长，生产工艺也不断发展，并推动了PVC工业的发展。VCM工业化生产始于20世纪20年代，早期生产方法采用电石为原料的乙炔法路线，电石水解生成乙炔，乙炔与氯化氢反应生成VCM。由于该工艺能耗较高，污染严重，因此自以乙烯为原料的工艺路线问世之后就逐渐被淘汰。目前全世界范围内95％以上的VCM产能来自乙烯氧氯化法工艺。

乙烯氧氯化法由美国Goodrich公司于1964年首先实现工业化生产，该工艺原料来源广泛，生产工艺合理，目前世界上采用本工艺生产VCM的产能约占VCM总产能的95％以上。

乙烯氧氯化法的反应工艺分为乙烯直接氯化制EDC、乙烯氧氯化制EDC和二氯乙烷（EDC）裂解3个部分，生产装置主要由直接氯化单元、氧氯化单元、EDC裂解单元、EDC精制单元和VCM精制单元等工艺单元组成。乙烯和氯气在直接氯化单元反应生成EDC。乙烯、氧气以及循环的HCl在氧氯化单元生成EDC。生成的粗EDC在精制单元精制、提纯。然后精EDC在裂解单元裂解生成的产物进入VCM单元，VCM精制后得到纯VCM产品，未裂解的EDC返回精制单元回收，而HCl则返回氧氯化反应单元循环使用。直接氯化有低温氯化法和高温氯化法；氧氯化按反应器型式的不同有流化床法和固定床法，按所用氧源种类分有空气法和纯氧法；EDC裂解按进料状态分有液相进料工艺和气相进料工艺等。具有代表性的Inovyl公司的VCM工艺是将乙烯氧氯化法提纯的循环EDC和直接氯化的EDC在裂解炉中进行裂解生产VCM。经急冷和能量回收后，将产品分离出HCl（HCl循环用于氧氯化）、高纯度VCM和未反应的EDC（循环用于氯化和提纯）。来自VCM装置的含水物流被汽提，并送至界外处理，以减少废水的生化耗氧量（BOD）。采用该生产工艺，乙烯和氯的转化率超过98％，目前世界上已经有50多套装置采用该工艺技术，总生产能力已经超过470万吨/年。

为了解决平衡氧氯化工艺副产的大量废水和腐蚀问题，美国Monsant和Kellogg公司合作开发了"Partec"新工艺。该工艺把Monsanto专有的直接氯化、裂解和提纯工艺与Kellogg专有的"Kel-Chlor"，工艺相结合，即在乙烯与Cl_2直接氯化生成EDC，EDC裂解生成VCM和HCl之后，不再采用氧氯化工艺，而是通过"Kel-Chlor"单元将HCl与O_2或空气反应生成水和Cl_2，Cl_2回收循环到直接氯化段。与传统平衡氧氯化工艺相比，该工艺的优势在于：收率较高；生产成本较低；对环境更加友好。

传统的直接氯化工艺是氯气和乙烯混合后进入直接氯化反应器，反应器中有一定浓度催化剂$FeCl_3$的EDC液体。反应温度控制在85～95℃，压力为115kPa。乙烯在液相中被氯化生成EDC，反应器中的反应热由EDC汽化移走。

德国维诺里特公司（Vinnolit）通过其工程合作伙伴乌德（Uhde）公司对外公布了一种直接氯化法的"沸腾床反应器"（UVBR）新工艺。在该工艺中，乙烯先溶于反应器的 EDC 中，然后再与一种 EDC/氯溶液相混合，进行快速液相反应。液压头的急剧下降致使 EDC 产品汽化并以蒸汽状态被提取出。该工艺与其他工艺相比，改进了再循环过程，无需对 EDC 产品进一步处理或提纯，可以获得极好的 EDC 质量，明显降低电力成本和蒸汽成本；可单独生产 EDC；使用喷嘴用于氯溶解，在界区内不必提高氯气压力，可按照所需工序的要求选择反应器压力和温度，并进行热回收；节省设备成本 15%～20%。LVM 公司首 Tessenderlo 地区 30 万吨/年平衡 EDC/VCM 联合装置中采用该工艺，装置已经于 2006 年投产。

德国 Vinnolit 公司、美国西方化学公司（Oxyvinyls）和 EVC 开发了两种高温直接氯化新工艺。第一种直接氯化新工艺，自闪蒸罐闪蒸产生的气相 EDC 不经冷凝，而直接送往后续单元的 EDC 精馏塔，为精馏塔提供了部分热源，减少了精馏塔再沸器相应的蒸气消耗，实现了热量的回收利用。第二种直接氯化工艺的反应器采用热虹吸式反应釜，自反应釜产出的气相 EDC 全部进入精馏塔，精馏塔的塔底液体作为循环 EDC 进入反应釜。反应产生的热量即作为 EDC 精馏塔的热源，省略了精馏塔再沸器以及反应器顶部用来吸收反应热的水冷器或空冷器。这两种直接氯化工艺技术通过精馏与反应的有机结合，部分或全面利用了直接氯化反应热，通过对这两种工艺进行了比较，得出第二种高温氯化工艺节能效果更为明显，该工艺全面利用了直接氯化反应热，能大量减少 VCM 装置的蒸气和冷却水（或空冷器电力）的消耗。

乙烯氧氯化制备 EDC 是平衡氧氯化法生产 VCM 的关键，而乙烯氧氯化法生产 VCM 的关键是选择合适的 EDC 合成催化剂，所选择催化剂的性能和活性直接影响到 EDC 的收率。Geon 公司对添加助催化剂的双组分及多组分乙烯氧氯化催化剂进行了大量的研究，研制出的以 γ-Al_2O_3 为载体，负载 Cu 4.0%（质量百分数，下同）、K 1.0%、Ce 2.3%、Mg 1.3% 的多组分催化剂，相比于工业上正在使用的单组分铜催化剂，其乙烯利用率高，活性高，而且随着反应温度的提高，其活性下降趋势慢。BASF 公司提到一种乙烯与 HCl 和氧气（空气）气相氧氯化的 Al_2O_3 负载的催化剂，其组成为 Cu 盐 3%～9%、碱土金属盐 0～3%、碱金属盐 0～3%，从 Ru、Rh、Pd、Os、Ir、Pt 以及 Au 中筛选的一种以上的金属含量最好为 0.005%～0.05%。该催化剂改善了反应物的产率。意大利 Montecatini 公司研制的中空圆柱状及三通道中空圆柱状固定床催化剂，均具有较好的催化反应性能。

北京化工研究院从 2002 年开始就进行了用于 Uhde 技术的乙烯氧氯化装置的新型催化剂的研制，并采用共沉淀一渍浸法，添加第二、第三组分作为助催化剂，制备出新一代乙烯氧氯化 BC-2-002A 催化剂，考察了 BC-2-402A 催化剂的物性指标和催化性能，同时与进口催化剂进行了性能对比。采用加压流化床反应器对 BC-2-002A 催化剂进行了活性评价，在反应器温度（225±2）℃、反应压力 0.2MPa、气态空速 1600h^{-1}、原料气配比 $n(C_2H_4)$：$n(HCl)$：$n(O_2)$ = 1.64：2.00：0.64 的条件下，HCl 转化率不低于 99.50%，EDC 的纯度不低于 99.50%，尾气中 CO_2 的体积分数小于 1%。将 BC-2-002A 催化剂应用于 20 万吨每年乙烯氧氯化制 VCM 工业装置，并添加助催化剂，有效改进了 BC-2-002A 催化剂的催化性能。与进口催化剂相比，该催化剂活性好，转化率高，副产物少，产品 EDC 的纯度高。在工业应用试验的结果表明，此催化剂的加入使 HCl 的转化率一直保持较高状态，工业运转正常，其性能明显高于单独使用进口催化剂。

传统的 EDC 精制工艺是从氧氯化单元来的含水 EDC，在脱水塔中脱除水分后，与来自直接氯化单元的粗 EDC 及 VCM 精制单元返回的粗 EDC 进入脱轻塔蒸出低沸物、脱除轻组分，然后进入脱重塔脱除重组分。

从塔系的增减及塔间的偶合操作方面，赵洪涛等对 EDC 精制流程工艺节能的研究发现，采用双效变压耦合节能流程是主要节能手段，其中脱水塔和脱轻塔合并，回收塔和脱重塔合并具有最佳的实践意义。虽然此方案会带来的 EDC 损耗增加，但通过适当地改变合并后的脱水脱轻塔塔顶冷凝器的操作温度可以轻易地得到解决。形成的节能型新三塔精制工艺流程，使得 EDC 精制单元蒸气单耗大幅度下降。

在裂解单元，纯净的 EDC 经预热后进入裂解炉对流段上部回收烟道气热量，然后经过汽化器进入裂解炉的对流段及辐射段过热和裂解，裂解生成 VCM 和 HCl。来自裂解炉的热气体进入急冷塔，减少副反应的发生，实现裂解物料的初步分离。

将 EDC 精制单元的精馏塔顶馏出的 EDC 蒸汽压缩到满足一定的温度和压力，即能够直接进入裂解炉的温度、压力，可以节省约 80％用于预热物料的热量。

来自裂解炉的热气体的出口温度在 500℃左右，进入急冷塔之前，需要冷却到 300℃。采用热回收流程，回收热气体的热量，用高温裂解气加热导热油，再用导热油气化裂解进料 EDC。

对裂解炉进行改造，可以提高 EDC 的转化率，减少能量消耗。提高辐射段入口温度，在保证相同转化率的前提下，裂解炉可获得更大的生产负荷，同时还可适当降低裂解炉辐射段出口温度，提高 EDC 的转化率，减少炉内热强度，延长炉管寿命。裂解炉生产能力增加 20％，节能 31％。

从全球 VCM 生产技术现状和发展趋势看，乙烯氧氯化法方法是现今工业生产 VCM 的主导方法。目前，采用该方法生产 VCM 装置在催化剂的开发应用和工艺改进方面取得了很大的进展，今后应该继续加大新型催化剂以及现有生产工艺的节能改进，以进一步降低生产成本，提高装置的利用率。

情境五　聚氯乙烯的生产

学习目标

知识目标

- ★ 能够掌握氯乙烯悬浮聚合的工艺原理。
- ★ 熟悉聚氯乙烯回收和汽提的操作方法。
- ★ 熟悉聚氯乙烯脱水和干燥的操作方法。

能力目标

- ★ 能够识读悬浮聚合的工艺流程图。
- ★ 能够识读悬浮聚合的主要设备图。
- ★ 能完成悬浮聚合生产的开停车与正常运行操作。
- ★ 能对悬浮聚合过程中的常见故障进行分析并处理。

 项目一　氯乙烯聚合

任务一　氯乙烯聚合的生产方法

【任务描述】

学习各种氯乙烯聚合方法的特点。重点学习悬浮聚合方法的特点。

【任务指导】

在现代化化工生产中，生产氯乙烯聚合物时，按照目前树脂的应用领域，一般存在 5 种生产方法，分别为本体聚合法、悬浮聚合法、乳液聚合法、微悬浮聚合法和溶液聚合法。

一、本体聚合法

通常都采用"两段本体聚合法"，第一段称为预聚合，在其中采用高效引发剂，当温度达到 62～75℃时，进行强烈搅拌，目的是使氯乙烯聚合的转化率达到 8％时，立即输送到第二台聚合釜中，再加入等量的含有低效引发剂的新单体，大概在温度为 60℃时，慢速搅拌，继续聚合使转化率达到 80% 时，立即停止反应。在本体聚合法生产氯乙烯单体中，无需添加任何介质，只需引发剂。所以，本体聚合法所生产的氯乙烯树脂具有以下特点：纯度高，质量优，构型规整，孔隙率均匀，粒度均一。不足是聚合时操作难控制。

本体聚合的主要特征如下：透光率好，工艺工程简单，产物纯度高，反应温度难以控制，易发生爆聚。

优点：由于聚合过程中不加助剂，因此产品纯度高。

缺点：高反应黏度，难控制反应温度，容易造成产品分子量分布较宽。

二、悬浮聚合法

悬浮聚合法是生产聚氯乙烯比较成熟的工艺，在生产过程中以水作为分散介质，其中加入适量的分散剂和溶于单体而不溶于水的引发剂，一定温度下，进行充分的搅拌，使其呈珠粒状悬浮于水相中发生聚合反应。待聚合完成后，再经过碱洗、汽提、离心、干燥等操作，最终得到白色粉末状聚氯乙烯树脂。对于不同的悬浮分散剂的加入，得到树脂颗粒的结构和形态也是不同的。国产牌号中有 SG-疏松型（"棉花球"型）树脂和 XJ-紧密型（"乒乓球"型）树脂两种。其中疏松型树脂吸油性好，干流动性强，比较容易塑化，成型所用时间短，易加工操作，适用于粉料直接成型，所以通常选用悬浮法聚合的疏松型树脂作为基础原料使聚氯乙烯制品成型。目前，所使用悬浮法生产聚氯乙烯树脂的各树脂厂，其制品基本上都属于疏松型的。

悬浮聚合的主要特点如下。

（1）为了使聚合反应进行的完全，在悬浮聚合过程中必须使反应物保持珠状的分散状态。由于反应物在聚合过程中逐渐变黏稠，很容易黏结在一起，所以单靠搅拌还不行，需要加入一定的分散剂、使单体保持稳定。分散剂一般有两种，一种为明胶、淀粉、聚乙烯醇、甲基纤维素等这些水溶性的有机物。这些分散剂可以加大单体小液滴凝聚的阻力，防止液滴的黏结，使调节介质具有一定的黏度和相对密度。另一种为碳酸镁、滑石粉、硅酸盐粉末等不溶于水的无机化合物。主要是利用其机械阻碍作用防止单体小液滴黏结。

（2）在悬浮聚合过程中，反应温度容易控制。发生聚合反应时，机理与本体聚合基本相似，所以每一个悬浮的珠滴都可被看成一个小的本体聚合，并且悬浮聚合存在的大量的介质，因而反应热较容易传到介质中去。

（3）水油比（悬浮聚合中水和单体重量比）对聚合反应影响极其重要。如果水油比较高，不但反应热较易控制，同时也容易使单体分散，但设备的利用率比较低。如果水油比较低，虽然可以提高设备的生产能力，但是对传热不利，而且反应温度也不易控制。

综合悬浮聚合的优缺点，由于其工业应用的广泛性，80% 以上的氯乙烯聚合均采用此方法。

三、乳液聚合法

在乳化剂作用下，氯乙烯单体分散于水中形成乳液，加入水溶性的引发剂，使其进行聚合，在乳液中，加入盐类使聚合物析出，再经洗涤、干燥最终得到聚氯乙烯树脂粉末，也可以进行喷雾干燥得到糊状树脂。乳液法生产的聚氯乙烯树脂特点是：粒径极细，树脂中乳化剂含量较高，电绝缘性能较差，高制造成本。生产的树脂常用于制备聚氯乙烯糊。所以，乳液法生产的聚氯乙烯树脂生产的树脂俗称糊树脂。氯乙烯乳液聚合特征见表 5-1。

表 5-1　氯乙烯乳液聚合特征

	氯乙烯乳液聚合特征
1	以水做介质,价廉安全,乳胶黏度较低,有利于搅拌传热、管道输送和连续生产
2	聚合速率快,而且分子量高,可以在较低温度下进行
3	有利于乳胶的直接使用和环境友好产品的生产
4	需要固体产品时,乳液须经凝胶、脱水、干燥等工序,成本高
5	产品中留有乳化剂等杂质,难以完全除净,有损电性能等

四、微悬浮聚合法

在稳定的细小氯乙烯单体液滴中加入溶于单体而不溶于水的引发剂,经过乳化剂分散,进行引发聚合,形成具有适当粒径的聚氯乙烯乳液,再经过破乳、洗涤、干燥后得到聚氯乙烯树脂粉末。在微悬浮聚合法中最关键的是制备 $0.1\sim2\mu m$ 粒径范围的氯乙烯单体乳液,通常把此过程称为均化过程。微悬浮聚合法作为生产聚氯乙烯糊用树脂的另一种方法,其具有良好的加工性能的特点,能满足大多数加工的需要,具有乳液法树脂很难达到的某种优良性能。

五．溶液聚合法

氯乙烯单体在甲醇、甲苯、苯、丙酮溶剂中聚合,在溶剂的链转移剂作用下,溶液聚合物的分子量和聚合速率均不高。在聚合最后,得到的聚氯乙烯树脂由于不溶于溶剂而不断的析出。

溶液聚合法得到的聚氯乙烯树脂不适合作一般成型用,但是可以作为涂料、黏合剂,也可以与乙酸乙烯酯等在共聚时使用,是迄今为止几种聚合方法中产量最少的一种方法。

以上几种方法虽然所采用的聚合工艺不同,但应用的聚合反应机理都相同,即都是自由基聚合。在应用这些方法所生产的树脂产品中,以悬浮法产量最大,由于悬浮聚合法所具有设备投资和生产成本低,并且应用领域宽等特点,悬浮聚合生产路线已成为各种聚合方法的发展方向。一些过去采用其他方法生产的树脂品种,已开始采用悬浮聚合工艺生产。

六、聚合方法的比较

几种聚合方法的比较见表 5-2。

表 5-2　氯乙烯聚合方法比较

项目	悬浮聚合	本体聚合	乳液聚合	溶液聚合
配方组成	单体、引发剂、分散剂、水	单体、引发剂	单体、引发剂、乳化剂、水	单体、引发剂
聚合场所	单体液滴内	本体内	胶束和乳胶粒	溶液内
温度控制	容易	困难	容易	容易
聚合速率	较大	中等	大	小
分子量控制	较困难	困难	容易	容易
生产特性	间歇操作	间歇操作	可连续生产	可连续生产
主要特性及用途	适合于注塑或挤塑树脂	聚合物纯净、硬质注塑品	涂料、黏合剂	涂料、黏合剂

【任务训练】

(1) 适合氯乙烯聚合的最佳方法。

(2) 各个氯乙烯聚合方法的优缺点。

（3）为什么悬浮法生产聚氯乙烯树脂，其制品基本上都属于疏松型的？

任务二　悬浮聚合的工艺原理

【任务描述】

能掌握氯乙烯聚合反应机理及成粒机理；能熟知影响聚合反应的因素。

【任务指导】

烯类单体在光、热或辐射能的作用下，易形成自由基而发生聚合。可是因为C-C键能较大的特点，使其必须在300～400℃高温状态下才能开始均裂成自由基。但是聚合温度远远还没有达到这样高的温度。所以，用过氧化物或偶氮化合物作为引发剂，在氯乙烯悬浮聚合中，在搅拌的作用下将液态氯乙烯单体分散成小液滴、悬浮在水介质中发生聚合反应。在聚合温度达到45～65℃时，溶于单体中的引发剂将分解成自由基，使VCM发生聚合，而分散剂溶于水中，作用是为了防止PVC-VCM溶胀粒子达到一定转化率后产生粒并和防止VCM液滴发生并聚。氯乙烯聚合属于放热反应，聚合釜夹套中冷却水带走放出的热量。

一、悬浮聚合自由基机理

氯乙烯悬浮聚合属于非均相的自由基型加聚连锁反应，反应的活性中心是自由基，其反应机理可由链引发、链增长、链转移和链终止四个步骤组成。

1. 链引发

在引发剂分子受热以后，会使烯烃弱键断裂同时分解产生初级自由基。

如偶氮二异丁腈（AIBN）

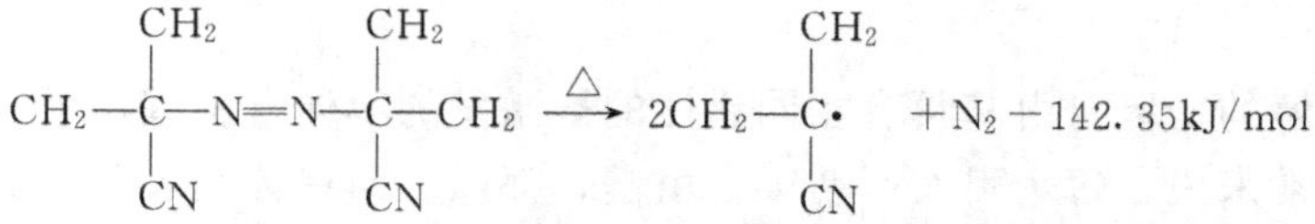

$$CH_2=C-N=N-C-CH_2 \xrightarrow{\triangle} 2CH_2=C\cdot + N_2 - 142.35 kJ/mol$$

生成的初级自由基很快激发VCM分子中双键上的π电子，使之立即分离形成二个独电子，其中一个独电子并其结合，生成单体自由基。

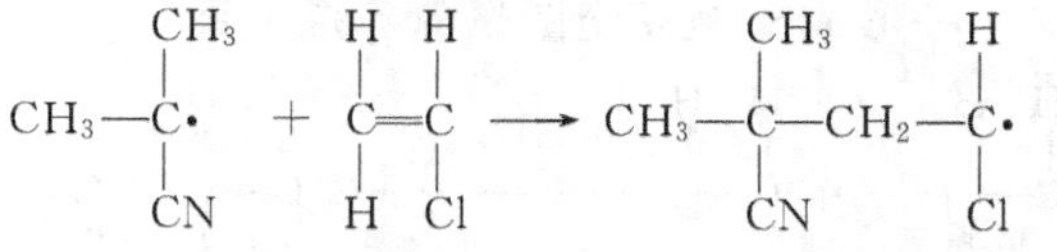

$$CH_3-C\cdot + C=C \longrightarrow CH_3-C-CH_2-C$$

因为碳上取代基氯的半径（0.99Å）比氢的（0.32Å）大，氯乙烯分子被初级自由基进攻时，主要以头尾加成为主，而个别的以下列自由基尾尾相联：

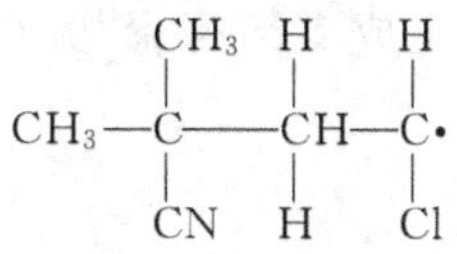

$$CH_3-C-CH-C\cdot$$

2. 链增长

在链引发阶段形成活性很高的单体自由基，当与无阻聚剂物质作用时，就能激发另外一个VCM分子双键上的π电子，使其重新杂化结合成新的自由基，照此循环下去，形成大量含有VCM单元的链自由基，其实就是加成反应。

$$CH_3-\overset{\overset{\textstyle CH_3}{|}}{\underset{\underset{\textstyle CN}{|}}{C}}-CH_2-\overset{\overset{\textstyle H}{|}}{\underset{\underset{\textstyle Cl}{|}}{C}}\cdot +n\ CH_2=CHCl \longrightarrow CH_3-\overset{\overset{\textstyle CH_3}{|}}{\underset{\underset{\textstyle CN}{|}}{C}}H-(CH_2-\overset{\overset{\textstyle H}{|}}{\underset{\underset{\textstyle Cl}{|}}{C}})_n-\overset{\overset{\textstyle H}{|}}{\underset{\underset{\textstyle Cl}{|}}{C}}-\overset{\overset{\textstyle H}{|}}{\underset{\underset{\textstyle Cl}{|}}{C}}\cdot$$

产物活性不受链增长而影响，直至链终止。瞬间即可形成聚合度非常高的大分子。当链达到 4～25 个聚合度以上的链自由基时，由于不溶于单体而沉淀析出。最终使氯乙烯发生聚合具有非均相和自加速的性质。

3. 链转移

（1）向单体链转移——形成端基双链聚氯乙烯　当氯乙烯发生悬浮聚合以后，其转化率在 70%～80% 以下时，主要是向单体链转移，目的是使聚氯乙烯产品高分子链端存在双键：

链转移也存在"尾尾相联"的结构：

与引发剂分解的初级自由基具有相同活性的被激发的单体自由基，可以使单体分子完成链增长过程。通常来说，每个引发剂初级自由基，都以"向单体链转移"方式，形成 5～15 个大分子至最终消失。因此，从产品聚氯乙烯大分子结构上看，其中一个端基大部分为双键，另一端基占 1/5～1/15 为引发剂基团，剩下大部分属于上述单体游离基团。

（2）向高聚物链转移——形成支链或交链聚氯乙烯　即：

上述链转移只适合于转化率较高时（因油珠内单体的浓度和流动性降低）才比较容易进行。产物如果继续与单体反应，即可生成支链高聚物（支化点为氯原子），或相互结合形成交联高聚物。

4. 链终止

（1）以"尾尾相联"形成聚氯乙烯称为偶合链终止

（2）以端基双键形成聚氯乙烯称为歧化终止

$$\underset{\substack{|\\ H}}{\overset{\substack{H\ \ H\\ |\ \ \ |}}{\text{~~~C—C·}}} \overset{|}{\underset{Cl}{}} + \cdot \underset{\substack{|\ \ \ |\\ H\ \ Cl}}{\overset{\substack{H\ \ H\\ |\ \ \ |}}{\text{C—CH}}}\text{~~~} \longrightarrow \text{~~~CH}_2\text{—CH}_2 + \underset{\substack{|\\ Cl}}{\overset{\substack{H\\ |}}{\text{C=CH}}}\text{~~~}$$

二、悬浮聚合反应特点

（1）从微观上看，自由基聚合反应可由链的引发、增长、终止和转移等基元反应组成。控制总聚合速率的关键就是引发速率最小的一步。总体可归纳为引发较慢、增长较快、终止迅速。

（2）在整个反应机理中，聚合度增加仅仅发生在链增长反应中。一个单体分子聚合成大分子所经过的引发、增长和终止三个阶段，需要短时间，并且在中间聚合度阶段不能停留，在反应混合物中只存在单体和聚合物。而在整个的聚合全过程中，聚合度发生很小的变化。

（3）在发生聚合整个过程中，单体浓度是越来越低，而聚合物浓度的变化则相反。可以通过延长聚合时间使转化率提高，并且对分子量的影响也较小，而凝胶效应会使分子量有所增加。

三、悬浮聚合反应各阶段的物料相变

悬浮聚合过程一共由 5 个阶段组成，在每个阶段之间的过渡都含有相变。

第一阶段：在转化率为 0～0.1％时，聚合体系为均相（介质和气相除外，下同）。

第二阶段：在转化率为 0.1％～1.0％时，聚合体系沉淀出悬浮物，其特点是高度不稳定的黏胶态，但很快聚集形成初级粒子，可以通过电子显微镜证明其粒径约为 0.1～0.6 μm。

第三阶段：在转化率为 1％～7％时，此阶段为粒子生长阶段，并且在此阶段，两个恒定组成的有机相一直存在着即单体溶胀的聚合物相和液态单体相，在两相中同时存在聚合反应。单体相不断的补充聚合物相内消耗的 VCM，因此，在此阶段聚合物的量逐渐增加，液态 VCM 相却不断的消耗，而 PVC 颗粒不断的变大从而重量增加，但是，在聚合过程中 VCM 不形成新的聚合物颗粒生长核。在 VCM 相消失的同时第三阶段相继结束，转化率随着压力的突然下降最终可以达到 64％～70％。据文献记载，聚合速率在压力开始下降的同时可达到最大值。从理论上说，PVC 相的平衡组成被 VCM 溶胀的极限值在本阶段为完全转化值，可事实上，转化率达不到理论转化率。

第四阶段：在转化率 70％～85％时，此时的 VCM 溶胀 PVC 相已转变为 PVC 相，在聚合物内发生聚合反应，当自加速停止时，速率也随之稳定。通过气相和悬浮介质发生扩散 VCM 相进入 PVC 相，同时压力继续下降。最后，除了剩下少量的残留 VCM 在气相和介质中，大部分 VCM 几乎全部被吸收聚合，转化率大约在 84％。

第五阶段：在转化率 85％～100％时，最后阶段的聚合速率比较慢。因此，低密度的 VCM 相向非溶胀的致密 PVC 相内部的扩散作用由此阶段所决定。

四、成粒机理与颗粒形态

如果把氯乙烯悬浮聚合过程理论解释为生成多孔性不规整的过程，可把成粒过程简单地分为两部分。

① 对聚氯乙烯颗粒的粒径和分布起控制作用的反应，主要发生在分散于水中的单体和

发生在水相和氯乙烯——水相界面发生的反应。

②对聚氯乙烯颗粒的形成起控制作用的过程，主要是在单体液滴内和聚氯乙烯凝胶相内发生的物理与化学过程。

液态氯乙烯单体经过强力搅拌和分散剂的作用，在反应釜中被破碎为平均直径为 30～40μm 的液滴并且分散于水相中，在水相界面上，单体液滴吸附分散剂。随着聚合反应的进行，界面层上的分散剂与氯乙烯发生了接枝聚合反应，大大削弱了分散剂的活动性和分散保护作用，液滴慢慢地被撞击而结合为较大粒子，并且处于动态平衡状态，此状态下氯乙烯单体的转化率约为 4%～5%。继续发生聚合反应，当转化率慢慢提高到 20% 左右时，分散剂接枝反应的存在使粒子碰击合并的概率也逐渐降低，直至所得聚氯乙烯颗粒数目处于稳定不变的状态，所以此时的搅拌速度对产品的平均粒径已不起任何作用。一般来讲，产品的最后粒径都在 100～180μm 范围内，根据生产聚氯乙烯树脂的用途、分散剂类型、用量和反应起始阶段的搅拌速度等参数的不同，决定于各个商品牌号的粒径有不同的范围。通常，如果所添加的分散剂浓度越高，所得的圆球状树脂颗粒空隙率就越低（≤10%），比如用明胶作为分散剂，上述的影响更为突出。因此，具有不同用途的产品对平均粒径的要求是不同的，如用于生产软质制品的聚氯乙烯树脂平均粒径要求较低，一般在 100～130μm；用于生产硬质制品的要求范围在 150～180μm；分子量较低的牌号的要求范围在 130～160μm。根据工厂生产条件的不同，粒径的要求也有所不同。

五、影响聚合及产品质量的因素

对聚合反应影响的因素主要有搅拌、分散剂、聚合温度、汽提控制等，见表 5-3。

表 5-3　不同因素对聚合反应的影响

序号	影响因素	具体影响过程
1	搅拌	在悬浮聚合过程中，搅拌主要对聚氯乙烯树脂颗粒形态的影响尤为明显，如影响 PVC 树脂的粒径及分布、孔隙率等。增加搅拌速度可以使悬浮分散体系内液滴变细，从而使 PVC 树脂平均粒子变小，但搅拌强度不能过大，否则会促使体系内液滴碰撞聚并，最终导致 PVC 树脂的平均粒径变大。PVC 树脂平均粒径与搅拌转速的关系曲线呈马鞍形。但是逐渐增加搅拌转速，会使聚氯乙烯树脂变小初级直径，增加孔隙率，增大吸油率
2	分散剂	在搅拌特性固定的条件下，控制树脂颗粒性的关键取决于分散剂种类、性质和用量。在聚合过程中，分散剂对树脂颗粒的影响分为宏观和微观两个层次。就宏观而言，要求分散剂能够降低单体的界面张力来分散和保护 VCM 的液滴或颗粒，并且减少聚并现象。单一分散剂较难同时满足上两方面要求，为制得颗粒规整、粒度分布均匀、疏松表观密度的聚氯乙烯树脂，通常复合使用两种和两种以上的分散剂。分散剂中的一种以降低界面张力、提高分散能力为主，另一种则保证有足够的保护能力。在特殊性能要求情况下，在上述基础上再添加油溶性辅助分散剂或表面活性剂，目的是调节分散剂在 VCM 中的分配系数，使分散剂的作用深入到颗粒的微观层次
3	聚合温度	若在 VCM 悬浮聚合反应中没有链转移剂时，几乎是聚合温度决定于聚氯乙烯的分子量，根据生产树脂牌号的要求，适宜的聚合温度一般在 45～65℃ 范围内。若聚合温度较高，会使树脂粒径增长减慢，最终平均粒径减小。聚合温度对聚氯乙烯树脂颗粒形态的影响主要表现在温度对 PVC 树脂的孔隙率的影响。聚合温度越低，形成的树脂结构越疏松。但在高温下聚合，由于初级粒子熔合成团而紧密堆砌排列，制得的 PVC 树脂孔隙率较低。其原因是随着聚合温度的升高初级粒子变少，熔结程度加深，粒子呈球。反之，聚合温较低时，则容易形成不规则的聚结体，从而使孔隙率增加
4	汽提控制	聚氯乙烯树脂中单体残留量和杂质粒子数等指标主要受汽提工艺的影响。所谓聚氯乙烯树脂残留 VCM 的含量是指聚氯乙烯树脂之中所吸附或溶解的未聚合的 VCM，由于 VCM 和聚氯乙烯的大分子结构，导致相互间具有较大的亲和力，这也是残留 VCM 难以完全脱除的原因

【任务训练】

（1）悬浮聚合自由基机理是什么？
（2）悬浮聚合反应各阶段的物料相变如何？
（3）悬浮聚合反应的特点？
（4）影响悬浮聚合反应及产品质量的因素都有哪些？

任务三　悬浮聚合的工艺流程

【任务描述】

能分析并选择适宜的悬浮聚合工艺条件；能说明悬浮聚合生产工艺。

【任务指导】

一、聚合工艺流程

目前，悬浮法聚氯乙烯聚合生产工艺通常由 DCS 控制系统对其生产全过程进行自动控制。

1. 聚合加料系统

聚合釜加料的程序流程框图如图 5-1 所示。

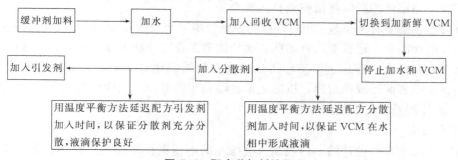

图 5-1　聚合釜加料流程

以上原料都是在搅拌状态下，按照上述的程序加入聚合釜的。先将通过流量计计量后的缓冲剂分散液加入无离子水加料管道中，启动加料系统，将缓冲剂冲入聚合釜中。加入水后立即进行 VCM 加料。此时，DCS 可以检测出混合后的水温，通过控制热和冷的无离子水的流量以达到预期的温度。热和冷的无离子水的混合，不仅跟热水槽内水温的控制及热水入料的需要有关，而且还要满足氯乙烯的温度变化的调整。加料后，物料的混合温度等于或者近似为反应温度。

水和 VCM 加入后，应停留一段时间，目的是使 VCM 能够在水中有足够的时间形成液滴。然后加入分散剂，再停留一段时间，目的使分散剂充分的分散，形成良好的液滴保护层。两个停留时间的存在，可以平衡温度，使体系达到反应温度。在第二个停留时间过后，可以加入引发剂，开始聚合反应。所谓的"平衡温度"指的是使聚合釜在加料前升高或降低温度的各项操作。通常用 DCS 检测聚合釜温，若聚合釜的温度过低，可以通入蒸汽至釜内，使其达到设定值；若聚合釜的温度过高时，可以向聚合釜夹套内通入冷却水。

2. 助剂配制

（1）引发剂　在聚合反应过程中所用的引发剂用容器包装，在工艺区附近的冷库中贮存，在界区内的引发剂配制槽内，按要求配制成分散液后贮存在引发液贮槽内。经测定浓度后，按聚合生产工艺配方要求把称量槽计量后的溶液，用加料泵加入聚合釜内。

（2）分散剂　用袋包装或容器包装的聚合反应所需的分散剂，放在界区内的化学品仓库里贮存。在分散剂配制槽内配制符合要求的分散剂溶液。按聚合生产工艺配方要求把测定浓度后的溶液，经称量槽计量后，用加料泵打入聚合釜内。为了保证PVC产品质量的稳定性，要求分散剂的称量精度非常高。

（3）缓冲剂　用袋包装的缓冲剂贮存在化学品仓库中，按照要求配制成缓冲剂分散液并贮存在缓冲剂贮槽中。把缓冲剂流量计计量后的分散液压入无离子水中，一起进入聚合釜。

（4）终止剂　用密闭金属桶包装的终止剂放在化学品仓库中贮存。按要求在配制贮槽内配制成溶液，经测定浓度后，根据聚合生产工艺配方要求，用流量计计量。终止剂的作用是在聚合反应达到设定的转化率时，用加料泵打入聚合釜，使聚合反应终止。在聚合反应过程中，为了保证PVC产品的分子量分布均一，同时也防止在单体回收系统内VCM继续聚合，操作人员起动终止剂加入系统，自动加入釜内，终止聚合反应。

3. 防粘釜的涂壁系统

按照涂壁液配制方法，在涂壁液配制槽内配成液后，放在涂壁液贮槽内贮存，在使用时，由聚合釜顶部的喷射阀将涂壁液打入聚合釜。

在聚合釜顶部装有两个呈180℃对称的涂壁喷嘴。当聚合反应完毕后，物料配净后，先用1.6MPa的冲洗水，通过喷嘴将釜壁表面松散的聚合物冲洗干净，然后开启涂壁泵，将计量后的涂壁液和蒸汽一起送进喷嘴，将涂壁液在喷嘴内用0.6MPa的蒸汽雾化后冷凝于釜内，从而在釜壁表面形成一层膜，以防止聚合物粘于釜壁。以上操作是在聚合釜密闭的状态下、由DCS控制系统自动控制完成的。

4. 聚合反应

聚合反应是在带有搅拌的、内表面为电抛光的不锈钢反应器内进行的。聚合釜清洗后，聚合釜内表面用防粘釜剂进行喷涂。之后，在搅拌状态下，加入脱盐水，然后依次加入VCM、分散剂和引发剂等。同时，要控制脱盐水和VCM的同时进料，以保证在水加料完毕之前完成VCM的加料。当所有的原材料加入完成后，使聚合釜中的物料温度接近或者等于聚合反应温度，此时加入引发剂，聚合反应开始。反应过程中产生的热量，从反应器夹套和内冷挡板中用不高于30℃的冷却水移出，而不用冷冻水。经过氧化物引发剂引发才能进行聚合反应，聚合产品的分子量由反应温度来决定。随着聚合反应的进行，釜中的物料体积逐渐减小，原因是原料和产品的比重有所不同，VCM和PVC的相对密度分别为0.92和1.4。在整个反应过程中，为了补偿出现的"体积降"，可以向聚合釜内不断的注入无离子水，这样可以使釜中的物料体积保持恒定，完全充分地利用传热面积。

当聚合反应达到了预期的反应终点时，将终止剂打入釜内，使聚合反应终止。整个反应的VCM的转化率可以通过聚合釜的热平衡计算测得。

聚合反应终止后，釜内物料被输送到出料罐，其中大部分没反应的VCM此时被回收。把没有反应的VCM的浆料由泵打到汽提塔进料罐，在这里继续回收未反应的VCM，在浆料汽提塔内脱除掉残留的VCM，然后送往回收系统，通过离心机脱去大部分水分，进入流化床干燥器，最后把经检验合格的树脂送入料仓储存，包装出厂。

二、汽提工序

1. 回收 VCM 工序

未参加聚合反应的 VCM 分别从聚合釜、出料槽、泡沫分离器和汽提塔来，通过压缩机系统将 VCM 压缩，然后在冷凝器中用 30℃ 以下的冷却水以及 0℃ 的冷冻水将 VCM 冷凝成液体，贮存在冷凝槽中，供聚合使用。

2. PVC 浆料汽提

PVC 浆料的汽提通常采用塔式汽提，在汽提塔内进行。塔式汽提是采用蒸汽与 PVC 浆料在塔板上经过连续逆流接触而进行的传质、传热的过程。经热交换器将浆料预热 80～100℃，连续用汽提供料泵从出料槽送往汽提塔塔顶。在塔板上与来自塔底的蒸汽逆流接触，解吸出 PVC 浆料中残留的 VCM，由塔顶带出。塔顶馏出物送往冷凝器，冷凝器采用 30℃ 冷却水进行冷凝后，冷凝液汇同回收压缩机轴封水、VCM 贮槽分离水、聚合釜冲洗水集中在废水储槽中，然后送往废水汽提系统。汽提后的废水含 VCM 不大于 2mg/L，不凝的 VCM 汽提送往 VCM 气柜。经过汽提的 PVC 浆料送出，送往浆料混料槽。汽提废水去污水处理。

高温物料经过在塔内短时间的连续接触，可以使 PVC 浆料中残留的 VCM 单体得到大量的回收和脱除，对产品质量的影响极小，从而满足了大规模，高标准的生产要求。

三、离心工序

目前，根据国内外聚氯乙烯行业的发展，对 PVC 浆料的脱水工艺通常采用离心机来完成。经过汽提之后的 PVC 浆料打入离心槽，再经离心泵送至离心机进行离心脱水，而有一小部分回流至离心槽。为了保证浆料的回流量，所使用的浆料泵的输送能力必须大于离心机的进料量的 1.5～2.0 倍，同时也能使离心机的进料量和功率稳定且有一定的调节量。在进行离心脱水之前应使浆料浓度尽量均匀，在离心槽内部设置搅拌装置。倘若浆料的浓度不均匀，会影响离心机的生产能力，还会使机器稳定性受到影响而产生震动。

进料时，树脂的温度一般应控制在 75℃ 以下，温度过高会严重影响机器的主轴承、内部螺旋输送器的轴承和差速器的使用寿命，温度过低也会严重影响干燥器床温的稳定，同时也会使干燥器的消耗增加。

经过离心脱水后的浆料，紧密型树脂含湿量在 20％ 以下，而疏松型树脂含湿量通常在 20％～25％ 之间，再经过破碎机或螺旋输送器把脱水后的湿树脂送至干燥器进行干燥，干燥后的母液水可以经回收再次利用。

四、干燥工序

经过离心机脱离水分的滤饼，进入中间料斗，由螺旋输送器、振动加料器及分散加料器加入气流管内部。经过预散热器、空气过滤器、鼓风机、加热器加热至 85～140℃ 的空气，将加入的湿 PVC 吹至气流管顶部，直接进入由多层旋流挡板组成的旋风干燥床。夹带 PVC 的热风是由底部沿切向进入旋风干燥床的，经强制旋流板后在床内以恒定的动量矩通过，从顶部排出至旋风分离器。旋风分离器将干燥的 PVC 与湿空气进行分离，从旋风分离器顶部排出湿空气，再经抽风机抽出，经洗涤塔洗涤后排往大气，经振动筛筛分并且已经干燥好的 PVC 进入冷风送料系统送至包装仓。

五、悬浮聚合生产工艺流程

悬浮聚合生产工艺流程如图 5-2 所示。先将无离子水经高位计量槽计量，再经过滤器过滤后，进入聚合釜内部；在搅拌状态下，把分散剂投入聚合釜内部，或者配制成稀溶液经高位计量槽计量后加入聚合釜；其他助剂一般经人孔投加；物料加入完毕后关闭人孔盖，通入氮气进行试压，排出系统中的氧气，或者也可以借抽真空及充入氯乙烯的方法。

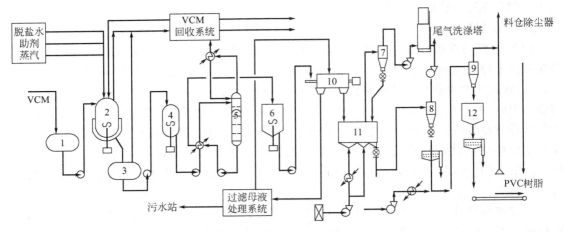

图 5-2　聚氯乙烯悬浮聚合的工艺流程

1—VCM 储罐；2—聚合釜；3—出料槽；4—混料槽；5—浆料汽提塔；
6—离心槽；7～9—旋风分离器；10—离心机；11—干燥器；12—料仓/包装

由氯乙烯系统送来的 VCM 单体进入 VCM 储罐，与来自于 VCM 回收系统的未反应 VCM 按一定比例加入聚合釜内，进料完毕后，在聚合釜夹套内通入热水，同时将聚合釜内物料升温至工艺温度。开始聚合反应同时放出热量，再把夹套内改成通入冷却水。当聚合釜内的聚合反应进行到比较理想的转化率时，PVC 的颗粒形态结构性能及疏松情况最好，此时，进行卸料和回收而不使反应继续下去，就要加入终止剂使反应立即终止。

反应后的 PVC 浆料由聚合釜送至出料槽，未反应的 VCM 送至 VCM 回收系统，浆料由出料槽送往混料槽，再由汽提塔加料泵送至浆料汽提塔进行汽提。浆料供料进入到一个热交换的方法可以节省汽提所需的蒸汽，并能通过冷却汽提塔浆料的方法，缩短产品的受热时间。未反应的 VCM 随汽提汽从浆料中带出。汽提气冷凝后，排入气柜或去聚合工序回收压缩机，不合格时排空。

气提后的浆料经过换热进入离心槽，经过输送泵送至离心机，以离心方式对物料进行甩干。由浆料管送入的浆料在强大的离心作用下，密度较大的固体物料沉入干燥器，母液进入过滤母液处理系统，经处理之后排入污水站。经干燥之后的浆料进入旋风分离器，进一步处理之后进入料仓、包装。

【任务训练】

(1) 简述悬浮法生产聚氯乙烯的工艺流程。

(2) 简述悬浮聚合反应的聚合过程。

(3) 分别叙述汽提、分离和干燥的特点。

(4) 在聚合反应中加入的助剂都有哪些？各自的作用是什么？

任务四　悬浮聚合的主要设备

【任务描述】

（1）熟悉悬浮聚合的主要应用设备。

（2）熟练掌握聚合釜的使用。

【任务指导】

一、设备选型基本原则

1. 满足工艺要求

在充分考虑工艺要求的同时力求做到技术上先进，经济合理，也就是选择的设备与生产规模相匹配，并保证最大的单位产量；符合产品品种变化要求的同时保证产品的质量；降低劳动强度的同时提高劳动生产率；能减少原材料及相应的公用工程（水、电、气）的单耗；能改善环境保护，设备生产容易，材料方便易得，操作及维修保养方便。

在选择生产设备时，同时满足上述方面的条件是比较难的，但可以参照上述几个方面对设备进行详细的比较，并确定最适宜的方案。

2. 设备成熟可靠

在工业生产中，所选用设备的技术性能、设备材质都要具有一定的可靠性。尤其对生产中的关键设备，一定要在充分调查研究和对比的基础上，作出科学合理的选择。

3. 尽量采用国产设备

在设备选型时尽可能首选国产设备，如果由于生产的需要，在保证设备先进可靠、经济合理的前提下，也可以引进少量进口装置或关键设备，同时也应考虑引进应用时如何消化吸收以及仿制工作。

二、聚合工段的主要设备

在悬浮聚合生产过程中，按聚合反应器的型式通常可分为釜式、塔式、管式和特殊型四种。其中，应用最广的为釜式聚合反应器，在聚合物生产中70％左右都采用搅拌釜。当物料为高黏度聚合体系时，优先选择塔式、特殊型聚合反应器。

1. 聚合釜

釜式聚合反应器是一种多功能型的反应聚合装置，既适合于处理低黏度的悬浮聚合、乳液聚合，也可用于高黏度的本体聚合和溶液聚合过程。根据其操作方式，可以进行间歇、半连续、单釜和多釜连续操作，进而满足不同类型聚合过程的要求。一般在釜中设有搅拌装置，目的是保证釜中物料具有较好的流动性、充分混合与传热、液滴的充分分散或固体物料的均匀悬浮。

釜式反应器主要是采用夹套和各种内冷构件进行除热，例如设置蛇管、内冷挡板等。在使用内冷构件时，需要注意的是，容易产生物料的混合死角、引起物料黏附于器壁、构件表面和粒子间的凝聚等现象。除此之外，也可以采用单体或溶剂的蒸发达到除热，或使用物料釜外循环冷却、冷进料等方式进行除热。

常见的釜式聚合反应器以立式为主,如日本信越的 $127m^3$ 聚合釜、古德里奇的 $70m^3$ 聚合釜、吉林化工机械的 $45m^3$ 聚合釜、锦西化工机械的 LF70 型 $70m^3$ 聚合釜。但随着聚合反应器的大型化,为了减少搅拌轴的振动和提高密封性能,可将顶伸式搅拌装置改为底伸式。

在使用过程中,对聚合釜具有严格的要求。根据聚合过程的特点,要求从以下两个方面考虑:首先是设备安全可靠性,在保证安全生产前提下,除了满足聚合釜的强度和刚度要求外,还应留有一定的余量;其次是工艺工程的合理性,也就是聚合釜的设计和制造,聚合釜应以满足聚合工艺为基础,具有高效的传热部件,稳定的聚合过程,合理的搅拌装置,使树脂质量得到一定的保证,表面镜面抛光,方便于清釜涂布。聚合釜的结构如图 5-3 所示。

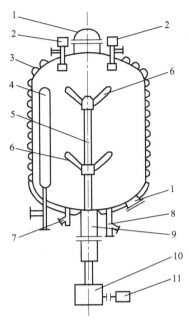

图 5-3 聚合釜示意

1—人孔;2—冲洗、喷涂装置;3—夹套;
4—内冷挡板;5—搅拌轴;6—搅拌叶;
7—引发剂、分散剂入料阀;8—出料阀;
9—机械密封;10—减速机;11—电动机

其制造具有以下工艺特点。

(1)筒体外表面处理 在半圆管夹套焊接前,筒体外表面进行特殊处理,减少半圆管夹套内冷却水的阻力和表面锈蚀,提高传热效率。

(2)半圆管夹套圆弧过渡 在半圆管夹套进出口管处圆弧过渡,采用特殊模具加工成圆弧过渡段,减少压力阻力降。

(3)内冷挡管连接口整体安装 下封头与内冷挡管连接口校正和焊接采用整体工装模具,并且下封头与内冷挡管连接口整体二次机加工,保证 4 个内冷挡管连接口在同一平面和垂直度,防止内冷挡管连接面的泄漏或晃动。其结构特点见表 5-4。

表 5-4 LF70 型 $70m^3$ 聚合釜结构特点

序号	部件名称	特　点
1	减速机	采用日本原装进口,采用垂直交叉轴的结构形式,设有重载轴承,品质好,传递力矩大,噪声小,寿命长,结构紧凑,体积不到国产减速机的一半,方便下封头配管的布置
2	机械密封	采用国际品牌,采用双端面平衡型机械密封,运行可靠。动环材料为硬质合金,静环材料为浸锑石墨,辅助密封圈采用氟橡胶"O"形密封圈,密封腔设有冷却水夹套。端部配置注水系统,防止固体颗粒进入机封系统,使用寿命大于 12000h,允许泄漏量单面不大于 5mL/h
3	人孔	顶部人孔采用气动式带安全联锁装置和限位行程开关控制,配有人孔控制系统气动阀柜,控制人孔的开启、关闭和自锁。底部人孔通过手动旋转手轮,带动丝杠及导轨机构上下运动,实现人孔盖的启闭,人孔密封面采用特殊结构机加工,选择特殊材料"O"形密封圈,运行中密封可靠,无泄漏

其主要技术参数如表 5-5 所示。

(4)机加工面或抛光面保护 在制造过程中,对所有的法兰密封面、机加工面和电解抛光面进行贴膜保护。

(5)电解抛光 聚合釜不锈钢复合板的抛光层板采用日本或瑞典进口的无探伤 304 不锈钢板,避免釜内电解抛光过程中出现针孔现象。电解抛光采用日本的先进技术和设备,釜内

表 5-5　70m³ 聚合釜主要技术参数表

设计生产能力	16 万吨/年	设计生产能力	16 万吨/年
釜体全容积	70.5m³	搅拌器形式	三叶后掠式（两层）
最高工作压力	1.5MPa	传热形式	夹套冷却、内冷挡板冷却、封头冷却
搅拌转速	98r/min	搅拌转向	顺时针（向下看）
搅拌功率	132kW		

表面及内件表面均打磨光滑平整并圆弧过渡，所有与介质接触的表面（简体内表面、搅拌轴、桨叶、内冷挡管等）均进行电解抛光处理，以保证釜内的表面质量要求。

2. 汽提设备

（1）PVC 浆料之釜式汽提工艺　聚合反应的浆料，经出料至汽提处理槽内，向其中加入消泡剂并在自压存在下，排气回收未聚合的单体送至气柜，同时向处理槽底部通入蒸汽进行升温至 85℃ 时，关闭排气回收阀，开启真空泵使槽内抽真空，真空度达 0.035～0.040MPa，此状态下持续 1h 左右，经过旋液分离器，分离出脱吸的 VCM 所夹带的树脂泡沫，再经冷凝器，使部分饱和水蒸气冷凝，通过真空泵送至 VCM 回收装置，经汽提后的处理槽内浆料通过氮气冲入平衡压力后，待离心干燥处理。

特点：其优点为工艺比较简单，易于操作及投资少，使产品中残留单体可降低到 10～30mg/kg，但产品中的杂质离子比较难控制，在反应过程中，树脂也会因局部过热容易变黄，变红。因此，此工艺适用于中小型企业生产。

（2）PVC 浆料之塔式汽提工艺　塔式汽提指的是在塔板上，水蒸气与 PVC 浆料连续逆流接触进行的传质过程，在高温下物料停留时间短，最终 PVC 使浆料中残留的氯乙烯单体得到大量脱除并且回收，而且对产品质量影响较小，从而达到大规模，高标准生产的要求。以下介绍三种相对重要的汽提技术。

① 日本信越汽提技术　工艺流程简述：出料槽中的 PVC 浆料处理后，经浆料过滤器过来塑化片，用浆料泵从汽提塔上部打入汽提塔，料浆在塔内通过各层塔板从上往下流动，从汽提塔底部流出，用料浆泵达到闪蒸槽，再注入缓冲槽，最后用料浆泵加压经冷却器送到离心工序。自蒸汽管来的蒸汽，经蒸汽过滤器进入蒸汽喷射器，再从汽提塔下部进入汽提塔，在塔内通过各层塔板从下往上与料浆逆流进行。从汽提塔顶出来的气体，经冷却器冷凝进入水环真空泵压缩后，再经过二次气液分离，当含氧合格时进入合成气柜，含氧不合格时排空。自清水泵送出来的无离子水或汽提塔顶蒸汽冷凝水用汽提回水泵打入汽提塔顶部喷淋管或喷淋环喷淋用，可减少汽提塔顶料浆的吸附，从而减少红料的产生。

汽提塔：塔形为大孔径无溢流筛板塔，规格为 $\phi1150mm\times29600mm$，由塔顶、塔柱、塔底三部分组成。塔顶：$\phi1150mm\times3252mm$，分成上，下两部分。从第 36 块塔板上升的含 VCM 蒸汽由塔顶下部切线方向出塔，沿塔外蒸汽管以切线方向进入塔顶上部，气体旋转向下由中心管排除，夹带的泡沫被设在顶部喷淋的无离子水洗涤后入接受漏斗，再回流至第 36 块塔板上。塔顶部分共设五处喷淋管或喷淋环。塔柱：$\phi1150mm\times19800mm$，由 36 块塔板组成，每块塔板上有正三角形排列 $\phi18mm$ 孔 330 个，每 18 块塔板用七根长 9900mm、$\phi34mm$ 螺旋串在一起，并用螺栓紧固在塔壁上，板间距为 550mm。塔底：$\phi1150mm\times6600mm$（包括裙座）。用于接受汽提后料浆、高压蒸汽进口、料浆出口、温度计口等。

装置设计生产厂能力为 5 万吨/年，装置实际生产能力达到 5.75 万吨/年（天津化工）；

出塔料浆残留 VCM 含量设计指标为<400mg/kg，实际为 100mg/kg 左右，配合内热式沸腾床，卫生级 PVC 合格率达 90%以上。该汽提塔结构不先进，出塔料浆中残留的 VCM 含量较高，另外该塔板间距过大，使塔过高，造成一次性投资也大。

② 美国古德里奇汽提技术　工艺流程简述：料浆槽中料浆处理后，用料浆泵抽出，经螺旋板式换热器与从汽提塔底部出来的热料浆预热后打入汽提塔上部，与从汽提塔下部进入的蒸汽逆流进行，汽提后浆料自汽提塔塔底流出，经框式过滤器过滤，再用泵经螺旋板式换热器冷却后，打入混合槽提供离心用，被水蒸气饱和的 VCM 蒸汽自塔顶流出，经冷凝器冷却后，入冷凝器受槽进行气液分离。冷凝液用冷凝液泵送至废水槽中待进一步单独汽提处理后排放、冷凝器受槽内的 VCM 蒸汽由上部流出，经筒式过滤器过滤后，至 VCM 回收系统进行回收。冷凝液受槽上的蒸汽管线上的压力控制器，通过改变 VCM 蒸汽的流出速率自动控制汽提塔压力，以保持该塔压力恒定。

汽提塔：塔型为带溢流堰的筛板塔。规格 $\phi1300mm \times 19175mm$（包括裙座），有 20 块塔板，带有扇形倾斜降液管，塔板上筛孔呈现正三角形排列，孔间距 50mm，孔径分两种：第 1~19 塔板为 $\phi9.5mm$，第 20 块塔板为 $\phi6.5mm$，板间距为 610mm。顶部设有喷淋水管，以冲洗塔壁和顶盖上的树脂。

装置设计生产能力为 4 万吨/年，实际生产能力已经超过 4.2 万吨/年。出塔料浆残留 VCM 含量<50mm/kg。该塔塔板效率较高，但板间距过大，且塔板上物料仍有"死角"需清理。该塔为正压操作，塔温较高，对产品质量易造成不利影响。

③ 日本吉昂汽提技术　其工艺流程与古德里奇汽提技术大部分类同，但吉昂技术增加了压缩机抽真空系统，使汽提成负压操作，此部分又与信越技术相类似。

汽提塔：塔型为有溢流筛板塔。规格 $\phi1400mm \times 12861mm$，有 40 层塔板，塔板为 45°开孔的波纹板，每层由多块波纹板组成，以不同的开孔方向排列控制其蒸气自下而上进入塔板的方向，能使料浆分布均匀，不积料。塔板层间距 220mm。

吉昂公司的汽提技术其工艺特点是集美国古德里奇和日本信越汽提技术于一体，既采用古德里奇料浆热交换器技术又采用了信越汽提塔负压操作技术，同时又有独特板结构的汽提塔，板间距小，出塔料浆残留 VCM<20mg/kg。该技术及装置由株洲化工厂引进，1990 年4 月投产，是目前国内最先进的塔式汽提技术。该装置的设计能力 2.5 万吨/年，目前已超过 3 万吨/年，据介绍，其汽提塔处理能力大，可到 3.5 万~4 万吨/年，且操作简单，运行平稳。

3. 干燥器

干燥机械在选型时需要综合考虑的因素有：首先是物料特性，包括物料形态、物理性能、热敏性能、物料与水分结合状态等；其次，对产品品质的要求；最后就是使用地环境及能源状况以及其他一些要求。

聚氯乙烯树脂是一种粉末状物料，具有热敏性特点、黏性极小，属于多孔性物料，可以将其干燥过程看作是一种非结合水的干燥，即经历表面气化和内部扩散的不同控制阶段。根据此特点，在干燥过程中采用二级装置。按照工艺流程的要求，通常采用气流干燥器和沸腾床干燥器的二级装置。

(1) 气流干燥器　气流干燥器主要是通过气流的瞬时干燥将聚氯乙烯树脂的表面水分气去除，此为第一级干燥。干燥过程中的干燥强度取决于引入热量的多少，通过风量的加大和温度的提高，可以使较高的湿含量迅速降低，接近临界湿含量的水平。其具体操作是将含水量为20％～25％的聚氯乙烯树脂湿料，首先经过螺旋输送机，到达第一级脉冲气流干燥器，再由热风吹上，进入旋风分离器捕集，经干燥后，树脂的含水量在3％～5％。

气流干燥器的特点是：强度比较大，操作时间极短，热效率较高、设备简单便于操作且处理量极大，产品质量均匀可靠。

（2）沸腾床干燥器　沸腾床干燥器干燥所得树脂的内部水经沸腾床干燥器进行干燥、扩散，此为第二级干燥。在此过程中，应该降低风速和延长干燥时间，最终使湿含量达到干燥的要求。其主要操作是物料通过控制阀加入沸腾床干燥器，由第一室向最后一室慢慢逐渐推移。在热风的作用下，沸腾床内树脂被吹起，形成流化状态而溢流出口，再经文丘里加料吸入至冷风管进行冷却。最后经旋风除尘器捕集至滚筒筛和振动筛进行过筛，成品包装。

卧式多室式沸腾干燥器的结构特点为：调节灵活，例如进入各室的热空气温度、物料在沸腾床内的停留时间、进料的速度等；并且由于气流的压降损失较低，使干燥器易于操作，而且具有较好的稳定性，适于干燥粒径为0.02～4mm的物料。

4. 离心机

离心机主要用于树脂悬浮液的脱水。选择悬浮液分离的离心机时主要根据以下两点选型：按产品要求选型；按被分离悬浮液的性质、状态选型。

由悬浮聚合法生产而得的产品，其颗粒大小为60～150μm。依据上述选型的原则，沉降式或过滤式离心机均可适用于含有固体颗粒尺寸在100μm左右或更大时的悬浮液。

以螺旋沉降式离心机为例进行说明，其主要特点：分离效果好，能耗较低，工作负荷轻，工作可靠，寿命长，振动、噪声低。图5-4为卧式螺旋沉降式离心机的结构原理。

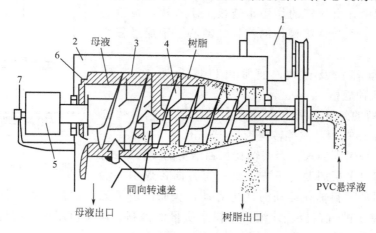

图5-4　螺旋沉降式离心机结构

1—电机；2—外罩；3—转筒；4—螺旋；5—齿轮箱；6—溢流堰板；7—过载保护

由图5-4可见，电机通过V形皮带驱动旋转轴，以2000～3500r/min的高速旋转，通过齿轮箱装置，使转筒与螺旋之间产生同方向的转速差，即螺旋转速稍慢于转筒，但两者旋转方向是相同的，悬浮液浆液经旋转轴加料孔加入转鼓内部，在离心力的作用下，由于固体颗粒的相对密度较大，因此最终会降于转筒内面，通过相对运动的螺旋推向圆锥部分的卸料口排出；而通过圆筒部分另一端的溢流堰把母液排出。外罩与转筒之间设置有若干隔板，其作用就是为防止排卸出的"液-固"返混。所有通过增加圆锥部分可以使物料离心更充分，更完全排出湿树脂的水分；也可以通过延长圆筒部分使母液的沉降更完美，排出母液的含固量更低。如果已经给定的机器，其最大处理能力，以及湿树脂含水量或母液含固量也可以通过调节溢流堰板深度来调节。

此式离心机的结构特点是：从材质角度看，均采用不锈钢材质与物料接触，对于螺旋顶端、进料区表面及湿树脂卸料口等易摩擦部位，采用堆焊耐磨的硬质合金处理。从装置角度看，该离心机设有过载安全保护装置，系由齿轮箱的小齿轮轴伸出，与装在齿轮箱外的转矩臂连接构成。正常情况下，由于弹簧的作用，转矩臂将顶压着转矩控制器，而一旦转筒内固体物料量过多，或螺旋叶片与转筒内壁的余隙为物料轧住时，螺旋发生过载，转矩臂就会自动脱开转矩控制器，使转筒与螺旋之间转速差顿时消失，从而避免转筒、螺旋或齿轮箱的损坏。

此外，该离心机同时设有专用的润滑油循环系统，其中包括油泵及冷却器等，正常工作情况下严格要求油的温度、压力和流量。需要注意的是在安装或使用过程中，出料管或进料管周围，应留有足够的间隙及选用软性连接，目的是为了减少机器的震动进而保持稳定地运转。

因此，相比于转鼓式离心机，螺旋沉降式离心机具有很多优点，如操作连续、处理能力大、运转周期长、母液含固量低、处理浆料的浓度和颗粒度的范围宽等，目前已成为聚氯乙烯树脂生产中最广泛采用的脱水设备。

5. 出料槽

在工艺流程中，出料槽的作用是连接上下工序，也就是间断操作的聚合过程与连续操作的汽提、离心、干燥过程之间的缓冲作用。

依据聚合釜容积及台数，通常出料槽分为 $18.8m^3$、$45m^3$ 及 $70m^3$ 几种规格。

$70m^3$ 出料槽的结构如图 5-5 所示。其主要工艺参数如下：电机功率为 7.5kW；搅拌转速为 36r/min。

通常来讲，采用顶伸式、无底轴瓦长轴结构的搅拌形式。由于在下层的四块平板斜桨叶下方，沿垂直方向各焊制一块

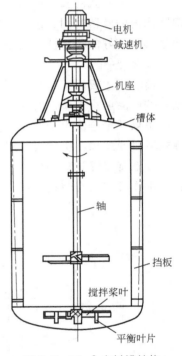

图 5-5　$70m^3$ 出料槽结构

平衡叶片，作用是限制轴在运动时产生晃动，从而出现了无底轴瓦。该出料槽内壁设有呈 90°且固定在内壁上的直挡板。该结构对树脂质量的提高、设备使用寿命的延长、动力电耗的节约等方面均起着重要作用。

当前许多小型工厂仍习惯于使用 $18.8m^3$ "顶伸式"出料槽（或称沉检槽），搅拌系统为鼠笼式或平板斜桨式，其转速要高出好几倍于 $70m^3$ 的出料槽，大大增加了动力电耗，同时由于底轴瓦的存在也易产生塑化片杂质。另外一种"底伸式"出料槽也被应用，配以底伸式推进式搅拌桨叶，底轴封的密封方式为水环式填料函密封、黏滞螺旋密封、机械密封。这种结构特点是，虽然搅拌转速仅仅比习用的结构要快 1 倍，但采用的桨叶尺寸比较小，同时动力电耗要降低 2/3 左右，并且无底轴瓦产生塑化片的弊病，因此得到了广泛的应用。由于树脂颗粒在聚合结束时已定形，出料槽搅拌的主要作用是使槽内树脂不发生沉降，不致引起出料槽通道堵塞。

【任务训练】

（1）悬浮聚合设备选型的原则有哪些？

（2）选择聚合釜的要求？

（3）悬浮聚合有哪两种形式？

任务五　悬浮聚合的岗位操作

【任务描述】

能够熟知聚合釜入料及出料的过程。

【任务指导】

一、聚合釜入料

聚合釜入料如图 5-6 所示。可分为以下几个独立操作模块。

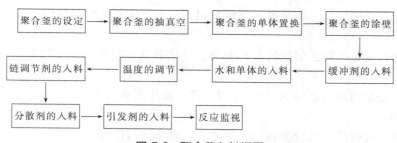

图 5-6　聚合釜入料框图

1. 聚合设定

在聚合釜入料之前首先最重要的步骤如下。

（1）聚合釜搅拌电机的电源必须完好的。

（2）确保所有的聚合釜的特殊阀门和控制阀门的供气系统是完好无损的。

（3）关闭聚合釜人孔盖并且紧固环处在锁紧位置。

（4）开启所有的冷却水供水和回水总管上的阀门。

（5）打开所有进出聚合釜工艺总管上的阀门。

（6）聚合釜搅拌密封具有规定的油液位和氮气压力。

（7）紧急事故终止剂氮气钢瓶压力达到 10MPa，关闭所有钢瓶切断阀和钢瓶压力调节器，关闭紧急终止剂储罐到聚合釜之间的阀门。

2. 聚合釜的抽真空及置换

如果聚合釜人孔被打开过，在入料前必须对聚合釜进行排空置换工作，即先将聚合釜内抽成很低的真空度，把釜内的空气大部分移出，然后用 VCM 破坏这个真空度，使釜内压力恢复，将釜内的残留空气进一步除去。具体步骤如下。

（1）确保在 30min 内无其他设备要求使用真空泵。

（2）必须检查所要抽真空釜的状态。

（3）打开去真空罐工艺管线的阀门。

（4）关闭去真空罐底部的排污阀。

（5）然后开始抽真空，启动真空泵，检查釜上抽真空切断阀、釜回收总切断阀、检查汽水分离器的液位是否符合开车条件。

（6）当聚合釜内真空度达到－0.05MPa（表压）时，关闭釜上抽真空切断阀、釜回收总切断阀及真空泵。

（7）打开单体入釜切断阀。

（8）启动单体泵向釜内加入 VCM。

（9）控制适当的流量和流量计的累计量。

（10）当累计达到所需入釜单体数量后（一般为 2～3m³）关闭单体泵，关闭单体入釜切断阀、单体回流阀、单体入釜调节阀流量计，并使其恢复到所需状态。

（11）打开出料底阀。

（12）打开釜底蒸汽调节阀和蒸汽切断阀。

（13）保持釜内压力达到 0.4MPa 以上。

（14）关闭出料底阀、蒸汽调节阀、蒸汽切断阀。

（15）检查聚合釜有无漏点。

（16）打开高压回收阀、捕集器入口调节阀、釜入捕集器入口切断阀、釜上回收切断阀、釜回收总阀进行高压回收。

（17）当回收流量下降至低限值时，关闭高压回收阀，打开低压回收阀及压缩机进行低压回收。

（18）当聚合釜内压力达到 0.05MPa 时，停止低压回收，关闭所有釜上及回收系统的阀门，关闭压缩机。

（19）关闭所有阀门。聚合釜置换工作完毕，准备进行涂壁入料工作。

3. 聚合釜涂壁

聚合釜的涂壁过程包括 3 个操作步骤：涂壁前的冲洗、涂壁和涂壁后冲洗。

（1）涂壁前的冲洗　冲洗水泵的操作如下。

① 打开冷水槽到泵进口的所有阀门。

② 打开泵的出口到聚合釜的阀门。

③ 打开冷水槽回流管上的阀门。

④ 确保泵出口压力在正常范围内（表压 1.58MPa）。

⑤ 打开出料泵的出口到废水槽的所有阀门。

（2）其次是聚合釜涂壁

① 打开从涂釜液贮罐到入釜泵管线上阀门。

② 打开从涂釜液加料泵到聚合釜管线上阀门。

③ 关闭在涂壁管线上的排气阀和排污阀。

④ 核实涂壁液不在配制当中。

（3）最后为涂壁后的冲洗工作　此操作同涂釜前冲洗。最后一次冲洗后，关闭喷淋阀。到此聚合釜入料已经作好准备。

4. 缓冲剂入料

在聚合釜加入缓冲剂之前，缓冲剂系统必须按照工艺规定的要求作好准备，并检查下面的项目。

（1）缓冲剂配制/贮槽内具有足够的缓冲剂满足加料。

（2）保证缓冲剂配制槽搅拌处于运行状态。

（3）缓冲剂加料泵处于正常状态。

（4）缓冲剂向聚合釜加料期间停止进行缓冲剂溶液的配制。

（5）当聚合单元入料时

① 打开缓冲剂贮槽底部出料阀。

② 启动缓冲剂加料泵。

③ 打开缓冲剂总管阀门。

④ 打开聚合釜入水切断阀。

⑤ 打开聚合出料阀。

此时，缓冲剂开始加入到聚合釜。

（6）观察缓冲剂累计流量表的计量，当缓冲剂的指标量被加入后，关闭缓冲剂贮槽出料阀。打开冲洗水阀，冲洗管线。关闭加料泵，关闭缓冲剂总管线阀门。

（7）聚合釜为下一步水和单体入料作好准备。

5. 无离子水和单体的入料

聚合釜入料前，应做好以下几项。

（1）氯乙烯单体（VCM）

① 选一台单体泵，将所选的泵的阀门位置设定为：

a. 打开泵的进口和出口阀门。

b. 油密封单元处于标准状态（液位和压力）。

c. 打开油密封单元循环水进出口阀，且通入循环水。

② 未选单体泵的阀门位置设定为：

a. 关闭泵的进口和出口阀门。

b. 油密封单元处于标准状态（液位）。

c. 打开油密封单元循环水进出口阀，且通入循环水。

③ 检查 VCM 到聚合釜的管道，确保全部手阀处于正确的位置：

a. 关闭到计量罐的阀门。

b. 打开流量计的进口和出口阀门。

c. 打开被选的 VCM 加料过滤器进出口阀，关闭未选 VCM 加料过滤器进出口阀。

d. 打开到聚合釜的阀门。

④ 检查氯乙烯的静压安全阀，处于正确的位置。

⑤ 检查氯乙烯入料时的液位和温度处于正常状态。

（2）无离子水

① 检查冷热水加料泵的阀门位置：检查从热水槽到管道，打开阀门，检查且打开泵回流阀门；打开热水泵的进口及出口阀门；检查冷水槽到冷水加料泵的管道，打开阀门，并检查泵的回流阀门应处于打开的状态；打开冷水加料泵的进口和出口阀门；检查并确认聚合釜水入料总管阀门处于正确的位置；关闭到计量罐的阀门；打开流量计的进口和出口阀；打开到聚合釜的阀门。

② 检查水入料时的液位和温度处于正常状态。

6. 聚合釜温度的调节

在加入分散剂或引发剂之前，检查聚合釜内温度。釜内温度若在工艺要求的范围之内，将继续入料，反之，则必须调整釜内温度，此操作过程就叫釜内温度调节。

（1）检查聚合釜温度。

（2）若釜内温度比极限值高时，则按照工艺规定的流量打开冷却水阀门。

（3）当釜内温度达到目标值时，关闭冷却水阀门。

（4）若釜内温度比极限值低时，可以通过蒸汽升温。将聚合釜夹套冷却水回水阀关闭，将聚合釜进夹套冷却水排污阀打开。

（5）当釜温达到指示值时：将釜夹套冷却水排污阀关闭；将釜夹套冷却水回水阀打开。

7. 链调节剂的入料

在聚氯乙烯生产过程中，有些需要使用链调节剂。链调节剂贮存在调节剂贮罐中，并通过链调节剂加料泵和计量系统由调节剂贮罐向釜内入料。具体操作步骤如下。

（1）关闭从贮槽至聚合釜加料管道上所有排气阀和排污阀，打开总管上的阀门。

（2）打开到贮槽的循环管道的阀门。

（3）检查加料泵是否处于正常状态。

（4）确保链调节剂加料泵、计量系统流量计和流量调节阀、总管切断阀应处于正常模式。

（5）核实链调节剂没有配料。

（6）链调节剂入料。

（7）控制调节剂加入总量，当加料量等于工艺量减去超前量时，关闭聚合釜切断阀、关闭总管切断阀、停止入料泵。

8. 分散剂的入料

具体步骤如下。

（1）分散剂贮槽内具有足够的分散剂溶液用于加料，并且贮槽搅拌处于运行状态。

（2）贮槽内的分散剂溶液处于自身循环，且当正向分散剂计量罐内加料时，不能向分散剂贮槽内加入分散剂溶液。

（3）分散剂计量罐冲洗水和分散剂入料总管冲洗水可按要求设定冲洗水量。

（4）打开分散剂入釜泵前、后总管的阀门，打开入料切断阀前的阀门。

（5）关闭分散剂入料总管上所有的排污阀和排气阀。

（6）分散剂入料前检查：入釜泵出口阀、罐冲洗水阀、管路冲洗水阀、入釜总管切断阀、釜底角阀全部处于关闭状态；分散剂入料泵处于停止状态。

（7）启动入釜泵，打开入釜泵出口切断阀，打开分散剂入釜总管切断阀，打开聚合釜入釜底阀，开始加入分散剂。

（8）当分散剂加入到冲洗设定点时，开始计量罐的冲洗，打开冲洗水阀，直到预先设定冲洗水重量达到高限值，然后关闭分散剂计量罐冲洗水阀。

（9）当达到预先设定的重量低限值时，关闭分散剂入釜泵出口阀和停分散剂入料泵。

（10）打开冲洗阀冲洗分散剂入料总管。

（11）当管道冲洗水加入量达到工艺规定量时：关闭聚合釜分散剂、引发剂角阀；关闭总管截止阀；关闭管道冲洗水阀。

（12）最后的分散剂冲洗完成时，在引发剂加料前，开始分散剂混合时间的延时。

9. 引发剂入料

具体步骤如下。

（1）引发剂贮槽内具有足够的引发剂用于加料并正确的含固体总量。

（2）引发剂贮槽搅拌处于运行状态。

（3）引发剂贮槽内的溶液处于自身循环。

（4）当正向引发剂加料罐内加料时，不能向引发剂贮槽内加入引发剂溶液。

（5）加料罐冲洗水和引发剂入料总冲洗水可按要求设定冲洗水量。

（6）打开入料泵前后的总管阀门和釜底角阀前后的阀门。

（7）关闭引发剂入料总管上所有的排污阀和放气阀。

（8）引发剂加料前，应检查：循环阀打开，备料阀关闭，泵出口阀关闭，罐冲洗水阀关闭，管路冲洗水阀关闭，停止入釜泵。

（9）开始加入引发剂。

（10）当引发剂加入到冲洗设定点时，开始罐引发剂加料罐的冲洗，打开冲洗水阀，直到预先设定的冲洗水量达到设定值，然后关闭引发剂加料罐冲洗水阀。

（11）当达到预先设定的重量低限值时，关闭泵出口阀和停止入料泵。

（12）打开冲洗阀，冲洗引发剂入料管。

（13）当管道冲洗水加入量达到工艺规定值时：关闭聚合釜分散剂、引发剂角阀；关闭总管切断阀；关闭管路冲洗水阀。

（14）引发剂入料操作到此结束，开始聚合反应。

10. 终止剂入料

具体步骤如下。

（1）关闭所有从终止剂配制槽到聚合釜的管线上的排污阀和排气阀。

（2）打开终止剂配制槽底部的阀门。

（3）终止剂泵和其计量系统处于工作状态。

（4）关闭流量计的旁通阀。

（5）终止剂不在配制当中。

（6）关闭聚合釜注水切断阀。

（7）打开终止剂泵出口阀。

（8）打开聚合釜上终止剂加入阀。

（9）当终止剂的流量在完成工艺的加入量时，关闭终止剂加料阀，关闭终止剂泵出口阀，停止终止剂加料泵。

（10）打开聚合釜注水阀，并设定最大流量冲洗水去聚合釜的总管。

（11）当满足工艺要求的冲洗水量时，关闭注水阀。

（12）检查在终止剂配制槽中有足够下一釜次入料用的终止剂溶液剩余量。

（13）此时聚合釜已作好出料和回收的准备。

二、聚合釜出料

聚合釜出料包括由聚合釜出料泵送浆料到浆料罐，冲洗聚合釜，移出全部树脂颗粒和回收聚合釜内及浆料罐中未反应的单体。罐回收步骤是在浆泵出料和冲洗聚合釜这两个阶段过程中进行的。具体步骤如下。

（1）检查出料泵轴封水阀处于打开位置并通有轴封水。

（2）打开到浆料罐的阀门。

（3）对泡沫捕集器作如下准备

① 关闭到紧急终止剂的阀门。

② 打开到喷淋水总管上的阀门。

③ 打开冲洗水管线上的阀门。

④ 关闭管线上所有的排污阀和排气阀。

（4）对浆料罐作如下准备

① 设置合适的搅拌用水量。

② 所有手动阀处于正确位置。

③ 关闭所有管线的排污和排气阀。

④ 如果浆料罐打开过人孔，要对其进行抽真空。

（5）关闭所有在聚合釜和浆料罐之间的浆料管线上的排气阀和排污阀。

（6）倒料泵通入轴封冲洗水。

【任务训练】

（1）阐述聚合釜进料的构成。

（2）如何调节聚合釜的温度？

（3）聚合釜涂壁包括哪些过程？

任务六　常见事故分析及处理

【任务描述】

学习聚合生产中常见的故障分析；重点学习聚合生产中常见故障处理方法。

【任务指导】

聚合在加料、反应监视、出料等过程中如出现故障，系统将自动停止在上述的某个阶段，并提示操作人员，操作人员在操作中必须认真，当出故障时，控制室操作人员应及时提示故障点或故障区域，应依流程顺序进行现场重点与普通的检查、分析及处理。

一、聚合加料故障

1. 故障原因

① 加料泵泵压低、流量低。

② 入料管道系统阀门触点失灵、调节阀失控、过滤器压差大及失控。

③ 入料系统压力、流量测量控制仪表损坏。

2. 处理方法

① 检查加料泵，如工艺人员不能及时解决，交维修处处理。

② 倒用备用过滤器并更换过滤器滤芯，清除并冲洗管道，通知仪表处理阀门故障。

③ 检查入料系统测量点，通知仪表检修。

④ 故障排除后，方可再次启动计算机，继续进行操作。

二、聚合反应故障

1. 聚合反应温度、压力升高

（1）故障原因

① 控制仪表故障，造成通水不及时。

② 冷却水压力低，温度高。

③ 入料不准确，分散剂加料损失，引发剂加料过多，单体过量且入水少。

④ 粘釜严重，传热效果差。

⑤ 因各类原因造成搅拌停止运转。

（2）处理方法

① 迅速查找造成聚合压力、温度上涨原因的同时，首先加大聚合釜冷却水通水量。

② 如公用工程系统故障，立即要求提高循环水压力、降低温度，视当时生产情况减少引发剂加入量。

③ 如果故障是加料计量、称量系统的问题，必须核对流量计、称重槽，以确保下一釜次入料的准确。

④ 电器故障通知电工处理，并应及时恢复供电。控制仪表故障，迅速要求仪表人员处理，操作人员应向仪表检修人员提供故障点或故障范围，以确保处理及时。

⑤ 釜下取样，如已造成粗料，加终止剂，终止聚合反应后出料并开盖检查。

⑥ 如果该故障是由于釜内壁黏结严重所致，出料后进行清釜。

⑦ 如果聚合反应监视期间故障已排除，但釜温、釜压仍不能得到控制或该故障不能及时恢复，操作人员根据当时情况，加入终止剂或 α-甲基苯乙烯紧急事故终止剂，凡使用此步骤操作后，均要求出料前必须取样、观察。

2. 聚合釜压力上涨而温度不高

（1）原因分析

① 釜内残存惰性气体。

② 入料不准造成反应过程中釜满。

③ 待出时间过长。

（2）处理方法

① 釜下取样，无异常则维持反应，回收时注意分析 VCM 含氧量。

② 停止釜上注水，在釜下取样，如无异常维持聚合反应，根据当时情况可部分出料。

3. 入料后釜温偏低

（1）原因分析

① 输入控制温度错误。

② 热水槽温度低。

③ 热水泵多次跳闸或热水阀门开度不够。

④ 温度控制仪表故障。

（2）处理方法

① 入料后釜温度偏差≤10℃（是否型号输入错误），可更改并输入正确值继续反应；如果温度偏差＞10℃，视当时情况可手动补温或回收处理。

② 检查热交换器，做热水槽体外循环升温操作。

③ 联系电修处理热水泵跳闸故障。

④ 通知仪表检修热水阀门及温度控制点。

⑤ 在长期不入料时，为确保入料釜温，操作员应置换热水入料管内低温水后方可入料。

4. 聚合反应过程中搅拌停止

（1）原因分析

① 突然停电。

② 电机或电器故障。

③ 电机电流过大、波动，热保护跳闸。

④ 釜减速机机械密封故障。

（2）处理方法

① 聚合系统突然全面停电　要求每个操作人员必须坚守岗位，必须服从班长、调度、值班人员的统一指挥。在尚未停电时，控制室操作人员应严密观察聚合反应的温度、压力，同时将聚合釜循环水阀开至最大。在控制室无显示时，组织操作人员到釜面观察釜内压力上涨情况，如果在夜间，需组织防爆照明。在此同时，迅速通知上级部门并说明岗位所处的紧急情况，要求立即恢复电源。

② 无任何电源的处理措施　在无法启用电源时，在断电 2～3min 内，立即加入紧急终止剂 α-甲基苯乙烯，在加完紧急终止剂后，若釜温、釜压仍继续上升，当压力达 1.1MPa 时，切换仪表气源为氮气气源，打开聚合釜放空阀和釜上总阀进行放空处理。当釜压低于 1.0MPa，停止放空。

进行上述操作，应组织有关人员进行规定区域的戒严，防止火灾、人员中毒，并禁止任何无关人员及车辆在附近通行，禁止启动任何设备与产生明火，在事发与处理的同时，立刻通知调度并详细记录处理经过。如果排气系统堵塞或爆破片被冲破，安全阀起跳，必须更换爆破片及校验后方可再次入料。

恢复电源后，送电顺序应遵循主要设备优先的原则：机械密封高压多级泵；聚合釜；终止剂加料泵；工艺系统给水泵；其他工艺设备。

如电源在较短时间内恢复，当班人员根据具体处理情况安排恢复生产。

③ 电机电器故障如果发生在反应前 4h，要立即采取出料措施，待物料出净后，再进行处理。如果发生在反应 4h 之后，允许排除故障后继续反应。但是在处理上述故障中，时间不超过 20min，否则一律按出料处理。进行以上故障排除时，均应采取开大水量的措施，观察釜的温度、压力变化、出料时加入终止剂，详细记录处理经过。

④ 反应期间聚合釜搅拌减速机故障且不能立即修复时，均按出料处理。

⑤ 如果机械密封外泄情况不严重，可采取补加机械密封油，加强小罐冲（N₂）压操作方法来维持反应；如果外泄严重且不能维持反应应及时确认后立即出料，停车检修。当机械密封内漏时，根据该釜的实际情况，用 N₂ 平衡机械密封压力，维持反应，如内漏严重可安排出料检修。

⑥ 对于搅拌电流波动问题，请电修、仪表检查电器与控制系统，出料后，开盖检查搅拌叶是否有结块物，待问题处理后方可入料。

5. 聚合反应出现粗料

（1）原因分析

① 分散剂计量不准。

② 分散剂加料时泄漏损失。

③ 单体、水加料计量不准。

（2）处理方法

① 在聚合反应异常时，取样后确认为粗料，加终止剂出料，开盖检查后方可入料。

② 通知仪表校正入料、称量计量仪表。

③ 检修分散剂/引发剂入釜底阀及相关的阀门泄漏问题。

6. 聚合釜出料不畅

（1）原因分析

① 釜内有聚合团状物，粘釜严重。

② 出料泵阀门故障及管道堵塞。

（2）处理方法

① 首先关闭电动出料阀，冲洗出料管后关闭相关的阀门，打开釜下排污阀，清理出料过滤器，等装好后关闭釜下排污阀继续出料。

② 检查处理出料泵及出料管线与阀门故障。

③ 出料后聚合釜开盖检查。

【任务训练】

（1）聚合反应都有哪些故障以及处理方法？

（2）聚合反应过程中搅拌停止时该如何处理？

（3）聚合釜加料过程出现哪些故障？如何处理？

（4）聚合釜出料不畅时原因有哪些？

 项目二　聚氯乙烯回收和汽提

任务一　聚氯乙烯的回收

【任务描述】

能够掌握聚氯乙烯的回收方法及汽提方法的特点。

【任务指导】

聚合釜内加入终止剂以后，聚合反应终止，聚合釜内部仍存在大量的未反应单体，应对这些单体进一步回收，作为下一釜次的聚合原料。一般情况下，单体回收方法是在汽提塔供料槽中部分脱气，然后，在浆液汽提塔内进行连续蒸汽汽提。作为备用系统，还提供可以在聚合釜内进行单体回收和汽提的设备。

一、聚合釜间歇回收

通常情况下，在聚合釜中不需要将未反应的 VCM 完全回收。但是，某些特殊情况下，则需在聚合釜中进行批次性单体回收。

① 设备出现故障，无法正常出料和汽提。

② 由于聚合出现紧急事故，如超温等。

③ 打算分开处理某一批料，这批料或是一批实验料，或是已知的不合格料。

如果是要求必须进行在聚合釜内的批次性的单体回收，则回收系统首先应具备开车条件。这样，就可以把聚合釜蒸汽管截止阀、聚合釜顶部回收阀和回收分离器进口截止阀全部打开。通过回收气体过滤器的气流，从聚合釜进入回收分离器，由一个压力传感器显示其压力。根据显示的压力，气流有两种选择，一是通过打开直接回收截止阀，进入回收 VCM 冷凝器，二是通过打开低压回收截止阀，进入压缩机/真空泵回收单元。为了限制进入回收系统的蒸汽流量，在通向回收分离器的进口管道上装有一个调节阀。安装这个调节阀的作用是：可以调节回收系统的压力，以防止压力过高，妨碍液封型真空液环压缩机的正常操作；为了防止将过多的浆液带入回收分离器，可以限制进入回收系统的 VCM 蒸汽流量。

同时，根据所显示的压力，当压力大于冷凝器的压力时，就应将物料直接输入回收冷凝器；当压力小于冷凝器的压力时，就应将物料导入到间歇回收压缩机中。然后后续的压力通过一个分级压力传感器进行监测，这个压力传感器的作用是可以激活一个硬线连接的电动连锁系统，使间歇回收压缩机与真空泵按程序工作。但是，压力还是起到很重要的作用，当压力比大气压力低时，物料进入真空泵；当压力比大气压力高时，物料进入间歇压缩机。无论选择如何，从这个压缩机或者真空泵机组出来的物料都进入回收冷凝器。

二、正常回收方法

正常回收指的是，不在聚合釜内进行 VCM 的回收，而是在汽提塔供料槽中进行回收，在汽提塔供料槽中，绝大部分的 VCM 得到回收，剩余的少量的 VCM 将在汽提塔中进一步回收。

当把浆料打入汽提塔供料槽中时，打开槽上的回收阀门，打开浆料回收物料管道上的截止阀，VCM 蒸汽进入回收分离器，浆料中的残存 VCM 被分离出来。气体经分离器出来，通过一个滤芯式过滤器过滤后，进入间歇回收压缩机（或是进入 VCM 回收冷凝器）。当压力小于 $5.4 kgf/cm^2$（表压），打开低压阀门，气体进入间歇回收压缩机；当压力高于 $5.4 kgf/cm^2$（表压），则打开高压阀门，气体进入 VCM 回收冷凝器。

压缩机将不断地把 VCM 移出直到回收结束为止。此时，关闭所有回收阀，停止在汽提塔供料槽内的单体回收。聚合釜内的压力此刻也降到 $0 kgf/cm^2$（表压）。在此压力下，剩余单体不会发生聚合现象，在汽提塔供料槽的气相空间也不会发生粘壁现象。

三、回收压缩机

回收压缩机 CM-1F/2F 的作用是调节聚合釜压力，在规定的回收时间内，使其从大于冷凝器压力降到常压，同时也将排放压力变成冷凝器压力。

回收共分为两个阶段，即高压回收阶段和低压回收阶段，前者为蒸汽物料直接进入回收冷凝阶段；后者为自动回收程序系统被激活，启动间歇回收压缩机。所排出的气体进行部分循环，通过装在压缩机循环管道上的压力调节器，将吸入口压力维持在最低压力，以维持操作稳定性。

四、回收冷凝器系统

回收系统中的回收冷凝器分为 VCM 主回收冷凝器（用 $-5℃$ 冷冻水冷却）和尾气冷凝

器（用－5℃冷冻水冷却）。

回收的 VCM 蒸汽和惰性气体同时进入主回收冷凝器。在主回收冷凝器内预达到有效地冷凝，必须使冷凝器的操作压力达到足以将 VCM 的露点升高到冷凝器的冷却水温度的水平。

冷凝的 VCM 液体以及没有完全冷凝的 VCM 及惰性气体由主回收冷凝器底部排出，进入 VCM 液封槽。而气体进入尾气冷凝器深冷。冷凝 VCM 液由尾气冷凝器底部排出，通过尾气调节阀将未冷凝的惰性气体及少量的 VCM 气体排放至气柜。

在 VCM 液封槽排气管线与 VCM 回收贮槽顶部通有一根平衡管，其作用就是平衡压力。在液封槽中，液体 VCM 液位升高，经溢流管流出的多余 VCM 靠高位差自身的重量流到 VCM 回收贮槽中。

【任务训练】

（1）比较两种回收方法的不同点、依据是什么？
（2）回收冷凝器分为哪两种？
（3）在通向回收分离器的进口管道上装有一个调节阀的目的是什么？

任务二　聚氯乙烯的汽提

【任务描述】

熟知聚氯乙烯汽提的作用和聚氯乙烯汽提操作的特点。

【任务指导】

PVC 浆液汽提的主要作用是把反应以后残留在 PVC 树脂中的单体移出并加以回收利用。其目的如下。

① 减少 PVC 浆液中的 VCM 残留量，使干燥后的产品中残存 VCM 的含量小于 1mg/L（以干燥的树脂计）。

② 对 VCM 进行回收。以免 VCM 在干燥过程中（如混料槽、离心机、干燥器等设备中）逸到大气中。

③ 在达到上述两个目的的前提下，以最少的投资，使产品的质量达到最高的水平。

经过汽提的 PVC 浆液中的 VCM 的含量，取决于树脂的性质，干燥设备的型式及干燥条件。通常来讲，如果经过汽提的 PVC 浆液中的 VCM 低到 30mg/L 时，则干燥后的最终产品中所含的残留 VCM 可在 3mg/L 以下。汽提时，在汽提塔内尽量将残留的 VCM 移出来，否则，浆液在汽提后，通过一个"开放"系统时，残留的 VCM 就会逸入大气中。

一、汽提塔供料槽操作

将未经单体回收的浆液从聚合釜输送到汽提供料槽中。这个槽既是浆液贮槽，又是 VCM 脱气槽。随着浆液不断地打入这个汽提塔供料槽，槽内的压力不断的升高至 5.1kgf/cm² （表压）时，装在汽提塔供料槽蒸汽回收管道上的自控截止阀会自动打开。为了防止回收系统在高脱气速率下发生超负荷现象，在伸入到回收分离器里的 VCM 蒸汽管道上装有调节阀，因此，汽提供料槽内的压力可以瞬时性地提高。

使整个体系达到平稳、连续操作的关键是控制汽提供料槽中的贮存量。要求汽提供料槽的液位既能保证下一釜输送来的物料加上冲洗水的量，又能保证稳定不间断地向浆料汽提塔供料。而汽提塔供料的流速，可以根据聚合釜送料的情况和物料贮存的变化慢慢地调整。

在汽提塔供料槽中经过部分单体回收后的浆液，进入浆料汽提塔。部分浆液循环回到汽提塔浆料槽中。浆液还需经过一个块料破碎机，将偶然由于树脂粘结作用形成的团块打碎到可以通过下游设备，而不会造成堵塞。

二、浆液汽提塔操作

将 PVC 树脂浆液从汽提塔供料槽送到汽提塔中，其中部分浆液循环回到汽提塔供料槽。浆液能够获得循环流速而不至于浆液沉淀而造成管道堵塞。必须保证浆料泵的设计能力、管道尺寸，这样才能满足向汽提塔打料或不打料时的流速要求。

流向汽提塔的浆液流量可以通过电磁流量计测得。通过装在通向汽提塔的浆液管道上的流量调节阀进行控制。在这个流量计和调节阀的上游浆液管道上还装有一个浆液供料截止阀。浆液供料通过螺旋式热交换器，将从汽提塔底部来的热浆液预热。通过这种热交换的方法既可以节省汽提所需的蒸汽，又能通过冷却汽提塔浆料的方法，缩短产品的受热过程。在流量计和流量调节阀的上游的浆液供料管道上，装有一根带有截止阀的冲洗水管，主要用于汽提塔的开车、停车、浆料管道的清洗和汽提塔的冲洗。

从汽提塔的塔顶逸出的带有饱和水蒸气的 VCM 蒸气，经过一个立式部分冷凝器，在这个冷凝器中绝大部分的水蒸气被冷凝。部分冷凝后的蒸汽与液体物料由部分冷凝器流入到汽提塔冷凝液收集器。液相与汽相物料在收集器中进行分离，在汽提塔冷凝液收集器的顶部，被水饱和的 VCM 从此逸出。离开汽提塔冷凝液收集器的 VCM 蒸气经过滤心式过滤器过滤，以防 PVC 颗粒由于浆液汽提操作失误而进入到回收系统。

VCM 蒸气出口的流量可以通过装在汽提塔冷凝液收集器出口蒸汽管道上的压力调节器自动调节，进而调节汽提塔的压力，使塔内压力趋于稳定。VCM 蒸气直接进入汽提塔回收压缩机的吸入口，从汽提塔底的塔盘进入汽提塔。蒸汽流量通过汽提塔的蒸汽管道上的流量调节阀进行调节，将数值调定在 1t/h。同时可向蒸汽管道里加水，降低过热蒸汽的温度，以防止树脂在汽提塔的塔釜壁上干燥分解。

经过汽提后的浆液由汽提塔底部打出，经过浆液汽提塔热交换器后，打入浆液混料槽。浆液流量可以通过在浆液混料槽的浆液管道上的液位调节器来调节，进而使塔底浆液的液位维持在一定的高度。部分浆液可以循环回到浆液汽提塔中。

将汽提塔冷凝液收集器中收集的冷凝液打入废水贮罐，以备进行废水汽提。流入废水贮罐的流量可以通过汽提塔冷凝液收集器上的液位调节器调节，自动调节收集器内的物料液位，使液位保持恒定。在泵的出口处装有一根带有一个孔板流量计的循环管道，目的是使冷凝液返回收集器而使泵维持一个最低流量。用管道可将水送到汽提塔的顶部，将塔壁和顶部封头上的树脂冲掉。

另外，操作参数的选择取决于汽提树脂的性能、产量和其他经验因素。所有的关键仪表都应装有适当的报警装置。

【任务训练】

（1）聚氯乙烯汽提塔操作的过程？

（2）聚氯乙烯为什么要进行汽提操作？

（3）如何控制流向汽提塔的浆液流量？

任务三　聚氯乙烯的回收和汽提岗位操作

【任务描述】

能进行聚氯乙烯的回收和汽提的岗位操作。

【任务指导】

一、聚氯乙烯回收

回收步骤是在浆料泵出料和冲洗聚合釜这两个阶段过程中进行的。聚合釜出料包括：浆料由聚合釜出料泵被送到浆料罐，然后冲洗聚合釜，移出全部树脂颗粒，将聚合釜内及浆料罐中未反应的单体进行回收，具体步骤如下。

（1）打开出料泵轴封水阀，并通有轴封水。

（2）打开由聚合釜到浆料罐浆料管道的阀门。

（3）关闭出料过滤器的取样阀。

（4）打开到喷淋阀冲洗水管上的阀门、冲洗水管线上的阀门、所选回收过滤器进出口阀门，关闭管线上所有的排污阀和排气阀。

（5）对浆料罐，设置合适的搅拌用水量，关闭所有管线的排污和排气阀门。如果浆料罐打开过人孔，要对其进行抽真空。

（6）关闭所有在聚合釜和浆料罐之间的浆料管线上的排气阀门和排污阀门。

（7）向倒料泵中通入轴封冲洗水。

（8）浆料罐液位在出料允许的高限以下。观察泡沫捕集器液位，当泡沫捕集器的液位达到高限时，将泡沫捕集器中的物料用浆料泵打到浆料罐。当液位达到低限时，停止向浆料罐打料，并且冲洗浆料泵输送管线，以维持泡沫捕集器的正常液位。正常情况下，泡沫捕集器内的浆料始终使用浆料泵进行自身循环。

① 打开浆料泵出口阀门。

② 监视泡沫捕集器液位直到达到低限为止。

③ 打开浆料泵回流阀，关闭泵出口阀，使泡沫捕集器中液体自身循环。

如果液位在低限以下，将打开冲洗水阀，冲水直到泡沫捕集器液位达到低限以上。

（9）给泡沫捕集器加压，使其和浆料罐罐压力平衡。

① 打开浆料罐的罐回收阀。

② 打开回收总阀。

③ 在流量计上设定回收流量设定点。

④ 逐步打开回收流量控制阀。

（10）当泡沫捕集器内压力高于设定压力时，打开高压回收阀，使 VCM 气体从浆料罐经泡沫捕集器流、回收过滤器进入第一冷凝器。这个系统将保持在高压阶段，直到回收的压力低于设定的压差值。

（11）当聚合釜搅拌功率达到低限设定值时，打开高压冲洗水阀和喷淋阀，反复冲洗直到达到设定的冲洗次数。

（12）当出料泵功率和聚合釜搅拌功率降低到低限值时，关闭以下阀门：喷淋阀，高压冲洗水阀。

（13）出完料后先停聚合釜搅拌，关轴封水，再关底阀，打开冲洗水阀。

（14）浆料罐回收：出料时当罐压力达到设定值时，打开浆料罐回收阀，总管回收切断阀，泡沫捕集器入口调节阀，开始向泡沫捕集器回收。

（15）浆料罐回收：倒料时当浆料罐与浆料罐压力平衡时，自动打开罐回收切断阀，三罐同时回收。

（16）高压回收：泡沫捕集器压力到设定值，打开高压回收阀、压缩机回流阀。VCM流进冷凝器进行冷凝。

（17）低压回收：当泡沫捕集器出口压力降到设定值时，打开压缩机密封水阀，启动压缩机，开启工作水泵，打开压缩机进口阀，打开压缩机出口阀，关闭高压回收阀，慢慢关压缩机回流阀，当罐压降到设定值时，关闭压缩机进口阀，关压缩机出口阀，打开压缩机回流阀，关工作水泵，停压缩机，关压缩机密封水阀，关闭压缩机回流阀。

（18）釜回收：当浆料出完后，关闭回收阀。打开釜回收总阀、回收切断阀、釜入泡沫捕集器切断阀，回收釜内单体，当釜内压力降至设定值时，关闭釜入泡沫捕集器切断阀、回收切断阀、釜回收总阀，打开罐回收总阀，接着浆料罐回收。

（19）检查泡沫捕集器液位，如果高于上限液位，泡沫捕集器内浆料被浆料泵送到浆料罐，并且冲洗从泡沫捕集器到浆料罐的浆料总管。

① 打开泡沫捕集器底阀门。

② 启动浆料泵。

③ 打开浆料泵出口切断阀。

④ 观察泡沫捕集器液位，直到达到低限为止。

⑤ 关闭泡沫捕集器底阀门。

⑥ 打开管线冲洗水阀，冲洗管线 1min，关闭浆料泵出口切断阀。

⑦ 停止浆料泵。

⑧ 关闭管线冲洗水阀门。

二、浆料汽提

树脂中全部未反应的单体用浆料汽提塔最后去除。此过程包括汽提塔的开、停车和运行。

1. 准备工作

（1）关闭从浆料罐经过进塔浆料泵到汽提塔的浆料切断阀管线上和返回到浆料罐回流管线上的所有排污阀和放空阀。

（2）打开总管的所有阀门以及所选用的汽提浆料过滤器浆料进出口阀门。

（3）打开浆料罐回流管线上的阀门。

（4）打开并通入选定的进塔浆料泵轴封水阀。

（5）轴封水通入之后，打开浆料罐底部出料阀。

（6）启动进塔浆料泵。此时浆料可以进行往返浆料罐的自身循环。

2. 汽提塔开车

浆料汽提塔停止使用并已进入空气之后，浆料汽提塔将如何进行开车。如果所有的浆料管线已经冲洗干净，浆料汽提塔就为开车做好了准备。

（1）关闭浆料汽提塔上和与总管及设备有关所有放空阀和排污阀。

（2）打开到浆料汽提塔浆料管线上的阀门。

（3）打开塔顶冷凝器的循环水进出口阀门。

（4）选用一个进塔浆料过滤器，并使阀门处于正确的阀位上。

（5）关闭塔顶压力调节阀后的回收总阀。

（6）打开冷凝水分离器的液位计的阀门。

（7）打开汽提冷凝水泵的进出口阀门及回流阀门。

（8）打开汽提冷凝水泵到浆料罐的阀门。

（9）选用一台出塔浆料泵。并且打开出塔浆料泵回流管线上的阀门。

（10）打开浆料汽提塔至浆料罐浆料管线上的阀门。

（11）打开出塔浆料泵进口的排污阀。

（12）打开冲洗水阀，开始浆料汽提塔的冲洗。

（13）当浆料汽提塔排出的冲洗水干净时，关闭浆料汽提塔进口冲洗水阀。

（14）当浆料汽提塔内水放干净后，关闭出塔浆料泵进口的排污阀。

（15）在冲洗浆料汽提塔期间，也要冲洗冷凝水分离器，然后排放掉冲洗水，确保冷凝水分离器干净。

（16）为了去除浆料汽提塔所有空气，使用真空泵对浆料汽提塔进行抽真空，当压力达到设定值时，关闭浆料汽提塔抽真空阀，停真空泵。

（17）对浆料汽提塔进行 10min 的真空度监视，如果真空度下降很少，打开塔顶喷淋水，并设定水流量为 $1.5m^3/h$ 左右。如果怀疑有泄漏，找出漏点，直至确认无泄漏点为止。

（18）为了加热浆料汽提塔接近操作温度，开始向浆料汽提塔进行水进料。

（19）打开在气柜回收阀之后的回收阀门。

（20）打开汽提冷凝水泵入口的冲洗水阀、汽提冷凝水泵入口阀向冷凝水分离器注水，直到液位达到 50%。然后打开汽提冷凝水泵出口阀，启动汽提冷凝水泵。

（21）设定和通入到出塔浆料泵的轴封水，观察到汽提塔有了液位之后，启动出塔浆料泵。

（22）一般需要 $30\sim40min$ 才能达到浆料汽提塔的正常操作温度。同时浆料汽提塔的压力也接近工作压力。在这期间，检查一下从塔向地沟里排放的水是否清洁。在浆料进入浆料汽提塔之前，排放的水必须是清洁的水。

（23）关闭排放水阀，开始进行浆料入塔，打开进料切断阀，关闭冲洗水阀。

（24）密切注视塔压力，确保塔不能超压。如果过高，要马上切换到水入料，关闭进料切断阀，打开冲洗水阀。

（25）当浆料开始向浆料汽提塔进料后，打开进塔浆料泵进口排污阀向地沟排少许浆料，取样并直观地检查树脂外观。如果树脂清洁干净，向浆料罐进料。打开到浆料罐的阀门。关闭到地沟的阀门 。如果树脂中杂质较多，检查是否由于浆料汽提塔所污染，如果是，浆料汽提塔切换到水入料，直到浆料汽提塔冲净为止，再切换到浆料进料。

（26）浆料汽提塔的操作：浆料汽提塔的浆料排放到浆料罐之后，要增加浆料汽提塔的进料量。当塔的操作稳定在恒定的进料量和蒸汽量时，操作处于最佳状态。所以要根据聚合釜和浆料罐的存料情况，平衡进料量。聚合釜准备出料时，浆料罐应具有容纳一釜物料的空间。

注意：不要使浆料罐内没有浆料，如果需要，浆料汽提塔可以进行短期停车，通过改变的设定点调节塔进料量，同时也使用的设定点调节蒸汽量。改变浆料汽提进料量要小幅度进行。这个方法允许在对塔没有主要扰动的情况下进行调整。在每一次变化后，要让塔稳定下来。塔的压力、塔顶温度、压差和冷凝水流量是塔的四个控制点。

3. 浆料汽提塔停车（短期）

如果需要短期的停止浆料汽提塔的进料（一般小于 2h），塔进料要切换为水入料，并且要维持塔温度接近于正常的操作范围。长期的停车或者在蒸汽和水不能加入到塔里的其他情况下，请看"浆料汽提塔停车——（长期）"工序的规定。

（1）切换进料为水进料：并冲洗 10min。

① 打开冲洗水阀。

② 关闭浆料入料切断阀。

③ 设定浆料流量计和蒸气流量计的开度。

（2）关闭到浆料罐的阀门。

（3）打开塔底液位调节阀，向母液池放料。

（4）监视向母液池排放的水。当排放的水里几乎没有树脂时，浆料流量计设定为减为 10%。塔可以这样运行下去。当浆料汽提塔需要再次汽提浆料时，按照"开车工序"进行。

4. 浆料汽提塔停车（长期）

长期的浆料汽提塔停车，浆料汽提塔必须进行冲洗，且塔内必须干净无积料。

（1）关闭到浆料罐的手阀。

（2）打开塔底液位调节阀，向母液池排料。

（3）塔进料改为水进料。

① 打开冲洗水阀。

② 关闭浆料流量切断阀。

③ 设定浆料流量计和蒸气流量计的开度。

（4）监视向地沟排放的水。当水中几乎没有树脂时，关闭冲洗水阀，停止水入料。

（5）调节蒸气流量计的设定点为 0。

（6）调节塔底液位的设定点为 0。

（7）关闭返回到汽提塔的回流阀。

（8）当浆料汽提塔几乎排净时，关闭塔底部浆料泵的进口阀门和打开冲洗水阀。

（9）冲洗到地沟的浆料管线，直到水干净为止。

（10）关闭冲洗水阀并停止出塔浆料泵。

（11）冷凝水分离器液位降为零。

（12）当冷凝水分离器几乎排净时，加入冲洗水并再次用汽提冷凝水泵排净。

① 关闭汽提冷凝水泵的出口阀。

② 打开汽提冷凝水泵入口的冲洗水阀。

③ 向冷凝水分离器注水到 50% 的液位。

④ 关闭冲洗水阀。

⑤ 打开汽提冷凝水泵的出口阀。

（13）当冷凝水分离器再次排净后，关闭汽提冷凝水泵出口阀，停汽提冷凝水泵。

【任务训练】

（1）聚氯乙烯回收包括哪些步骤？

（2）简述浆料汽提塔的操作过程？

（3）浆料汽提的准备工作都有哪些？

任务四　常见事故分析及处理

【任务描述】

熟悉在回收和汽提过程中出现的故障原因并进行故障处理。

【任务指导】

单体回收和气提过程中常见事故原因分析和处理方法见表5-6所示。

表5-6　回收和气提过程常见事故分析

常见事故	原因分析	处理方法
回收系统故障	（1）聚合釜内及回收系统有惰性气体 （2）压缩机机械故障及工作水压差大 （3）有物料堵塞部分列管 （4）冷冻水压力低、温度高 （5）回收系统工艺管线及阀门故障	（1）用高点放空或调低尾排调节阀设定点（调整前分析气体含氧量） （2）处理压缩机机械故障，更换工作水过滤器滤芯 （3）提高水压、降低水温，回收结束后彻底冲洗 （4）处理回收工艺管道及阀门故障
浆料汽提塔塔底液位升高或降低	（1）塔底出料泵出口管线调节阀调节失灵 （2）汽提塔塔底液位失灵 （3）出塔浆料泵产生气蚀 （4）塔底回流阀位置不当	（1）塔底液位调节阀、塔底液位指示调整失灵，及时进行仪表处理 （2）调整塔底回流阀位置 （3）塔底浆料产生气蚀，立即停止塔进料，减少进塔蒸汽量，加大冲水量，降低汽提塔塔底温度，开关数次塔底回流阀，待浆料泵消失气蚀现象后，继续开车
塔顶压力波动	（1）蒸汽压力、蒸汽流量、进塔浆料量波动 （2）冷凝水分离器液位高，调节阀失灵 （3）塔顶压力或塔压力调节阀调节失灵或滞后 （4）塔顶冷凝器断水	（1）塔顶压力波动通常与上述原因相互伴随产生，在调整塔顶压力或提高进料量时，应严格观察塔顶压力产生的影响，以塔顶温度、塔底差、塔底温度、进塔蒸汽量和塔顶压力为主要参数同时调整，调整时要循序渐进 （2）检修故障仪表，排除冷凝水分离器故障 （3）迅速查找停水源，恢复供水 （4）蒸汽压力不足时，在蒸汽能满足塔底温度，确保塔顶温度的前提下，确定下料量
冷凝水分离器SE-2G带料	（1）浆料流量过大 （2）蒸汽流量过大 （3）塔顶压力突然降低 （4）塔顶压力突然升高 （5）塔压差过大	（1）首先降低汽提塔的投料量 （2）降低进塔蒸汽流量 （3）调整塔压 （4）调整浆料罐温度，提高进塔浆料温度 （5）打开冷凝水分离器排污，放净积存物料，待带料停止后，稳定汽提塔各工艺参数，投入正常运行

【任务训练】

（1）回收系统出现故障的原因及处理方法？

（2）塔顶为什么会出现压力波动？

（3）若浆料汽提塔塔底液位升高或降低将如何解决？

（4）在回收和汽提过程中容易哪些故障？

项目三　　聚氯乙烯脱水与干燥

任务一　聚氯乙烯的脱水

【任务描述】

（1）能够熟悉聚氯乙烯的脱水原理；

（2）掌握在脱水过程中的一些影响因素。

【任务指导】

工业上，一般通过离心机实现脱水操作。而PVC生产企业大都采用连续沉降式离心机。通常其生产能力以树脂脱水后的湿含量、母液中的固含量、单位时间排出PVC固体物料量这三大指标表示。

沉降式离心机脱水原理：在连续沉降式离心机高速旋转的卧式圆锥形的转鼓中，有与其同方向旋转的螺旋输送器，在差速器的作用下其旋转速度略低于转鼓转速。料浆由旋转轴内的进料管送至转鼓内，在离心机的作用下物料被抛向转鼓内壁沉降区，转鼓内的沉淀物由螺旋输送器的叶片推向干燥区，经排料，排出。水则通过可调节的溢流孔排出水管，达到固液分离的目的。

原液通过入料管供给旋转筒，受高离心力而分离，分离为固体物和澄清液。固体物则沉降在旋转筒内壁由输送器送出，经固体物排出口排到固体物收集槽。澄清液则经可调整水位高低的排液挡板排到收集槽。

离心力与回转半径、角速度、回转速度的2次方成正比。

离心机的基本性能与离心力与原料在离心力场（转筒）中停留时间长短有关。因此，转速越高，容积越大，离心机的基本性能越高。

一、影响因素

影响沉降式离心机脱水的因素：树脂的颗粒形态、加料量、浆料浓度和堰板深度等。

1. 树脂颗粒形态

对离心脱水效果和处理能力均有一定影响的是聚氯乙烯树脂本身的特点，其中树脂的具有多细胞的结构，孔隙率大小和颗粒外形的规整性影响极大，对于疏松型树脂，孔隙率越高，由于内部水分多而不易脱除，卸料湿树脂中含水量高；而孔隙率越低，含水量也较低。以上影响可由树脂表观密度与卸料含水量关系来表征。

2. 加料量

一般随着加料量的增加，卸料湿树脂中含水量也稍有提高，当超过该离心机的处理能力时，过载安全装置就会自动跳开将机器停下。

3. 浆料浓度

浆料浓度越高，脱水效果越好，但是，浓度过高，在输送过程中会引起管道堵塞，通常浓度为 30%～35% 最佳。

4. 堰板深度

溢流堰板深度最大，排出液澄清度效果最佳，也就是母液含固量最低，而卸料湿树脂含水量比较高；堰板深度最小，就会使母液含固量上升，而卸料湿树脂含水量达到最低。所以，应该根据实际的需要选择堰板的深度。

二、离心机工艺流程叙述

离心机的分离原理是靠离心机的高速旋转产生的离心力，将水与 PVC 树脂粉分离。水与 PVC 树脂粉混合物 PVC 浆料通过离心机的加料管，进入离心机转鼓后与离心机转鼓被压到离心机转鼓的筒壁上一起旋转。由于 PVC 树脂粉的密度较水大，在相同的旋转角速度下，PVC 树脂粉所受到的离心力就较水大。这样，PVC 树脂粉被压到离心机转鼓的筒壁上，而水在 PVC 树脂粉内侧的表面。在离心机内还装有一个螺旋，螺旋的旋转速度比转鼓低，靠着螺旋和转鼓的差转速，螺旋自动地将 PVC 滤饼送出离心机，而水从离心机后部的排出口排出离心机，从而实现自动的卸料。差转速由差速器产生，它是行星齿轮差速器，靠行星齿轮围绕太阳轮产生的轴与齿圈产生旋转差。

【任务训练】

（1）在脱水过程中，影响因素都有哪些？具体是如何影响的？

（2）阐述离心机的工艺流程。

（3）简述聚氯乙烯脱水的原理。

任务二 聚氯乙烯的干燥

【任务描述】

（1）能够掌握聚氯乙烯的干燥原理；

（2）能够知道干燥的工艺过程。

【任务指导】

一、干燥的基本原理

固体物料在与一定温度和湿度的空气接触时将会排出水分或吸收水分而使含水量达到一定值，此值称为物料在此情况下的平衡水分或平衡湿度。当固体物料（含水量超过其平衡水分）与干燥介质（如加热的空气）接触时，由于湿物料表面水分的汽化逐渐形成物料内部与表面的湿度差，亦即内部的湿度大于表面的湿度，于是物料内部的水分借扩散作用向其表面移动，而在表面汽化。由于介质连续不断地将此汽化的水分带走，从而使固体物料达到干燥之目的。

PVC 树脂是热敏性物质，受热比较容易分解。外观为白色颗粒状粉末，颗粒结构疏松，有孔隙。在湿物料颗粒内部，存在有结合水，堆积密度约 0.5g/mL。

PVC 树脂干燥过程包括恒速段和降速段两个阶段。经过离心分离后的聚合浆料，其滤饼的含水量通常在 23%～27%，而正常来讲干燥后要求成品的水分达到 0.3% 以下。在湿物料中，其中总水量的 92% 为颗粒表面水分，通过恒速阶段除去，其余的 8% 颗粒内部的结合水由降速阶段除去。

在干燥过程的恒速阶段，当湿物料被干燥热量加热到湿球温度后，物料的温度不再继续上升，加热的热量用于汽化水分，在颗粒表面的水分汽化速率不变，所以在恒速干燥阶段的树脂不会引起分解。表面水分去除之后，立即就把颗粒内部的结合水去除掉。在同一个温度下，结合水产生蒸汽分压比水分的饱和蒸汽压低，此时，少量的热量供汽化水分，其余的大部分热量用于加热物料，随着时间的推移物料温度不断的上升，而干燥速率却下降，称为降速段。一般采用低温、长停留时间的干燥工艺才能使 PVC 树脂不易分解。

实际生产过程中，通常采用气流干燥法，即瞬时干燥，物料通过干燥器时，在其内部停留 1～3s 用于传质和传热，挥发掉大量的表面水分，后来的干燥速率逐渐减慢。

二、干燥工艺

汽提塔汽提之后的浆料自汽提塔出塔泵出来打入到干燥浆料槽里，而浆料槽的作用就是作为离心机供料槽暂时储存浆料，再经过浆料过滤器过滤由离心机供料泵把一部分打入离心机，另一部分将回流到浆料槽，通过离心机分离水分之后的滤饼通过中间料斗，经过螺旋输送器、振动加料器以及分散加料器到气流管内。经过预散热器的空气，再经过空气过滤器、鼓风机、加热器加热之后，温度迅速上升至 85～140℃，此时的空气把加入的湿 PVC 吹到气流管顶部后，直接进入旋风干燥床。夹带 PVC 的热风经过由多层强制旋流挡板组成的旋风干燥器底部，沿切向进入旋风干燥床。在旋风干燥器内部，以恒定的动量矩经过强制旋流板从床内通过，再经过顶部排出至旋风分离器。干燥的 PVC 和湿空气通过旋风分离器进行分离，湿空气从旋风分离器顶部排出，由抽风机抽出通过洗涤塔洗涤后向大气排放，经过振动筛筛分后的干燥好的 PVC 进入冷风送料系统输送到包装料仓。

【任务训练】

(1) 阐述聚氯乙烯的干燥原理。

(2) 对整个聚氯乙烯干燥过程重要因素有哪些？

任务三　聚氯乙烯脱水与干燥的岗位操作

【任务描述】

能够熟悉聚氯乙烯脱水与干燥开停车的岗位操作。

【任务指导】

一、干燥开车（长期停车后的开车）

1. 开车前的准备工作

(1) 检查所有公用工程是否符合使用要求。

(2) 确保所有的仪表都处于良好的使用状态。

（3）保证干燥系统所有设备都已清理干净。

（4）确认所有工艺阀门处于正常的启闭状态。

（5）确认空气过滤器过滤材料清洁无破损。

（6）待以上工作确认无误后，方可进行开车工作。

2. 干燥系统长期停车后的开车操作

（1）首先，待用浆料罐的轴封注水阀门打开，待注水完全正常后开启其搅拌器。搅拌器正常转动之后，把浆料槽的浆料入口阀门打开，此时可以进行打料。

（2）检查离心机及其附属设备能够正常运行之后，将油冷却器的循环水进出口阀门打开，根据离心机开车操作方法将离心机启动。当离心机运转起来逐渐平稳之后，慢慢将冲洗水进口阀门打开。

（3）启动振动筛。

（4）然后依次启动鼓风机、抽风机。根据气力输送系统的开车方法将气力输送系统启动起来。

（5）将空气加热器的泄水阀门打开，再缓慢地打开蒸汽进口阀门（严禁速度过快的开启此阀门），当蒸汽通过并且而无水锤现象之后，将散热器出口泄水阀关闭。

（6）缓慢调整蒸汽调节阀，在干燥管中部温度升到90℃之后，离心机开始下料。

（7）注意观察浆料罐液位，达到工艺要求之后，将待用离心机供料泵的轴封注水阀门打开，再将离心机的浆料回流阀门打开。

（8）将离心机供料泵的进、出口阀门打开，同时也将浆料槽的下料阀门打开，再将待用浆料过滤器进出口阀门打开，然后启动离心机供料泵。

（9）将离心机进料管线上的阀门打开，逐渐打开离心机流量调节阀以控制离心机下料量。

（10）为了逐渐提高PVC浆料的进料量，应缓慢关闭离心机冲洗水阀。

（11）在检查离心下料斗至螺旋输送器的软连接出料自封之后，将螺旋输送器启动，再将排风机启动。

（12）待母液缓冲罐的液位达到工艺要求之后，将母液输出泵进出口阀门打开，然后启动母液输出泵，观察母液缓冲罐液位，以确保母液缓冲罐液位在正常的工艺要求范围内。

（13）确保旋风干燥床温度及成品料的水分都合格。

（14）将气力输送系统旋转下料阀上部插板阀打开，确保输送合格的PVC树脂粉。

（15）待蒸汽冷凝水槽液位达到工艺要求的液位后，将蒸汽冷凝水泵进出口阀打开，同时将蒸汽冷凝水泵打开。

3. 干燥系统短期停车后的开车操作

待确定浆料槽液位满足干燥系统开车要求之后，系统根据以下步骤进行开车。

（1）在确认粉料输送系统处于正常运转状态以后，将振动筛启动。

（2）将抽风机和鼓风机保持开车状态。关闭蒸汽排气阀，同时将空气加热器进行升温，当干燥管中部温度达到90℃之后，离心岗位可以下料。

（3）离心机及其附属设备都确保可以运行之后，将油冷却器循环水进出口阀门打开，根据离心机开车操作方法将离心机启动。

二、停车操作

1. 长期停车

(1) 在将回收树脂罐工艺空气管阀门打开，在通入空气搅拌几分钟以后，再打开回收树脂罐底部出料阀、回收树脂泵的进出口阀及浆料罐回收浆料进口阀。

(2) 启动回收树脂泵，再把回收树脂罐中的浆料全部打入到浆料槽中，关闭工艺空气管阀门。将回收树脂罐的冲洗水阀打开，反复对其进行冲洗，直到冲洗干净为止。

(3) 将回收树脂罐底部出料阀、回收树脂泵的进出口阀及浆料罐回收浆料进口阀全部关闭，停止回收树脂泵。

(4) 浆料罐中的浆料被全部送到干燥系统。浆料槽顶部喷淋阀打开对浆料槽进行冲洗。

(5) 一直到确认浆料槽被冲洗干净之后，关闭浆料槽冲洗水阀、喷淋阀。

(6) 当离心机供料泵把浆料槽中的水抽净后，将浆料槽底部出料阀关闭，打开浆料过滤器冲洗水阀对过滤器、离心机供料泵及浆料管道、离心机进行冲洗，冲洗干净之后停冲洗水。关闭泵及离心机浆料进口阀。

(7) 使离心机冲洗水阀处于打开状态，继续对转鼓进行冲洗，大约 5min，冲洗水流量达到 $10\sim20m^3/h$。此时，关闭离心机冲洗水阀，停止冲洗。关闭离心机主电机。当转速低于 400r/min 时关闭冲洗水。当离心机完全停止后，将润滑装置油泵电机、排风机停止，关闭循环水阀。

(8) 当把螺旋输送器内的物料全部打入干燥系统之后，将螺旋输送器停止。逐渐关闭空气加热器蒸汽进口阀，打开加热器排汽阀。

(9) 待气流干燥管中部温度下降到 40℃ 以下时，将鼓风机、抽风机全部关闭，同时也停止风机循环水。

(10) 待振动筛下料完毕后，停止振动筛。

(11) 在粉料输送罗茨风机正常运行情况下，对气力输送管道及设备继续吹扫几分钟后，将旋转加料器停止，延时一段时间进行管线吹扫后，停止粉料输送罗茨风机、停止抽吸风机运转。最后，将空气出口冷却器循环水停止。

(12) 待料仓中料包空后停止包装机。

(13) 待母液水缓冲罐液位无液位显示时，将母液输出泵停止。

2. 短期停车

(1) 将离心机浆料回流阀全开，关闭离心机浆料进料阀、离心机进料调节阀，将离心机冲洗水阀打开对离心机进行冲洗。

(2) 适当调整鼓风机、抽风机的进口调节风门，将蒸汽流量调节阀关闭。打开蒸汽排气阀。

三、异常现象处理：干燥系统紧急停车

1. 电力故障

(1) 立即将离心机下料阀关闭。

(2) 将空气加热器（HE-1HA/HE-1HB）蒸汽进口调节阀关闭，冬季应留少量蒸汽防冻。

(3) 立即按下所有运转设备的停车按钮。

(4) 待电力恢复后，根据操作方法长期停车后的开车操作再启动本系统。

2. 蒸汽故障

(1) 根据系统短期停车操作说明，将离心机和旋风床运行停止。如果在冬季，应按停车顺序停止所有风机的运转。

(2) 按停车步骤将输送管线和筛子停车。

（3）当仪表故障、仪表气源故障、设备故障发生故障时，全部按正常停车步骤，暂停终止干燥系统操作。

【任务训练】

（1）开车前的准备工作都有哪些？

（2）干燥系统在哪些情况下紧急停车？

（3）在干燥系统短期停车后，如何开车操作？

任务四　常见事故分析及处理

【任务描述】

掌握常见的事故发生的原因，并能够及时处理。

【任务指导】

聚氯乙烯干燥工段常见事故原因分析与处理方法见表 5-7 所示。

表 5-7　聚氯乙烯工段常见事故分析

常见故障	产生原因	处理方法
离心机启动困难	(1)电动机有故障或电机电源未接通 (2)液压站没有启动(油泵与主电机联锁) (3)启动时间设定太短 (4)转鼓存留物过多,螺旋受阻 (5)供油站油压低或 压力继电器失灵	(1)检查电机和电源 (2)启动油泵 (3)延长启动时间 (4)加水冲洗并配合手动盘车 (5)调整相应部件
离心机物料不能卸出	(1)转鼓排料口阻塞 (2)外壳与转鼓间有物料堆积 (3)进料管与螺旋锥形套间有积料堵塞 (4)粗料或塑化片把螺旋卡死使之与转股同步	(1)停机检查 (2)开罩检查 (3)抽出进料管 (4)拆开离心机,排出故障
离心后物料含水量高	(1)进料量过多 (2)液层深度太深 (3)分离因素不够 (4)差转速太快	(1)减少进料量 (2)调整液层深度 (3)提高离心机转速 (4)降低差转速
振动筛停转	(1)料量太大,太潮 (2)电机故障 (3)气力输送系统未开或故障	(1)控制进料量和温度 (2)电工检修 (3)开启气力输送系统或检查排除故障
风机剧烈振动	(1)风机、电机轴不同心 (2)机壳与叶轮摩擦 (3)叶轮铆钉松动或叶轮变形 (4)叶轮承盘孔与轴配合松动 (5)机壳轴承架连接螺栓松动 (6)进出口管道安装不良,产生共振 (7)叶片有积灰、污垢、叶片磨损、叶轮变形、轴弯曲使转子产生不平衡	(1)停车重新校正 (2)停车检修 (3)停车检修 (4)停车紧固 (5)停车紧固 (6)重新安装 (7)停车检修
风机电机电流过大、温升过高	(1)开车时进、出气管道风门未关 (2)电机输出电压低或电源单项断电 (3)受轴承箱剧烈振动的影响 (4)主轴承转速超过额定值	(1)注意操作 (2)找电工处理 (3)停车检修 (4)找电工处理

【任务训练】

(1) 离心机启动困难的原因是什么？以及如何处理？

(2) 离心后物料含水量高怎么办？

(3) 风机电机在使用过程中电流过大、温升过高如何处理？

案 例 分 析

聚合过程是聚氯乙烯生产中最关键及其重要的过程，聚合生产本身的特点就是反应间断，操作频繁，进出料操作，清釜等均是人工操作（除非个别引进装置自加料、反应、出料采用计算机控制外），稍有疏忽很易出现各种事故。聚合过程中曾发生过的事故案例在此介绍一下。

一、聚合釜爆炸

【案例1】事故名称：投料误操作引起爆炸

发生时间：1976年1月22日。

事故经过：某厂7m³聚合釜清釜后冲洗水未放净，即进行加水和单体的投料操作。18min后压力超过1.6MPa（表压），单体自轴封及出料底阀处喷出，造成釜体变形及搪瓷爆裂，现场5人中毒受伤。

原因分析：投料误操作，聚合釜装料系数过高，升温时液相膨胀。

教训：聚合投料严格按配方指示单及操作规程进行，严禁加料过满。

【案例2】事故名称：忘加明胶导致爆炸

发生时间：1969年5月14日。

事故经过：某厂13.5m³聚合釜投料时忘加明胶。升温反应2h后温度及压力剧升，紧急排空处理，造成釜内爆聚结块。

原因分析：误操作，忘加明胶，产生釜内爆聚。

教训：聚合投产严格按配方操作，双人复核。

【案例3】事故名称：聚合釜升温忘开搅拌导致爆炸

发生时间：1981年9月5日。

事故经过：某厂聚合釜投料升温后，忘开搅拌机，使釜内压力及温度剧增，突破压力表指示限度，导致釜体及人孔盖严重变形报废。由于处理及时才未酿成更严重的事故。

原因分析：聚合釜升温忘开搅拌，产生爆炸性聚合，单体未分散在悬浮液中，整块单体发生本体聚合，热量集中在釜内，温度压力激增，导致釜体和人孔盖严重变形报废。

教训：聚合操作应严格执行操作规程。

【案例4】事故名称：聚合釜上阀门检查不严密导致爆炸

发生时间：1964年5月1日。

事故经过：某厂停车检修后开车，一台釜加料进单体式，因另一台釜的单体阀未关紧，导致单体由该釜下部敞开的人孔处泄漏逸出，随风窜至"聚合"南侧22m处正在检修焊接的明火，立即引起燃烧，并回火倒入聚合釜，使聚合厂房全部烧毁。经过5个多小时的抢救才将火扑灭。造成6人负伤。

原因分析：检修结束后，未严格检查聚合釜上阀门，造成一台釜在进料加单体时，另一台釜由于单体阀未关紧而使单体泄露并外逸，再遇到明火，引起燃烧爆炸。

教训：检修结束后开车前必须认真检查系统所有阀门，保证它们呈关闭状态，不能疏忽大意。

【案例5】事故名称：违章操作引起聚合釜爆炸

发生时间：1972年11月。

事故经过：某厂7m³釜投料后，由于人孔盖垫片不符合要求，当压力升到0.6MPa（表压）时，垫片被釜内料吹出，大量氯乙烯冲出釜外。此时未及时处理，加之一人违章吸烟，致使引起重大爆炸事故，造成2人死亡，6人重伤。

原因分析：违章操作。聚合釜人孔盖垫片不符合要求，氮气试压不认真。氯乙烯喷出暴露空气中遇到违章吸烟明火发生燃烧爆炸事故。聚合厂房又未按防火规范设计建造，而采用砖墙承重结构，致使爆体时700m³厂房全部爆塌，造成死亡2人、伤6人的惨重事故。

教训：聚合厂房须严格按防火规范设计建造，生产区域严禁烟火，聚合釜投料必须严格排气试压。

【案例6】事故名称：违章操作引起聚合釜爆炸

发生日期：1964年1月29日。

事故经过：某厂13.5m³釜出料回收单体。当釜压力降至0.15MPa（表压）时，因氮气量不足，操作工将压缩空气通入釜内压料（此时釜内已形成氯乙烯-空气爆炸混合物）。出料中又因沉析槽泡沫多，中途停止出料。当釜压达0.43MPa（表压）时，釜体人孔爆炸。爆炸时人孔盖将螺栓拉断，撞穿厂房钢筋混凝土屋面，冲高29m后落到离该釜30m远的空地上。造成2人当场炸死，2人受伤，建筑门窗玻璃震碎200m²。

原因分析：违章操作。聚合釜出料时，用压缩空气代替氮气压料，使釜内形成氯乙烯与空气的爆炸混合物。再由于釜内搅拌轴与轴瓦干磨发热，使釜压达0.43MPa，导致人孔盖这一薄弱环节爆破（人孔盖本应装有20个螺栓，本次投料后人孔盖只装了10个螺栓，到出料前又卸走4个，仅剩6个螺栓，其中又有几只是焊接螺栓，使人孔盖成为釜体最薄弱点）。

教训：聚合釜出料后期不能用压缩空气帮助出料。人孔螺栓必须按规定安装，且出料中途不能卸人孔螺栓。

【案例7】事故名称：氯乙烯高速喷射产生静电而爆炸

发生日期：1979年3月6日。

事故经过：某厂聚合釜投料后升温时，操作人员睡岗，致使釜内压力过高，大量氯乙烯自人孔盖垫片处喷出。发现后又未及时处理，导致聚合厂房全部炸塌，当场2人死亡，6人受伤，距离200m处的氯乙烯装置门窗玻璃都被震碎。

原因分析：违章操作。操作人员在聚合釜升温时睡岗，釜内温度、压力过高，大量氯乙烯从人孔盖薄弱点——垫片处喷出。由于氯乙烯高速喷射产生静电而爆炸。

教训：聚合釜升温时发生超温超压情况，应停止升温，关闭蒸汽阀，开启排气阀回收氯乙烯至气柜，开启放空阀或往空釜中压料等，作降压处理。

二、中毒

【案例1】事故名称：开闭阀门误操作引起中毒

发生日期：1977年1月26日。

发生单位：四川某厂。

事故经过：操作工不了解设备情况，向釜内夹套加冷却水时错开了单体阀门，1 人中毒死亡。因开闭阀门误操作，以往曾发生过事故。

原因分析：操作下违章作业，因误操作开错阀门或未关闭阀门，引起氯乙烯中毒。

教训：（1）与釜连接的各管道发现堵塞时必须及时疏通；

（2）加强操作工安全技术教育，严格执行操作法，增强操作责任心。

【案例 2】事故名称：清釜工氯乙烯中毒

发生日期：1993 年 4 月 4 日。

发生单位：江苏某公司。

事故经过：该公司聚氯乙烯厂聚合工段一名班长检查聚合釜时，发现 1 号釜内有清釜梯，喊了几声，釜内未有反应，在拿手电筒检查 1 号釜时，发现一名清釜工躺在釜底。该班长随即打开空阀加强通风，并请来其他人将清釜工救出，经人工呼吸、吸氧后又送到医院抢救，抢救无效死亡。

原因分析：（1）在釜内作业，未按部 41 条禁令要求办理有关手续，未在人孔外设监护人，清釜人中毒未能被及时发现、及时救出；

（2）清釜时仅关闭了 1$^\#$ 釜出料斜管上球形考克，但未关闭 1$^\#$ 釜底出料倒装阀，当 4$^\#$ 釜出料时，氯乙烯气体通过球形考克漏入 1$^\#$ 釜内，导致清釜工氯乙烯中毒死亡。

教训：（1）清釜工的作业是在釜内，且临时工较多，对这些人的管理是个薄弱环节，企业应该对这些人做到"谁用人谁管理"，进入设备内的作业证一次一签，保证安全措施的落实，尤其要纠正这些人的违章行为；

（2）严格执行部 41 条禁令。要求，进塔入罐作业必须做好隔绝、置换、分析、办证确认、监护等环节，缺一不可。

【案例 3】事故名称：冷却系统突然断电导致中毒

发生日期：1974 年 1 月 6 日。

事故经过：某厂供电线路因故突然断电。经联系聚合釜搅机切换上备用电，但循环水冷却系统断电达 50min 之久，致使反应热量积聚，釜内温度和压力急剧上升。不得已将 7 台釜正值反应的物料作紧急放空处理，使工段周围弥漫着大量氯乙烯气体。因一名工人未及时撤离而中毒死亡。

原因分析：聚合釜及循环水冷却系统突然断电，造成釜内温度压力急剧上升，此时进行放空处理，必导致周围环境中的氯乙烯浓度相当高，不及时离开现场就会中毒死亡。

教训：聚合工段有关设备的电源需增加备用电，紧急情况下加终止剂终止反应，避免聚合釜放空，氯乙烯外逸。

【案例 4】事故名称：氯乙烯泄漏导致中毒

发生时间：1972 年 11 月 24 日。

事故经过：某厂聚合釜进料前，人孔垫床不慎落入釜内。一人下釜取垫片时，正值邻近釜出料。由于两台釜合用一根出料总管，连通阀有泄漏，下釜人员发现有单体气味立即爬出釜外。另一人不顾釜内有氯乙烯，也未采取措施，竟再次下釜取垫片，结果昏倒在釜内。在旁人员立即戴上防毒面具入内抢救，也因面具内活性炭很快被单体吸附达饱和失效而昏迷。而后再由其他人员救出。此 2 人终因中毒太深而死亡。

原因分析：违章操作。

教训：发现釜内有氯乙烯，必须查明氯乙烯泄漏点、并对釜内用氮气置换，再用压缩空气排气，取样分析釜内氯乙烯含量达标后，才能下釜操作。

【案例5】事故名称：阀门堵塞借用邻近釜导致泄漏中毒

发生时间：1980年10月5日。

事故经过：某厂33m³聚合釜内有5人进入清釜。由于数台聚合用一根出料总管，该釜的排污阀因堵塞又借用邻近釜的排污阀。此时正值邻近釜出料，操作人员又未与清釜人员联系，致使热浆料及氯乙烯由底部出料阀进入正在清理的釜内。当时有3人迅速爬出釜外，另2人来不及撤离而中毒致死。

原因分析：违章操作。

教训：连接釜的阀门一定保持畅通，发现有堵塞情况应及时清理，不能借用其他釜的管道。

【案例6】事故名称：盲目下釜导致中毒

发生日期：1988年11月16日。

发生单位：安徽某厂。

事故经过：聚合釜出料后，打开人孔盖时不慎将扳手掉入釜内，在下釜取物时，造成2人死亡。类似事故以往也曾发生多起。

原因分析：操作工违章作业，在入釜前未经置换、分析合格，盲目下釜取物，因釜内有高浓度氯乙烯气体而中毒死亡。

教训：（1）严格执行部41条禁令，进塔入罐做到隔绝、置换、分析、办证确认、监护等环节，缺一不可。

（2）加强对操作人员安全技术教育，提高安全意识。

三、氮气窒息

【案例1】事故名称：未经压缩空气置换导致窒息

发生时间：1971年3月。

事故经过：某厂聚合釜出料用氮排气后，未经压缩空气置换，即投料加水和丁腈。一人因故进入釜内处理，遇氮气窒息掉入釜内。在旁一人又未排气而急忙进入釜内抢救，也落入丁腈液中。导致1人窒息中毒死亡，2人负伤。

原因分析：聚合釜出料排氮后，在投料时发生故障。在未经压缩空气置换的情况下，人就下釜处理，造成中毒。属违章作业。

教训：认真执行操作规程。

【案例2】事故名称：清洗碱处理槽时氮气窒息

发生日期：1990年8月30日。

发生单位：陕西某厂。

事故经过：8月30日上午9时左右，该厂聚氯乙烯车间一操作工在清洗置换3t碱处理槽时，开启氮气阀门，用氮气搅拌余料，并用水管冲洗器壁。清洗中，一操作工把头伸入到人孔内观察搅拌及冲洗情况，观察中人倒在地上，经抢救无效死亡。

原因分析：（1）用氮气搅拌余料时，大量氮气在碱洗槽内，使氧含量降低，人伸进头去观察时造成缺氧窒息死亡；

（2）开氮气阀门时，不应打开人孔盖。

教训：（1）头部伸进设备内观察属进塔入罐作业，应履行分析氧含量、办证等手续；

（2）从规章制度上明确，开人孔盖时禁止通氮气（或通氮气时，禁止开人孔盖）。

【案例 3】事故名称：沉析槽内氮气窒息

发生日期：1991 年 11 月 30 日。

发生单位：贵州某厂。

事故经过：11 月 30 日聚氯乙烯车间计划检修，其中 2 名维修工与焊工在 1# 左沉析槽内焊接脱落的三脚架，并校桨叶。上午完成了焊接三脚架的工作，下午这 2 名维修工进入沉析槽内校桨叶。当车间检查工作进展情况时、发现有 2 人倒在沉析槽内。救出后经医院抢救无效死亡。

原因分析：（1）因下午的检修中，1# 聚合釜发生釜内着火，故忙乱中关闭了往沉析槽内和聚合釜内供气的压缩空气总阀，而用于试漏的氮气通过蒸汽管（没供蒸汽）进入了压缩空气管道，并进入沉析槽，造成槽内 2 人缺氧窒息死亡；

（2）检修中没按进塔入罐手续办，没有效隔绝，没设监护人，检修现场工作零乱。

教训：（1）按部 41 条禁令的要求，检修中必须认真办理各项手续，尤其是进塔入罐作业必须做好隔绝、置换、分析、办证确认、监护等环节的工作，缺一不可；

（2）施工现场应加强管理，落实各项安全措施，并落实到人，避免再发生釜内着火关空气阀门等类似事故。

【案例 4】事故名称：聚合釜试压时氮气窒息

发生日期：1971 年 3 月 12 日。

发生单位：四川某厂。

事故经过：聚合釜配料后氮气试压，发现人孔处泄漏，操作工因氮窒息掉入釜内。其他 3 人入釜抢救，也因氮窒息相继掉入水箱，造成 1 人死亡，3 人中毒。

原因分析：氮气试压发现人孔处泄漏，未经排气，即打开人孔检查垫片，造成氮气窒息。抢救人员也未先排氮就抢救，也造成氮气窒息。

教训：氮气试压发现人孔处泄漏，应先排氮后处理。抢救人员缺乏安全知识，应在排氮后入釜救人。

四、厂房空间爆炸

【案例 1】事故名称：摩擦导致聚合厂房空间爆炸

发生日期：1992 年 12 月 1 日。

发生单位：河北某厂。

事故经过：树脂车间聚合工段中班接班时，1#，3#，5# 聚合釜反应正常，4# 釜进料待升温，2# 釜因轴瓦坏不能启动。16 时开始排气，16 时 40 分因单体压缩机坏而停止排气。19 时 50 分压缩岗位开车，晚饭前后 3#，5# 釜先后出料。20 时 30 分，分馏岗位温度、压力均正常，控制进料。20 时 40 分分馏岗位正式向聚合的单体计量槽送料。20 时 45 分，聚合岗位向 3# 釜进料，5# 釜进行配水，20 时 54 分左右，单体计量槽和聚合釜之间的一管法兰处在 0.4MPa 压力下大量喷射出单体，并伴有气流的摩擦声，还没来得及处理便发生了聚合厂房空间爆炸，厂房倒塌。造成 5 人死亡，6 人重伤，1 人轻伤。

原因分析：法兰处的喷料是从一只法兰中间喷出的。此法兰属钢板重皮，因而坏处没被发现。在长期的使用中重皮处逐渐扩展开，一直扩展到法兰的外沿处，在压力下发生物料喷出；物料从窄缝喷出时，与法兰摩擦，在产生声响的同时产生静电，引爆了已达到爆炸范围的氯乙烯。

教训：（1）用于易燃物品的管道、管件、阀门等应严把质量关，必要时用无损检测的方法检验；

（2）在单体贮槽及单体计量槽出口处安装自动控制阀门，发生意外时，能迅速有效地切断物料，防止酿成重大事故。

【案例2】事故名称：厂房及电气不符合防爆要求导致聚合厂房空间爆炸

发生日期：1989年8月29日。

发生单位：辽宁某厂。

事故经过：8月29日，全厂生产处于正常状态。17时20分左右，聚氯乙烯聚合工段一名班长到聚合釜检查运转情况，发现3#釜（7m³）轴封处泄漏，釜内物料外泄，便与其他人一同处理。在把紧填料压盖后，泄漏更加严重，便通知进出料工去一楼打开出料阀，将釜内物料放入回收池。一楼放料阀被打开后，轴封处的泄漏更加严重，远处可以听到泄漏的摩擦声。值班主任、工段长等赶到现场继续处理，虽然泄漏稍有缓解，但室内氯乙烯已达到爆炸范围。19时10分发生空间爆炸，厂房倒塌，厂房内及周围12人被炸死，另有2人受重伤。

原因分析：（1）设备状况差。该厂使用的是7m³搪瓷聚合釜。为改变多台小釜生产、设备陈旧状况，该厂新上了30m³聚合釜，拟定于9月1日停小釜开大釜。在老系统运行的最后阶段，放松了对设备的维护和保养，使设备带病运行；

（2）异常情况下处理不果断。在为时1个多小时的处理中，没能有效地控制住泄漏，也没及时疏散人员。

（3）厂房及电气不符合防爆要求。

教训：（1）加强对每一台运转设备的维护保养，确保安全运行；

（2）努力提高干部和工人的技能，在异常情况下能迅速妥善处理；

（3）建构筑物及电气设备都要符合防火防爆要求。

【案例3】事故名称：氯乙烯单体泄漏聚合厂房空间爆炸

发生日期：1985年12月14日。

发生单位：江苏某厂。

事故经过：该厂11#聚合釜人孔垫冲开，大量氯乙烯充满厂房，发生空间爆炸，死6人，伤7人。因氯乙烯单体泄漏引起空间爆炸事故曾发生多起。

原因分析：（1）违章使用不耐高压人孔垫片；

（2）聚合釜搅拌轴干磨和在投料前未关釜底阀，均系违章作业；

（3）照明灯、安全灯均不符合防爆安全要求；

（4）在易燃易爆区内违章吸烟。

教训：（1）聚合釜人孔垫片必须使用高压垫片；

（2）安全阀必须保持畅通有效，聚合釜应有超压报警装置；

（3）照明灯、安全灯必须符合防爆安全要求；

（4）建构筑物及电气设备符合电气防爆要求；

（5）严格执行部41条禁令要求，进塔入罐作业必须做好隔绝、置换、分析、办证确认、监护等环节，缺一不可；

（6）易燃易爆区域严禁吸烟。

五、沉析槽着火爆炸

【案例】事故名称：沉析槽着火爆炸

发生日期：1963 年 12 月 26 日。

事故经过：某厂 13.5m³ 釜借自身压力 0.38MPa（表压）直接出料到沉析槽中。当时沉析槽系敞口操作，即边进料边吹压缩空气，故在槽内形成了氯乙烯—空气爆炸混合物。又使用了不防爆的低压行灯观察料面，致使发生爆炸，并引起沉析槽木屋顶燃烧。当场 2 人烧伤，后抢救无效死亡。

原因分析：违章操作。聚合釜借自身压力出料至沉析槽敞口操作，并边进料边吹压缩空气，使氯乙烯形成与空气的爆炸混合物，另又使用不防爆的行灯作照明，因而导致爆炸。

教训：聚合釜出料至沉析槽，不能用压缩空气吹。照明灯应采用低压防爆式。

六、燃烧

【案例】事故名称：丁腈引发剂遇明火燃烧

发生日期：1972 年 7 月和 1979 年 6 月。

事故经过：某厂大检修时焊接的火花，溅入附近堆放的丁腈引发剂上，引起着火。

原因分析：偶氮二异丁腈是易燃物质。遇到焊接溅入的火花即着火。

教训：易燃物质应存放在规定的仓库内，与火种隔绝。

小　　结

1. 氯乙烯的聚合生产方法，分别为本体聚合法、悬浮聚合法、乳液聚合法、微悬浮聚合法和溶液聚合法。

2. 悬浮聚合法的特点

(1) 为了使聚合反应进行的完全，在悬浮聚合过程中必须使反应物保持珠状的分散状态。

(2) 在悬浮聚合过程中，反应温度容易控制。

(3) 水油比（悬浮聚合中水和单体重量比）对聚合反应影响极其重要。

3. 悬浮聚合自由基机理可由链引发、链增长、链转移和链终止四个步骤组成。

4. 悬浮聚合反应各阶段的物料相变

第一阶段：在转化率为 0～0.1% 时，聚合体系为均相。

第二阶段：在转化率为 0.1%～1.0% 时，聚合体系沉淀出悬浮物。

第三阶段：在转化率为 1%～7% 时，存在着单体溶胀的聚合物相和液态单体相。

第四阶段：在转化率 70%～85% 时，此时的 VCM 溶胀 PVC 相已转变为 PVC 相。

第五阶段：在转化率 85%～100% 时，最后阶段的聚合速率比较慢。

5. 影响聚合及产品质量的因素有搅拌、分散剂、聚合温度、汽提控制。

6. 在聚合反应过程中，所使用的助剂有引发剂、分散剂、缓冲剂、终止剂。

7. 防粘釜的涂壁目的是为了以防止聚合物粘于釜壁。

8. 悬浮聚合主要设备选型基本原则是满足工艺要求、尽量采用国产设备、设备成熟可靠。

9. 干燥机械在选型时需要综合考虑的因素有：首先是物料特性，包括物料形态、物理性能、热敏性能、物料与水分结合状态等；其次，对产品品质的要求；最后就是使用地环境及能源状况以及其他一些要求。

10. 离心机主要用于树脂悬浮液的脱水。选择悬浮液分离的离心机时主要根据以下两点选型：按产品要求选型；按被分离悬浮液的性质、状态选型。

11. 聚合釜出料包括：浆料由聚合釜出料泵被送到浆料罐，然后冲洗聚合釜，移出全部树脂颗粒，将聚合釜内及浆料罐中未反应的单体进行回收。

12. 影响沉降式离心机脱水的因素：树脂的颗粒形态、加料量、浆料浓度和堰板深度等。

13. PVC 树脂干燥过程包括恒速段和降速段两个阶段。

知识拓展：回收废旧 PVC（聚氯乙烯）的再生技术和设备

一、废旧塑料的回收模式

1. 德国模式

德国在回收塑料废弃物方面的法规是全世界最为完善的，其管理态度非常明确：首先是"避免产生"，然后才是"循环使用"和"最终处理"。

1990 年 6 月，德国政府颁布了第一部包装废弃物处理法规即《包装废弃物的处理法令》，它规定对不可避免的一次性塑料包装废弃物必须进行再利用或再循环，并强制性要求各企业承担回收责任，但也可以委托回收公司代替完成，并建立了双向系统（Duale System Deutschland，简称 DSD），也称为绿点公司。该公司另设了 DKR 股份公司负责废旧塑料包装的回收。

1991 年，德国发布《包装条例》，规定回收塑料中的 60% 必须是机械性回收的；2002 年 12 月，德国最高法院颁布了最新法令：要求所有商店从 2003 年 1 月开始向顾客收取罐装和瓶装饮料的包装回收押金。

2. 美国模式

美国是世界塑料生产大国，也是世界上开展废旧塑料回收利用研究最早的国家之一。在美国，包装废弃物通过路边回收、零散回收和分散回收系统实现。路边回收是规定居民将废弃聚合物、报纸、金属、玻璃等可以作为再生资源循环利用的废弃物分类置于路边，由地方有关部门收集到分离中心，再按类挑选，整理后送相应的工厂利用。路边回收通常被认为是最有效的回收方法。零散回收成本与路边回收成本相差不多，但因为不太方便，通常只有较少的人参加。分散回收主要针对一些不能在路边收集的聚合物以及其他材质的废弃物进行收集。

3. 日本模式

日本是循环经济立法最全面的国家，其目标是建立一个资源"循环经济"。这与其国内能源短缺有密切关系，鉴于此，日本对废旧塑料的回收利用一直保持积极态度。

1992 年，日本政府起草了《能源保护和促进回收法》，该法律于 1993 年 6 月正式生效。参与起草该法的政府部门有：卫生和福利部、国际贸易和工业部。包装问题只是该法中的一部分。就包装而言，该法强调有选择地收集可回收废弃物，并依靠遍及全国的回收站进行回收，以使包装废弃物处理向乐观的方向发展。

1997 年日本的《容器包装再生利用法》出台。这一法规对塑料包装的回收利用作出了严格的规定：PET 瓶生产商和使用 PET 瓶的饮料生产商都要承担相应的回收费用；2001 年，由日本饮料制造商和塑料瓶生产厂家共同组成的"塑料瓶循环利用促进协议会"决定，将停止生产彩色塑料瓶。因为在再循环利用时，彩色塑料瓶的混入不仅使用再生制品的质量下降，而且加大人工处理难度。日本的容器回收工作由日本容器包装再生利用协会管理，塑料瓶回收的费用由三方承担：地方行政负责1%的费用，其余99%由饮料生产商和瓶子生产商负担，比例各占80%和20%。

4. 中国模式

改革开放前，我国废弃物的回收工作主要是靠各个城镇的"废品收购站"。改革开放后，异军突起，出现了很多个体的"废品收购点"。但这些收购点缺乏科学管理，更未形成网络系统。尤其是外来拾荒民工人员复杂，良莠不齐，无证经营，缺乏价值观念和道德观念，给包装废弃物的回收造成了一定的负面影响。近年来，我国借鉴了发达国家的良好经验，已于1989年颁布了《中华人民共和国固体废弃物污染环境防治法》和国务院关于《环境保护若干问题的决定》，规定产品生产者应当采取易回收、处理、处置或在环境中易消纳的产品包装物，并要求按国家规定回收、再生和利用。但是，在该法的实施过程中主要存在两个问题：该法没有规定"易回收处理、处置或在环境中易消纳的产品包装物"的具体标准，也没有明确按哪项"国家规定"回收、再生和利用；从客观环境来看，该法各项规定得以实施的条件尚不具备，包装废弃物如何回收、如何存放、如何处理的相应配套机构与设施很不健全。

二、PVC 塑料的回收工艺

1. 溶剂法

（1）Viny loop 工艺　此工艺系 Solvay SA 公司与它的几个工业合作伙伴开发的，取名为 Viny loop 工艺。该工艺用于回收除去铜后的含 PVC 及橡胶的电缆料，以间歇法操作。回收时，首先采用静电分离器将原始物料分离，得到 PVC 橡胶料，后者经磨碎后送入溶解器，用甲基乙基甲酮（MEK）溶解所得溶液送入自旋过滤器以特殊过滤法除去未溶的杂质及其他污染物。滤液送入沉淀器，往溶液中加入添加剂及吹入蒸汽，令 PVC 沉淀为小圆球粒料。然后将溶剂蒸发、冷凝，再送入溶解器循环利用。而得到的 PVC 粒料则进入自旋干燥器预干器，再进入空气干燥器干燥后即成流散性良好的 PVC，其密度与新 PVC 相近，但物料通常显灰色，这是因为 PVC 中含有的颜料和多种添加剂难于除尽之故。不过，因为此工艺过程各步的温度不高于 115℃，所以 PVC 的各项性能基本上未恶化。Viny loop 工艺在经济上是可行的，因为回收的 PVC 粒料可直接使用，而不需再行造粒。

原则上，Vinyloop 工艺可用于处理各种 PVC 废旧料，如电缆包覆层和绝缘层、地板等，而回收得到的 PVC 仍可作为原用途的原料。但不能将电缆料与粉碎后的地板料混合，因为 PVC 电缆料中的各种铅稳定剂是彼此相容的，PVC 地板中的各种锡稳定剂也是相容的，但铅稳定剂和锡稳定剂混合后使回收 PVC 显棕色。

一个根据 Viny loop 工艺在 Brussels 建立的中型试验厂，从 1999 年起即开始运行，全球第一个同类的工业规模的工厂也已于 2001 年 3 月在意大利的 Ferrara 动工新建，于 2001 年 12 月开始运行。此工厂耗资 720 万美元，年处理废旧 PVC 量为 10kt，回收 PVC 的费用为 0.3 美元/kg。法国正计划建立第二个同样规模的以 Viny loop 工艺回收 PVC 的工厂，用于带 PVC 包覆层的帆布回收 PVC 及 PET 纤维，这种帆布是用做帐篷、卡车罩和室外旗帜的。由这种废旧料中回收的 PVC 应能用于制造地板或其他工业器材。据报道，在全球已有 10 家厂商正在讨论兴建这种 PVC 回收生产线，但均在等待意大利 Ferrar 工厂的运行结果。但从经济观点考虑，这种生产线的规模至少应达到年处理量 10kt 才有利可图。

（2）Delphi工艺　第二个以溶剂法回收PVC的新工艺系用于从整个汽车配线板中回收PVC。此工艺是由位于德国Wuppertal的Delphi汽车厂及Wuppertal大学联合开发的，三年前即已为位于德国Nohfelden-Eisen的一家汽车部件回收商WietekGmbh所工业化。采用此工艺回收PVC，所耗费用低于新PVC价格20%。该工艺以酯和酮为溶剂，但溶剂用量比Vinyloop工艺少得多。在Delphi工艺中，溶剂并不将废PVC完全溶解，而只是将其软化，使其易于与铜线分离，而所得铜线即可用于支付回收PVC过程所需费用。Wietek公司已发明了一种采用离心法分离塑料与溶剂的工艺，并已获专利权。因为用此工艺回收带PVC护套或绝缘层的电缆时，并不将电缆切断，所以回收工艺无尘，也不需过滤和分离金属。Wietek公司按此工艺建立的回收PVC生产线，每年可回收225t可重新使用的PVC，且该生产线也可用于回收某些其他材料，例如，Wietek公司已研究成功了一种用溶剂法由汽车格栅和照明器及某些含金属的塑料部件回收ABS（丙烯腈-丁二烯-苯乙烯共聚物）和ABS/丙烯酸类树脂的新工艺。

2. 机械法

采用机械法可回收多种PVC制品，包括管材、电缆料、板材、薄膜、汽车元件及瓶子等。经此法回收后的PVC，可重新用于制造很多制品，包括窗框、地垫、地板、防护板、隔音板、管子配件、排水沟、涂层、非食品瓶等，甚至可用于制造纤维及次要的计算机元件。对于回收PVC瓶，机械法已工业化，下面介绍Solvay工艺及Geon工艺。

（1）Solvay工艺　此工艺已用于回收PVC瓶。采用Solvay工艺时，首先将成捆的PVC瓶在捆材松解器上松开，如其中混杂有PET瓶，则可采用XRF（X射线荧光法）自动系统或手工操作的UV（紫外）系统，将PET瓶从PVC瓶分出（回收来的废旧瓶子通常是PVC瓶及PET瓶混杂的）。然后令瓶流通过一个金属检测器，以除出瓶流中的任何金属碎片，以免其损伤工艺下游的破碎设备。随后，PVC被轧碎为片材，后者用一螺旋输送器送入一组离心分离器，并在此除去软质材料，如纸标签、塑料薄膜及瓶材上黏附的污物等，而PVC瓶盖上的铝片则可采用静电分离器除去。在破碎过程中，形成的PVC片材的大小是一个很关键性的因素，片材不宜过小，否则它们会与软质的纸标签、塑料薄膜等一起被清除。此外，PVC片材的尺寸应大于离心过滤器筛网的孔径，否则会堵塞筛网，降低筛分效率。上述经过离心分离后的PVC片材再用螺旋输送器进入沉浮分离槽，在此槽中，PVC片材中的聚烯烃和聚苯乙烯泡沫塑料等杂质浮起，而PVC及PET片材则沉下，于是得以分开。将经上述处理所得的片材回收和干燥，其中PVC的含量大于99%。这种PVC可通过熔融过滤进一步纯制，使其中的PET含量小于100mg/L。这种纯的PVC可用于造粒和加工成制品。也可采用细碎再筛分的方法分离PVC片材及PET片材，因为PVC及PET的脆性不同，所以细碎后所得PVC及PET片材大小有异，因而可经筛分将两者分开。但PET瓶颈部和底部材料在细碎过程中的行为与PVC相似，所以这部分材料还会混杂在PVC中而不能分开。还可采用泡沫浮选或静电分离PVC及PET。

（2）Geon工艺　此工艺也用于回收PVC瓶，但它与Solvay工艺不同，Geon工艺采用一系列的密度不同的溶液将PVC瓶与PET瓶及其他杂物分离。在Geon工艺中，PVC瓶被破碎成片材后，先经空抽吸除去其中的微尘、纸标签及塑料薄膜等异物，再在80℃的水（含1%的洗涤剂）槽中搅拌洗涤，此时聚烯烃和纸碎屑在水中浮起，而PVC、PET及PC则沉下。随后，令下沉材料在硝酸钙水溶液（密度1.35g/cm³）槽中再次洗涤和纯制。在此槽中，铝片及PET沉下，而PVC、PET共聚物及PC则浮起。将浮起的物料再送入另一个硝酸钙水溶液槽（此槽中溶液的密度为 1.30g /cm³），在此槽中，PET 共聚物和 PC 浮起，而纯的 PVC 沉下。将沉下的 PVC 洗涤、干燥和熔融混炼。熔融混炼时，应进行过滤，以使回收 PVC 达到接近零污染的水平。

3. 化学法

PVC 碎屑可在充氧的氢氧化钠溶液中，于 150～260℃及高压下被氧化为草酸和苯酸。在最佳条件下，1t PVC 可生成 600kg 草酸及 300kg 苯酸。在氢氧化钠溶液浓度低于 15mol/L 时，提高溶液浓度，草酸生成量增加。反应的第一步是 PVC 脱 HCl 以生成多烯烃，第二步是在氧作用下通过双分子加成反应和多烯烃的环化生成芳香环，第三步是芳香族化合物的液相氧化生成苯酸。而通过液相的碱催化氧化，多烯烃、芳香族化合物及苯酸三者均可转化为草酸及 CO_2。

在 250℃及 5MPa 的氧分压下，PVC 碎屑可在 12h 内被浓度为 15mol/L 的氢氧化钠溶液完全分解。此法可用于回收处理含填料的 PVC 或软 PVC，因为软 PVC 中的增塑剂（如苯二甲酸酯）此时也可被氧化为草酸。

4. 焚烧法

目前世界上已建立了大规模焚烧废旧 PVC 的装置，但因焚烧 PVC 时会生成二噁英及释出 HCl，所以此法一直遭到公众的非议。但有专家认为，含氯的城市垃圾焚烧时都会生成二噁英，而实验证明，城市垃圾中 PVC 含量增加时，焚烧时二噁英的生成量并不增高。而且，即使焚烧时形成二噁英，它在高于 800℃下也会分解。另外，PVC 焚烧时放出的 HCl 可很容易用碱中和。同时，即使城市垃圾中不含 PVC，焚烧它们时也必须净化焚烧炉的废气的。所以他们认为，当焚烧城市垃圾时或其他塑料时，没有必要消除其中所混杂的 PVC。

有些难于用机械法或化学法回收的 PVC 复合材料制品，可以用焚烧法处理以回收 HCl 及能量，据粗略估计，每焚烧 1t PVC，可回收约 0.35t HCl。此 HCl 可用 $Ca(OH)_2$ 吸收，而生成的 $CaCl_2$ 可用于熔化冬天道路的积雪。也可用 NaOH 吸收，生成的 NaCl 可被电解生成 Cl_2、NaOH。NaOH 可循环使用，而 Cl_2 可再与乙烯制造氯乙烯，后者可再聚合为 PVC。这样一来，相当于将废旧 PVC 解聚为单体，单体再聚合为新 PVC，同时回收能量。上述用 NaOH 吸收焚烧 PVC 生成的 HCl 的方法，称为闭路盐循环工艺，此工艺已在德国采用。

参 考 文 献

[1] 王书芳主编. 氯碱化工生产工艺: 聚氯乙烯及有机氟分册 [M]. 北京: 化学工业出版社, 1995.
[2] 严福英主编. 聚氯乙烯工艺学 [M]. 北京: 化学工业出版社, 1990.
[3] 芮涓林, 黄志明主编. 聚氯乙烯工艺技术 [M]. 北京: 化学工业出版社, 2008.
[4] 李志松, 王少青主编. 聚氯乙烯生产技术 [M]. 北京: 化学工业出版社, 2012.
[5] 化学工业部技术监督司与中国化工安全技术协会组织编写. 氯碱生产安全操作与事故 [M]. 北京: 化学工业出版社, 1996.
[6] [美] 查尔斯 E. 威尔克斯编. 聚氯乙烯手册 [M]. 乔辉等译. 北京: 化学工业出版社, 2008.
[7] 郑石子主编. 聚氯乙烯生产问答 [M]. 北京: 化学工业出版社, 1990.
[8] 郑石子等主编. 聚氯乙烯生产与操作 [M]. 北京: 化学工业出版社, 2008.
[9] 潘祖仁等主编. 悬浮聚合 [M]. 北京: 化学工业出版社, 1997.
[10] 蓝凤祥等主编. 聚氯乙烯生产与加工应用手册 [M]. 北京: 化学工业出版社, 1995.
[11] [英] R. H. 伯吉斯主编. 聚氯乙烯的制造与加工 [M]. 黄云翔译. 北京: 化学工业出版社, 1987.
[12] 郑石子主编. 聚氯乙烯生产过程及操作 [M]. 北京: 化学工业出版社, 1993.